오토캐드
40시간 완성

신동진 지음

훈련·행정·
실무 전문가
집필

NCS 기반
2D도면
작업

무료
동영상
강의

피앤피북

NCS기반 2D도면작업
오토캐드 40시간 완성

초판 1쇄 발행 2021년 04월 23일
개정 2쇄 발행 2024년 09월 20일
지은이 신동진
발행인 최영민
발행처 피앤피북
주소 경기도 파주시 신촌로 16
전화 031-8071-0088
팩스 031-942-8688
전자우편 pnpbook@naver.com
출판등록 2015년 3월 27일
등록번호 제406-2015-31호
ISBN 979-11-92520-86-5 (93550)

오토캐드 이제 나도 할 수 있다!

이 책을 찾아주시는 독자님들께 진심으로 감사드립니다.

수년간의 직업능력개발훈련 및 교육 노하우를 바탕으로 오토캐드를 처음 접하는 독자의 입장에서 작성된 교재입니다.

효과적인 학습방법으로 높은 학업성취를 달성할 수 있도록 내용을 구성하였습니다.

또한 학습진도에 적절한 연습도면을 완성해봄으로써 단기간에 실력을 향상시킬 수 있습니다.

본 교재를 통해 오토캐드 전문가로 성장할 수 있기를 기원합니다. 감사합니다.

지은이 신동진

캐드신 아카데미 대표
기계설계&3D프린팅 직업훈련교사

홈페이지 : dongjinc.imweb.me
질문&답변 카페 : cafe.naver.com/dongjinc

수상

2022 대한민국 평생학습대상 '교육부장관상'
2021 STEP 우수이러닝 콘텐츠 '고용노동부장관상'
2020 STEP 우수이러닝 콘텐츠 '한국기술교육대학교총장상'
2019 훈련이수자평가 3D프린터 'A등급'
2018 훈련이수자평가 3D프린터 'B등급'
2017 훈련이수자평가 기계 설계 'A등급'

자격

국가·민간자격 '기계가공기능장 외 12개'
중등교사자격 '중등학교 정교사 2급(기계금속)'
직훈교사자격 '기계설계 2급 외 15개'

연수

DfAM 및 적층해석(금속 3D프린팅) 외 27개

저서

오토캐드 40시간 완성
인벤터 50시간 완성 〈모델링편〉
솔리드웍스 50시간 완성〈모델링편〉
3D프린터운용기능사 실기 30시간 완성 〈인벤터편〉

지더블유캐드 40시간 완성
인벤터 50시간 완성 〈조립·도면편〉
솔리드웍스 50시간 완성 〈조립·도면편〉

⚙ PART 1 도면 작성하기

⚙ PART 2 작업 환경 준비하기

⚙ PART 3   도면 수정하기

✿ PART 4　도면 출력 및 데이터 관리하기

학습목표

1. 정확한 치수로 작도하기 위하여 좌표계를 활용할 수 있다.

2. 도면요소를 선택하여 작도, 지우기, 복구를 수행할 수 있다.

3. 도형작도 명령을 이용하여 여러 가지 도면요소들을 작도 및 수정할 수 있다.

4. 도면요소를 복사, 이동 등 편집하고 변환할 수 있다.

01

도면
작성하기

좌표계에 대한 이해와 도면 작성

▶ https://cafe.naver.com/dongjinc/4001

01 CAD의 개요

1 CAD의 정의

CAD란 Computer Aided Design의 약자로써 컴퓨터를 이용하여 설계 계산을 행하고 자동적으로 도면을 작성하는 시스템입니다. 최근에는 도면 작성뿐만 아니라 생산 및 물류관리, 판매에 이르기까지의 모든 공정을 캐드로 발전시킨다는 개념으로 확대하여 보고 있습니다.

2 CAD의 역사

1950년대 후반 CAD시스템의 초기 개발이 시작되었습니다. 1963년 MIT대학의 이반 서덜랜드 (Sutherland, I.E)가 스케치패드(Sketchpad)를 공개하면서 컴퓨터 그래픽 프로그램은 전환기를 맞이하였습니다. 스케치패드를 사용하면 사용자가 컴퓨터 화면에 라이트 펜으로 그림을 그릴 수 있었습니다. 또한 그려진 사물을 편집, 확대하고 컴퓨터 메모리에 저장하는 것을 가능하게 해주었습니다. CAD시스템 기술은 컴퓨터 성능의 향상과 더불어 현재까지 계속해서 발전하였으며 1982년 12월 Autodesk사에서 'AutoCAD V1.0(릴리즈1)'을 발표한 이래 현재는 'AutoCAD 2024(릴리즈38)'가 발표된 상태입니다.

3 CAD의 종류 및 응용분야

가장 대표적인 오토캐드(AutoCAD) 뿐만 아니라 캐디안(CADian), 지더블유캐드(ZWCAD), 지스타캐드(GstarCAD), 마이크로스테이션(Microstation), 카티아(Catia), 솔리드웍스(Solidworks), 인벤터(Inventor) 등 다양한 종류의 CAD가 개발되었으며 기계, 건축, 토목, 군사, 우주 산업 분야에 이르기까지 매우 광범위하게 사용되고 있습니다.

오토캐드(AutoCAD)

인벤터(Inventor)

02 절대좌표와 상대좌표

1 절대좌표

절대좌표는 원점(0, 0)을 기준으로 X축과 Y축 방향의 거리로 표현되는 좌표입니다. L1선을 그리기 위해서는 원점의 좌표값 0,0을 입력하고 P1의 좌표값 20,30을 입력하면 됩니다. L2선을 그리기 위해서는 P2의 좌표값 40,30을 입력하면 됩니다.

2 상대좌표

상대좌표는 원점(0, 0)이 아닌 선이 그려지는 시작점을 기준으로 X축과 Y축 방향의 거리로 표현되는 좌표입니다. L1선을 그리기 위해서는 원점의 좌표값 0,0을 입력하고 P1의 좌표값 @20,30을 입력하면 됩니다. L2선을 그리기 위해서는 원점이 기준이 아니라 시작점P1이 기준이 됩니다. 따라서 P1으로 부터의 거리를 계산해서 P2의 좌표값 @20,0을 입력하면 L2선을 그릴 수 있습니다.

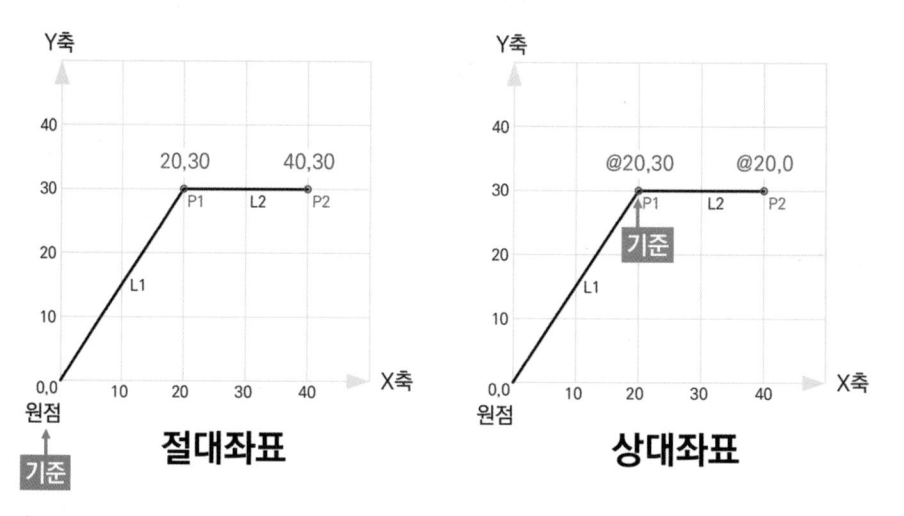

3 상대극좌표

상대극좌표는 선이 그려지는 시작점을 기준으로 거리와 각도로 표현되는 좌표입니다. L1의 선을 그리기 위해서는 @36〈56을 입력해야 합니다.

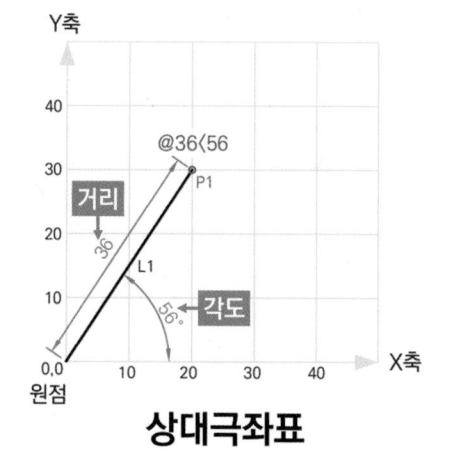

1 상대좌표 설정

AutoCAD로 도면을 작성할 때 절대좌표 방식으로 작성하는 것은 매우 어렵고 번거롭습니다. 이에 반해 상대좌표 방식으로 작성하는 것이 보다 편리하고 쉽습니다. 동적입력 모드를 켜면 상대좌표 방식으로 도면을 작성할 수 있습니다.

01 「📄 새로 만들기」를 클릭합니다.「acadiso」템플릿을 더블 클릭해서 실행합니다.

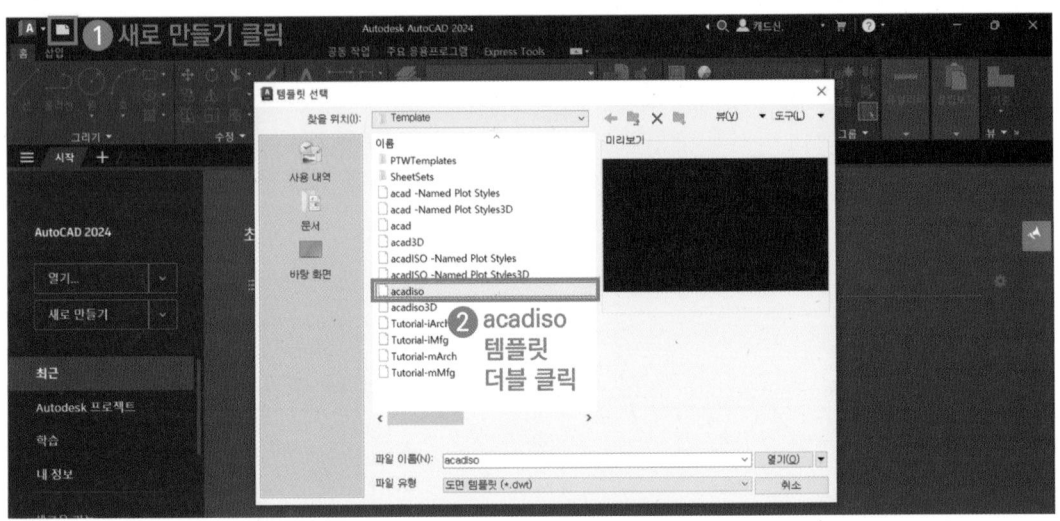

02 「☰ 사용자화」를 클릭합니다.「✓ 동적 입력」을 체크하여 상태막대에 아이콘을 표시합니다.「➕ 동적 입력」아이콘을 클릭합니다.「➕ 동적 입력」이 켜져 있을 경우 상대좌표 방식으로 도면이 작성됩니다.「➕ 동적 입력」이 꺼져 있을 경우 절대좌표 방식으로 도면이 작성됩니다.

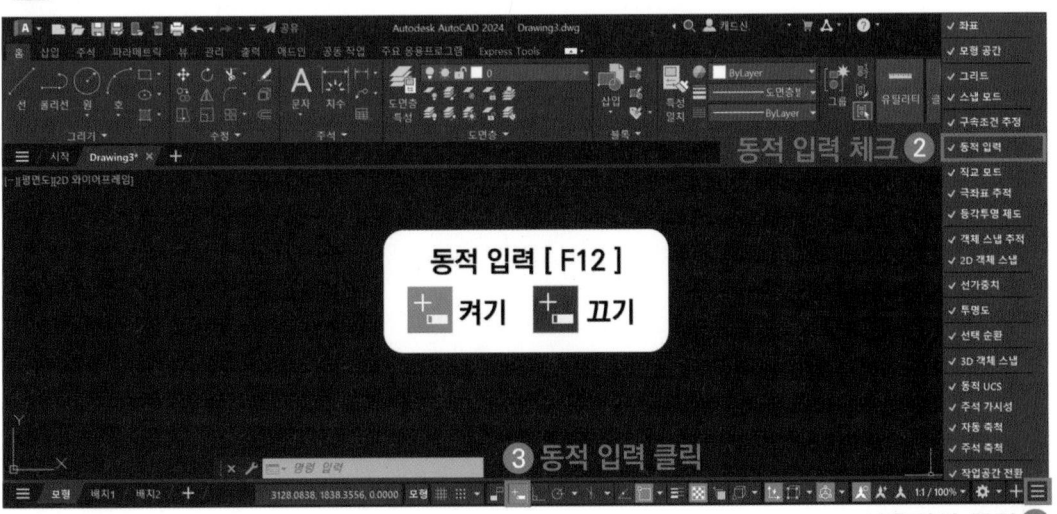

2 마우스 사용방법

1 좌클릭 : 객체 선택

2 휠 회전 : 작업화면 확대 및 축소

2 휠 더블클릭 : 작업화면 확대

2 휠 드래그 : 작업화면 이동

3 우클릭 : 보조기능 선택, 작업 완료

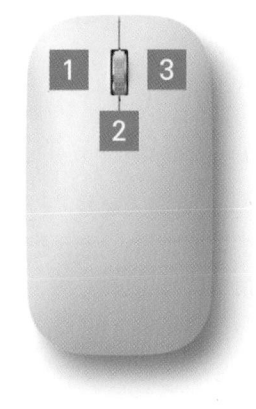

04 AutoCAD의 작업공간과 명령어

1 AutoCAD의 작업공간

AutoCAD를 사용하여 도면을 작성할 때에는 「**5** 명령어창」을 수시로 확인하면서 작업하는 것이 가장 중요합니다.

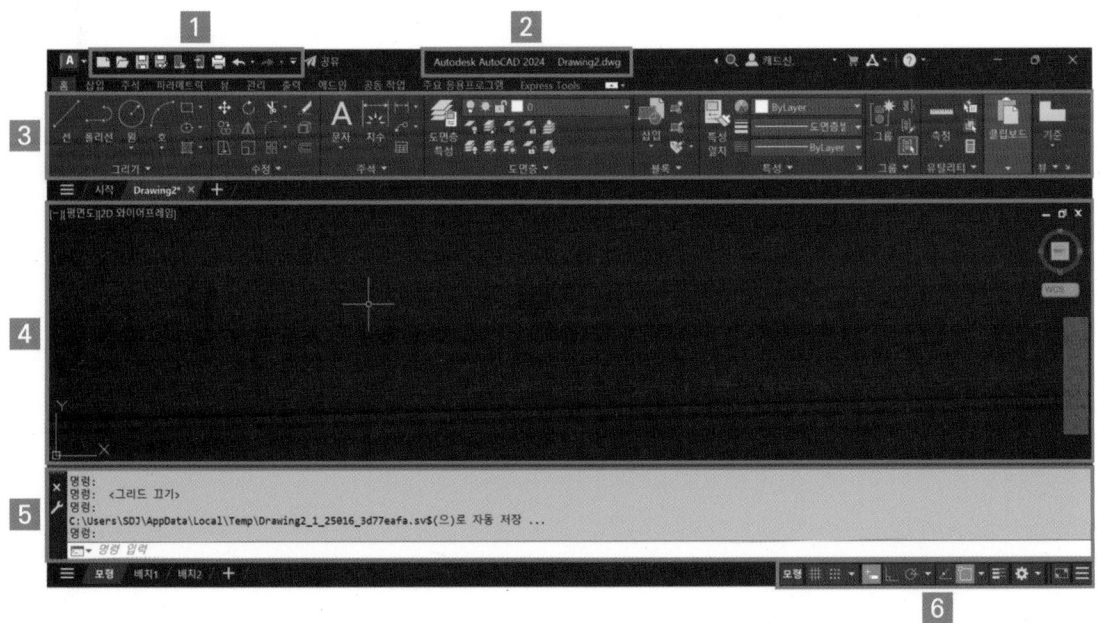

1 신속 접근 막대 : 자주 사용하는 아이콘을 등록하여 신속하게 기능을 실행합니다.

2 제목 표시줄 : 소프트웨어 버전과 파일 이름을 표시합니다.

3 리본(도구막대) : 다양한 기능을 묶어 표시합니다.

4 작업 화면 : 도면 작업이 이루어지는 영역입니다.

5 명령어창 : 명령어 및 단축키를 입력하여 기능을 실행하고 현재 상태를 표시합니다.

6 상태막대 : 도면 작업 시 보조로 활용하는 기능을 표시합니다.

2 작업공간의 종류

오토캐드의 작업공간은 두 가지 중 하나를 선택하여 사용할 수 있습니다. 최신 버전의 오토캐드는 제도 및 주석의 작업공간으로 되어 있고, 구 버전의 오토캐드는 클래식 작업공간으로 되어 있습니다. 일부 회사에서는 클래식 작업공간으로 설정하여 사용하는 곳도 있습니다. 따라서 필요에 따라 작업공간을 설정하고 변경하는 방법을 숙지하시는 것이 좋습니다.

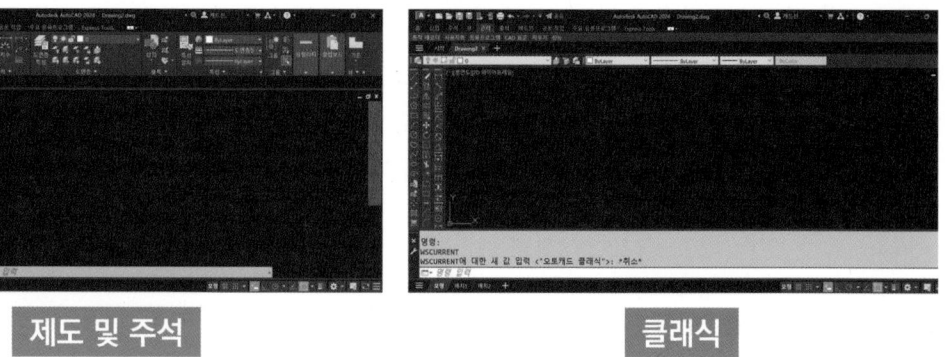

제도 및 주석   클래식

3 클래식 작업공간 설정

01 뷰 탭을 클릭합니다. 사용하지 않는 「View Cube」, 「탐색막대」를 클릭 해제하여 작업화면에서 숨깁니다.

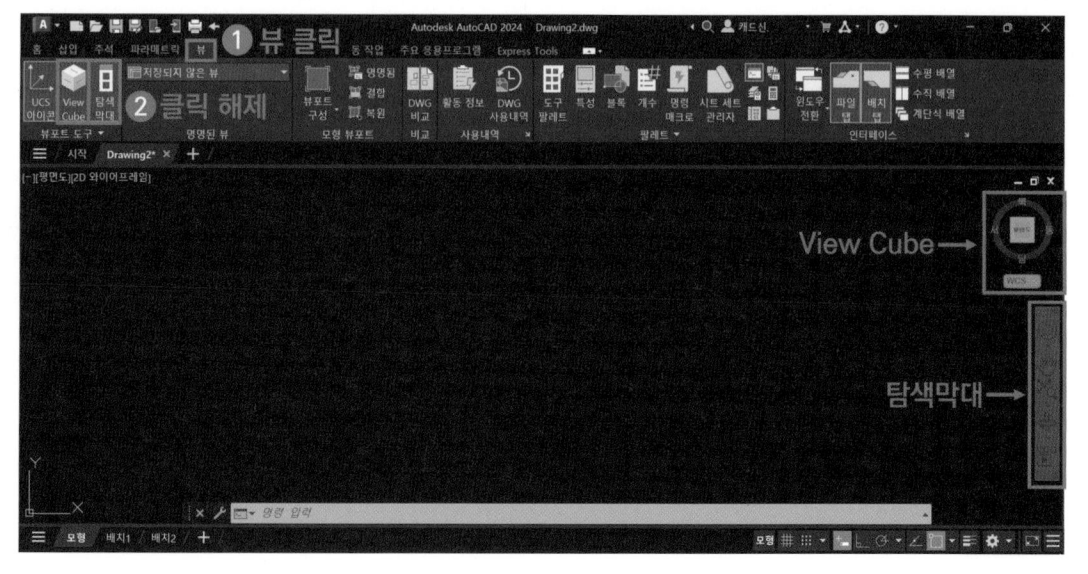

02 「 ☰ 사용자화」를 클릭하고 자주 사용하는 상태막대를 체크해서 표시합니다.

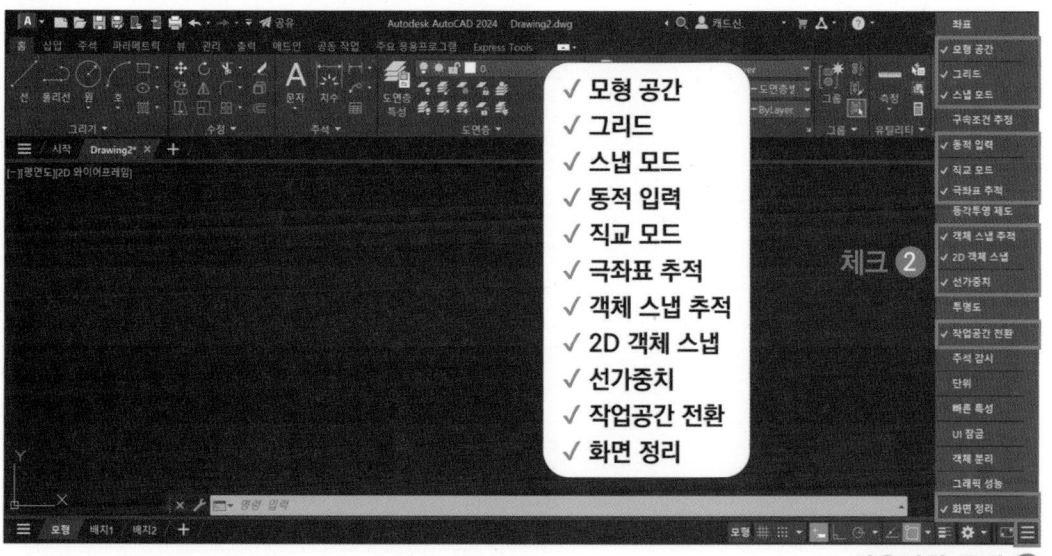

사용자화 클릭 ❶

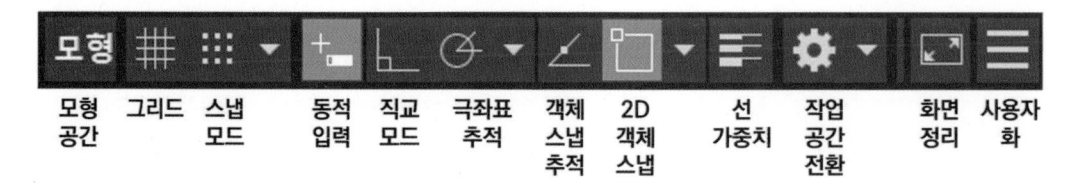

모형 공간	그리드	스냅 모드	동적 입력	직교 모드	극좌표 추적	객체 스냅 추적	2D 객체 스냅	선 가중치	작업 공간 전환	화면 정리	사용자 화

03 「 ▼ 화살표」를 클릭합니다.「탭으로 최소화」를 클릭해서 도구모음을 숨깁니다.

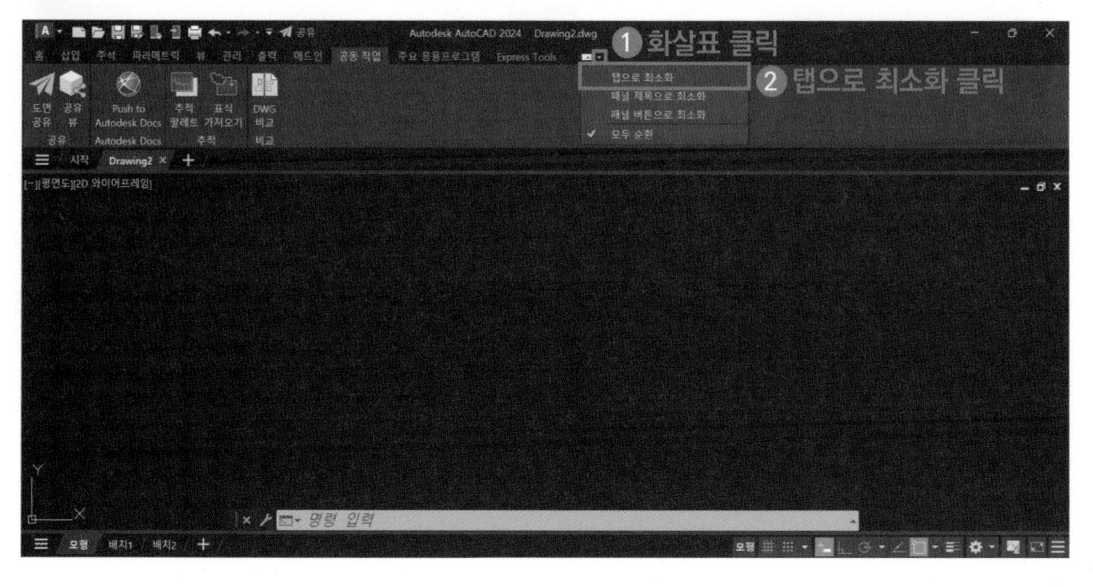

04 「▼ 사용자화」를 클릭하고 「메뉴 막대 표시」를 클릭합니다.

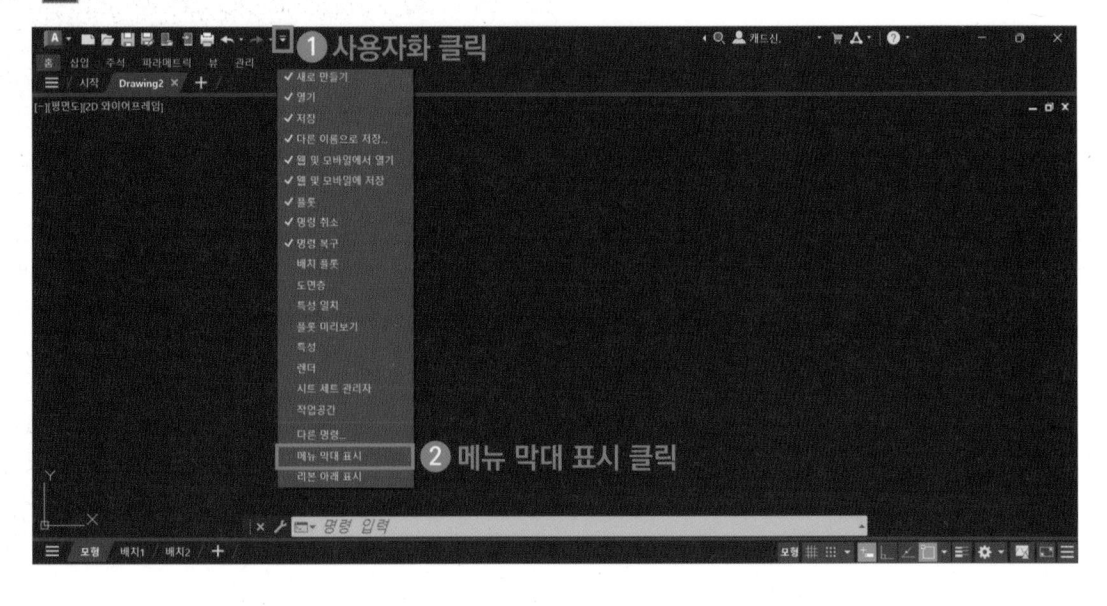

05 「도구 → 도구막대 → AutoCAD」를 클릭하고 자주 사용하는 도구막대를 체크해서 표시합니다.

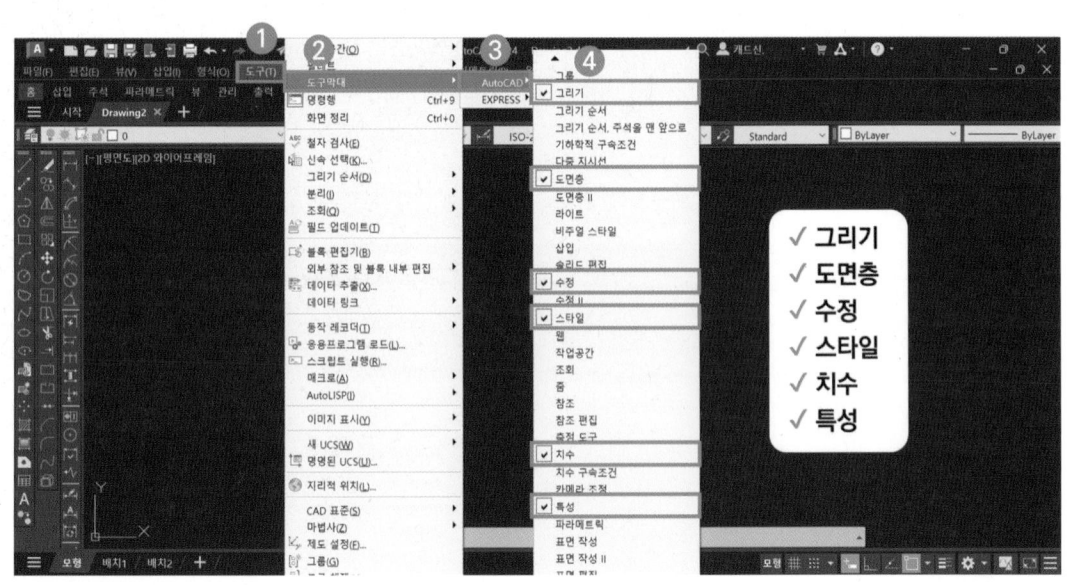

06 도구막대의 「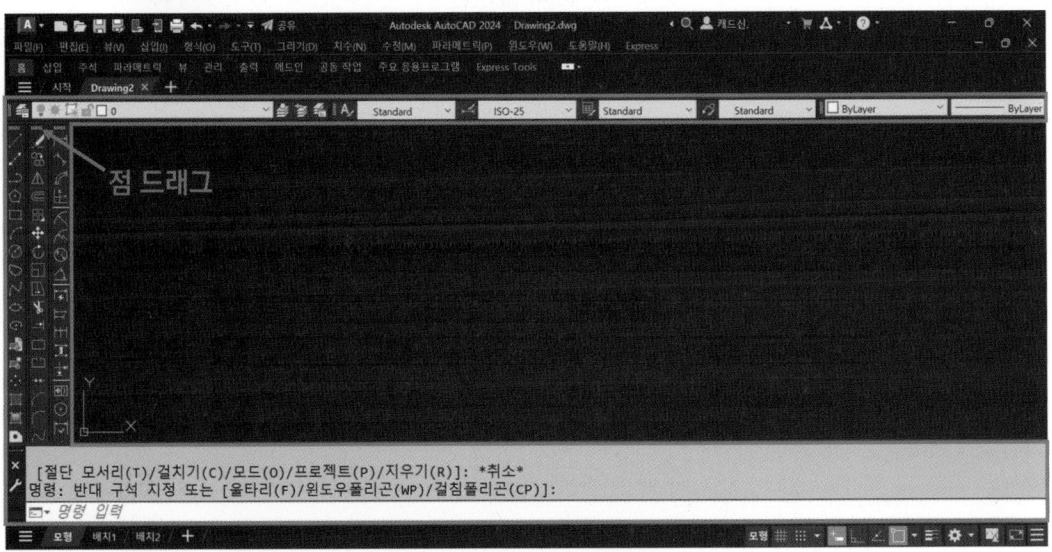 점」을 드래그해서 아래 그림처럼 위치를 조정합니다.

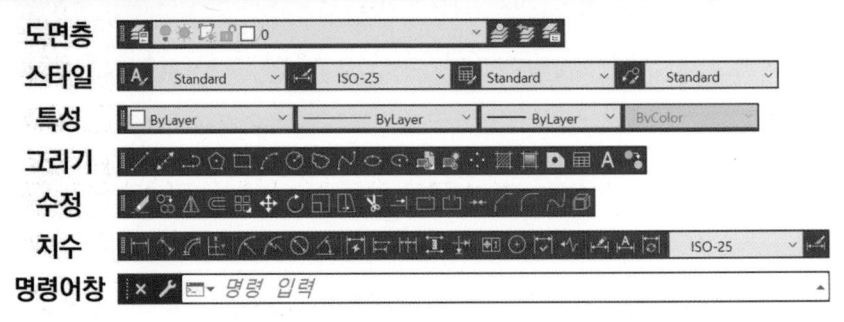

07 「⚙ 작업공간 전환」을 클릭하고 「다른 이름으로 현재 항목 저장」을 클릭합니다. 작업공간의 이름을 「오토캐드 클래식」으로 입력하고 저장합니다.

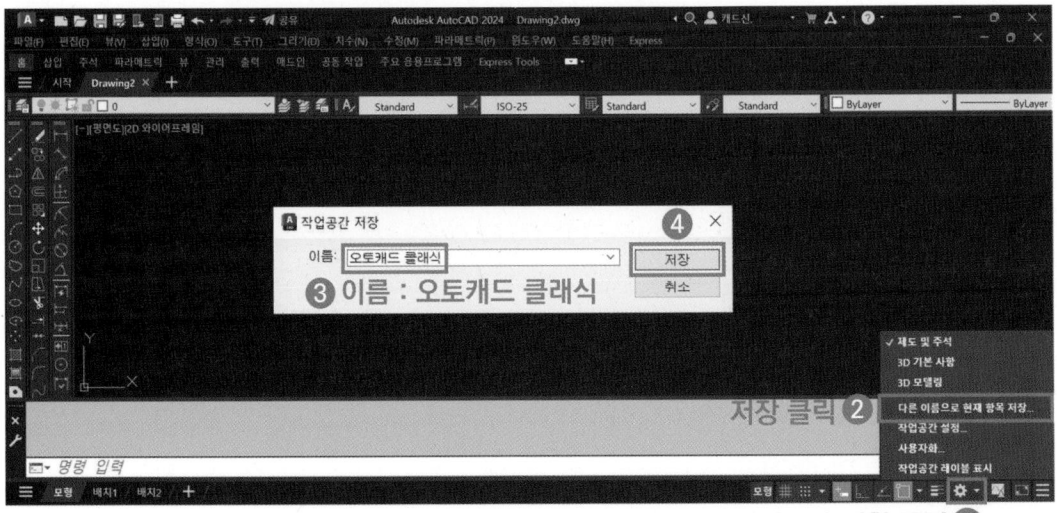

08 「⚙ 작업공간 전환」을 클릭하고 저장된 작업공간을 확인합니다. 「사용자화...」를 클릭해서 작업공간의 이름을 변경하거나 삭제할 수 있습니다.

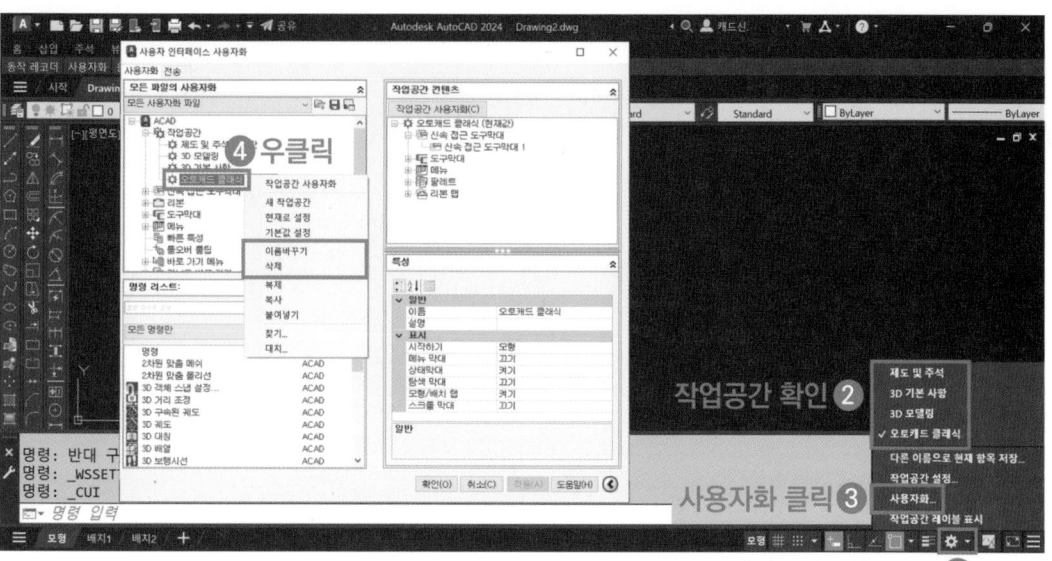

09 「⚙ 작업공간 전환」을 클릭하고 「제도 및 주석」 작업공간을 클릭합니다. 「▦ 명령어창의 점」을 드래그해서 아래로 배치합니다. 본 교재에서는 「제도 및 주석」 작업공간으로 학습을 진행하겠습니다. 필요에 따라 오토캐드 클래식 작업공간으로 전환하여 사용하면 됩니다.

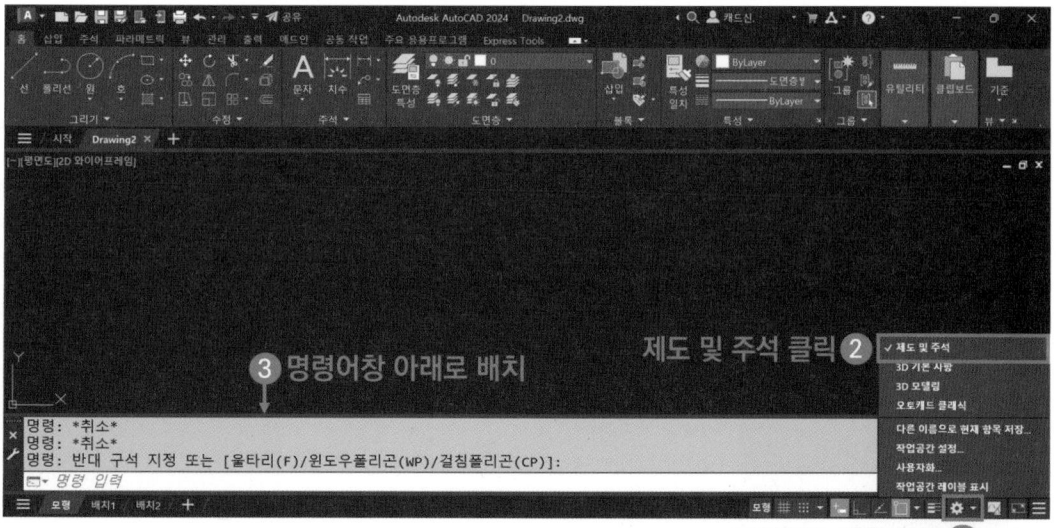

4 객체 작성 방법

작업시간을 단축시키고 도면을 효율적으로 작성하기 위해「단축키」를 사용하는 것을 추천합니다.

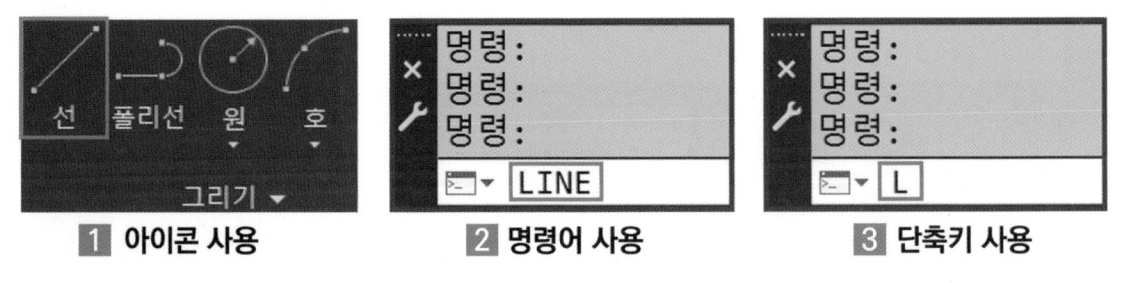

| ① 아이콘 사용 | ② 명령어 사용 | ③ 단축키 사용 |

5 효율적인 작업 방법

일반적으로 오른손으로 마우스를 사용하고 왼손으로 키보드를 사용합니다. 아래의 표를 보면 작업할 때 엔터키와 스페이스바를 공통적으로 사용하는 것을 볼 수 있습니다. 왼손으로 단축키를 입력하고 엔터키를 누르는 것 보다 스페이스바를 누르는 것이 더욱 빠르고 편리합니다. 따라서「스페이스바」를 사용하는 것을 추천합니다.

구분	단축키
작업을 실행하고 종료하는 키	엔터키, 스페이스바, ESC키
방금 전 사용했던 명령어를 재실행하는 키	엔터키, 스페이스바

6 파일 저장

01 「💾 저장」을 클릭합니다. 단축키는「Ctrl+S」입니다. 파일의 저장 위치를 지정하고 이름을 입력하여 저장합니다.

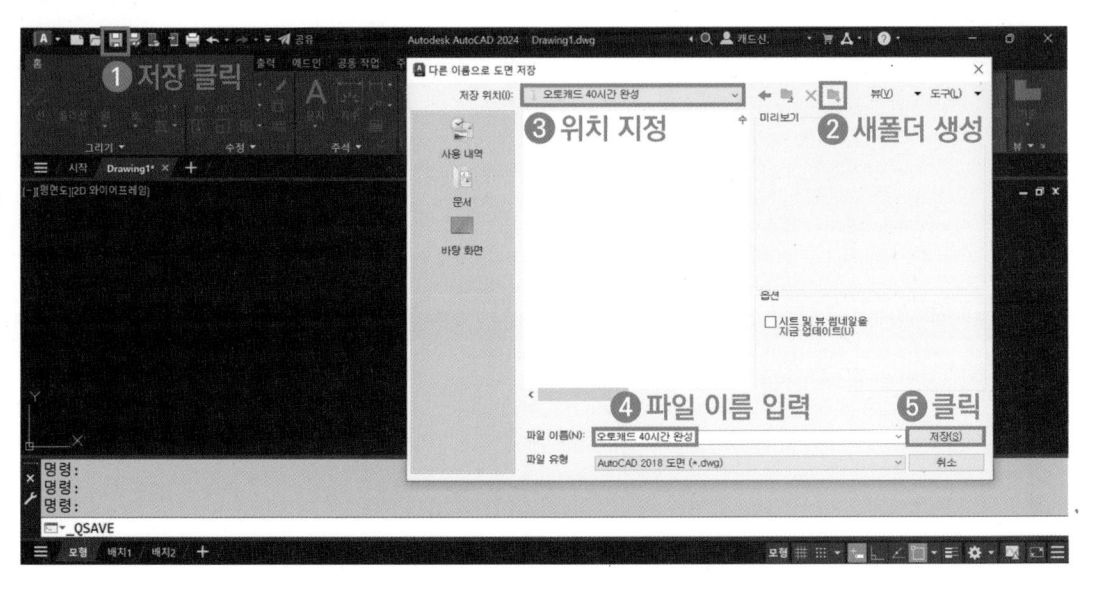

7 파일 열기

01 「📂 열기」를 클릭합니다. 단축키는 「Ctrl+O」입니다. 파일의 위치를 찾은 후 파일을 더블 클릭하여 엽니다.

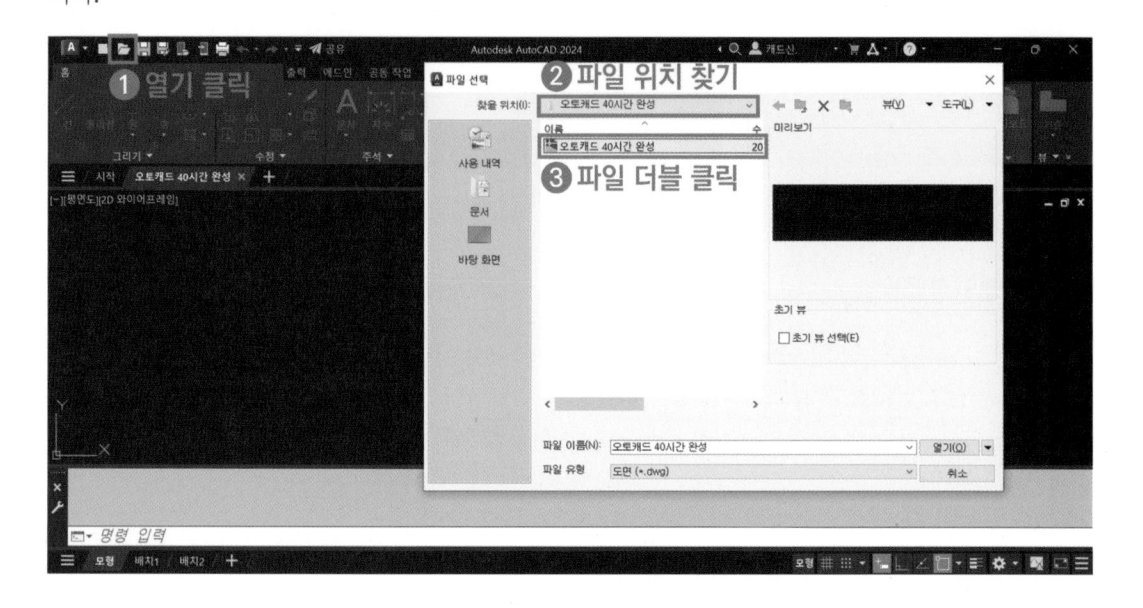

02 파일을 여는 다른 방법은 폴더의 파일을 더블 클릭해서 열수도 있습니다.

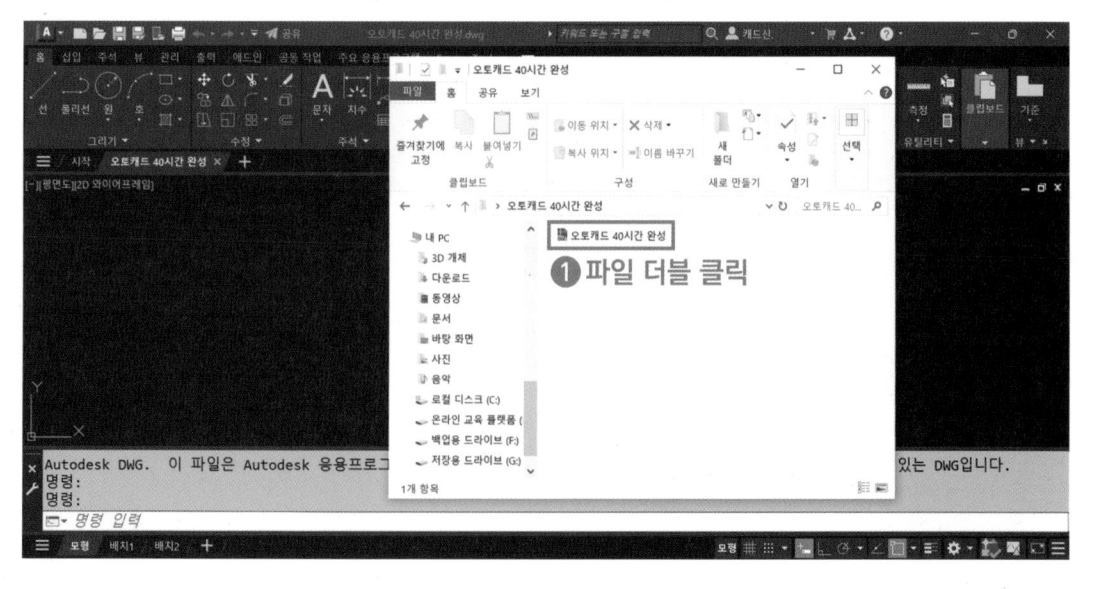

파일 다른 이름으로 저장

파일을 다른 이름으로 저장하면 현재 열려 있는 파일의 이름과 버전을 변경하여 복사본으로 저장할 수 있습니다.

01 「⬦ 선」을 클릭 하고 임의의 지점을 클릭해서 선을 그립니다. 파일을 수정하면 파일 이름 옆에 *기호가 표시됩니다.

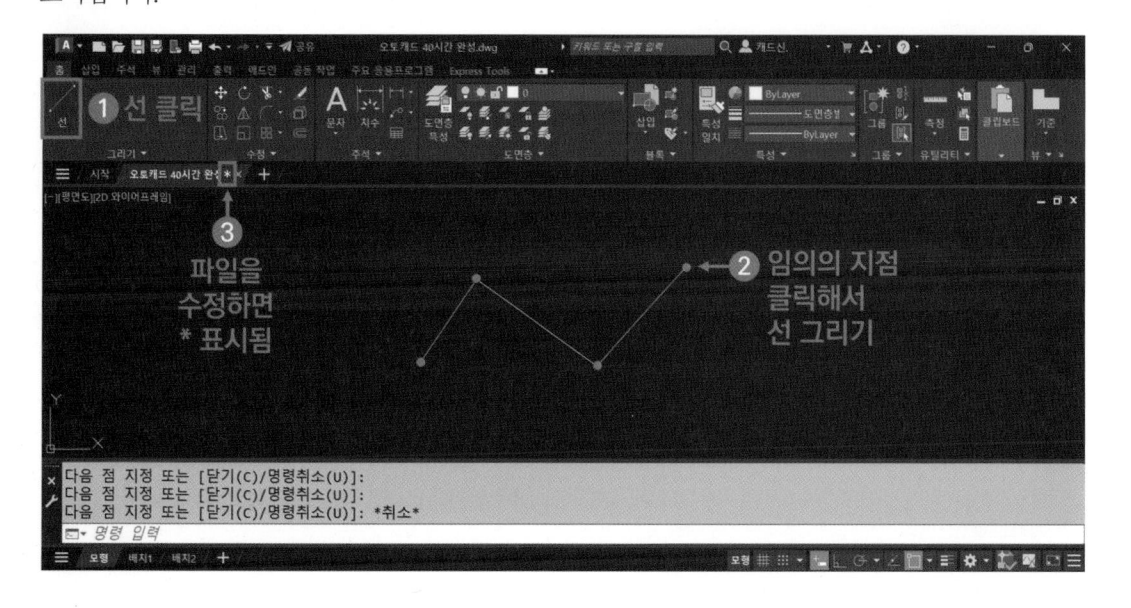

02 「🖫 다른 이름으로 저장」을 클릭합니다. 단축키는 「Ctrl+Shift+S」입니다. 자주 사용하는 폴더를 환경 리스트로 드래그&드롭합니다.

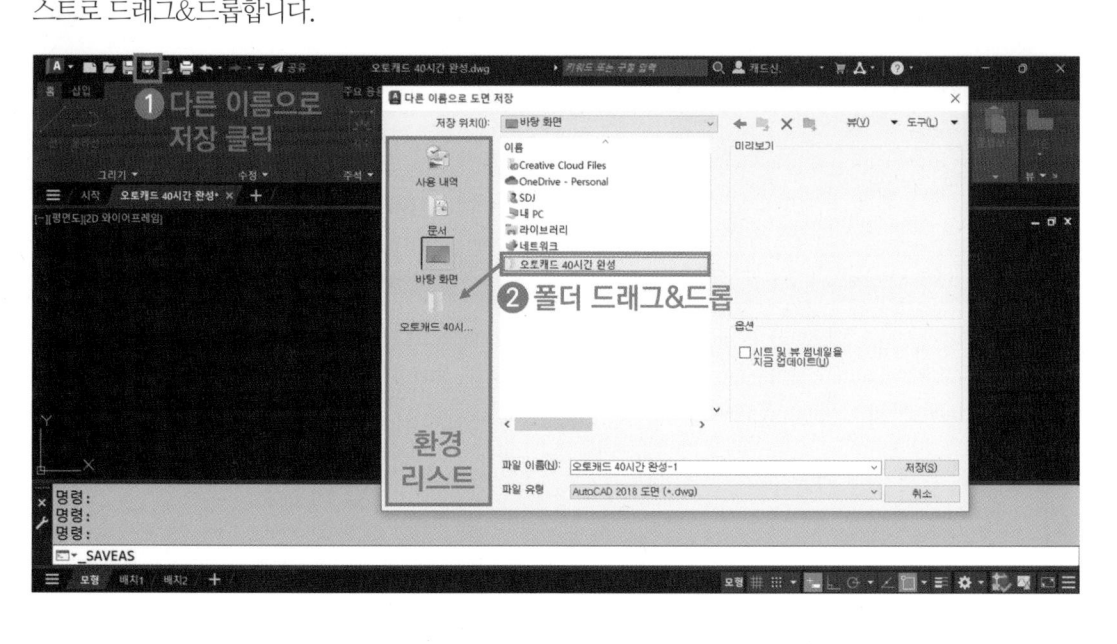

03 파일 이름, 버전을 변경하고 저장합니다.

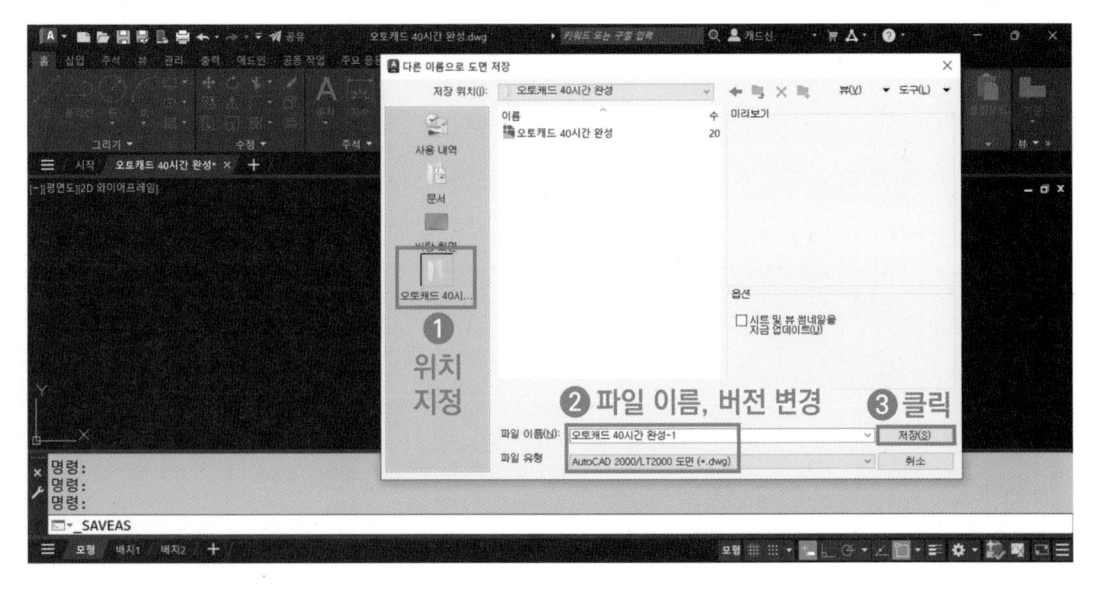

04 현재 파일이 다른 이름으로 저장한 파일로 변경이 된 것을 확인합니다. 폴더를 열고 기존 파일을 엽니다.

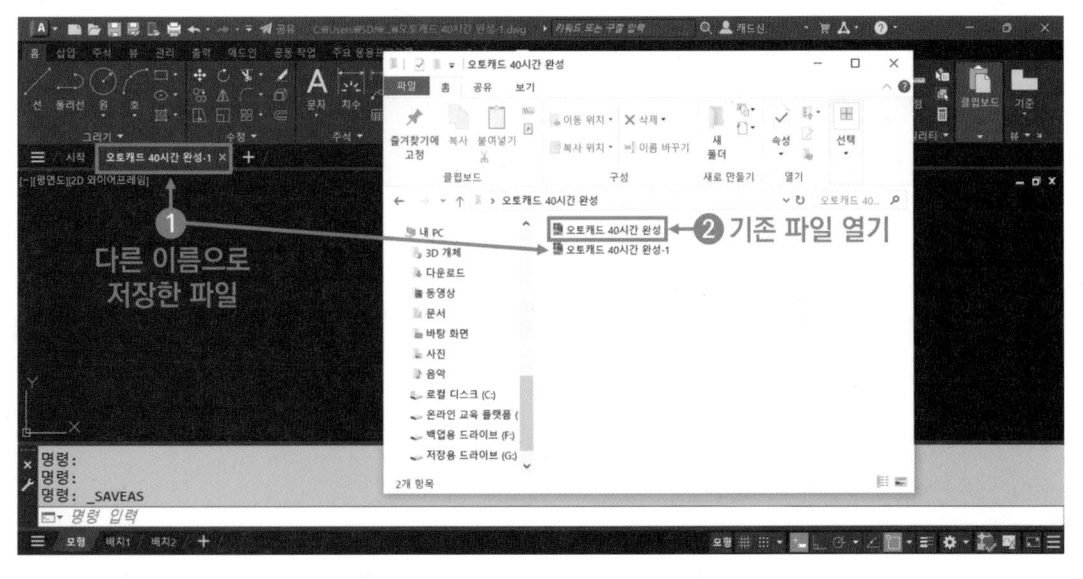

05 「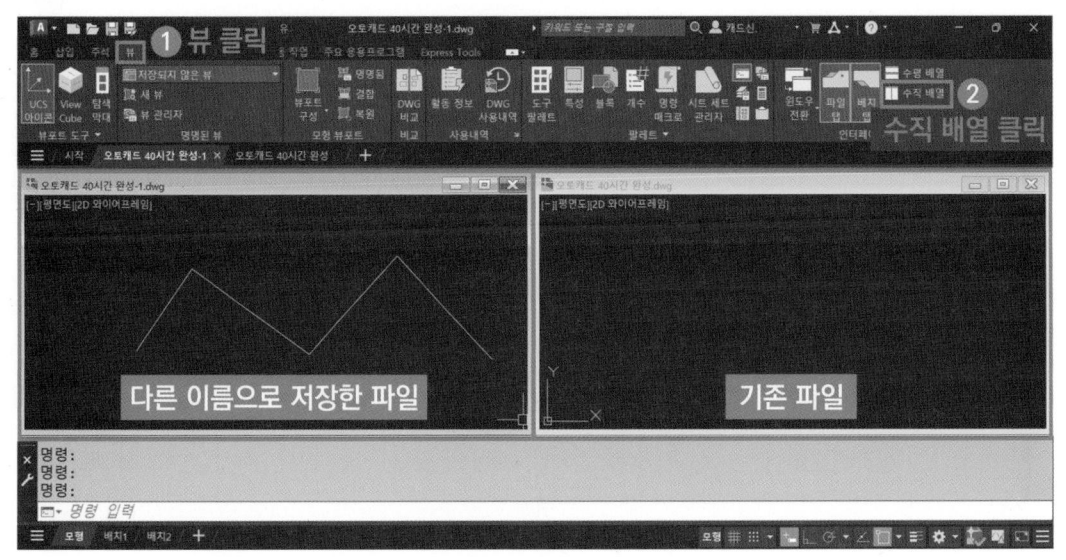 수직 배열」을 클릭합니다. 기존의 파일과 다른 이름으로 저장한 파일을 확인합니다.

06 작업화면 근처의 「✕ 닫기」를 클릭하면 파일을 닫을 수 있습니다.

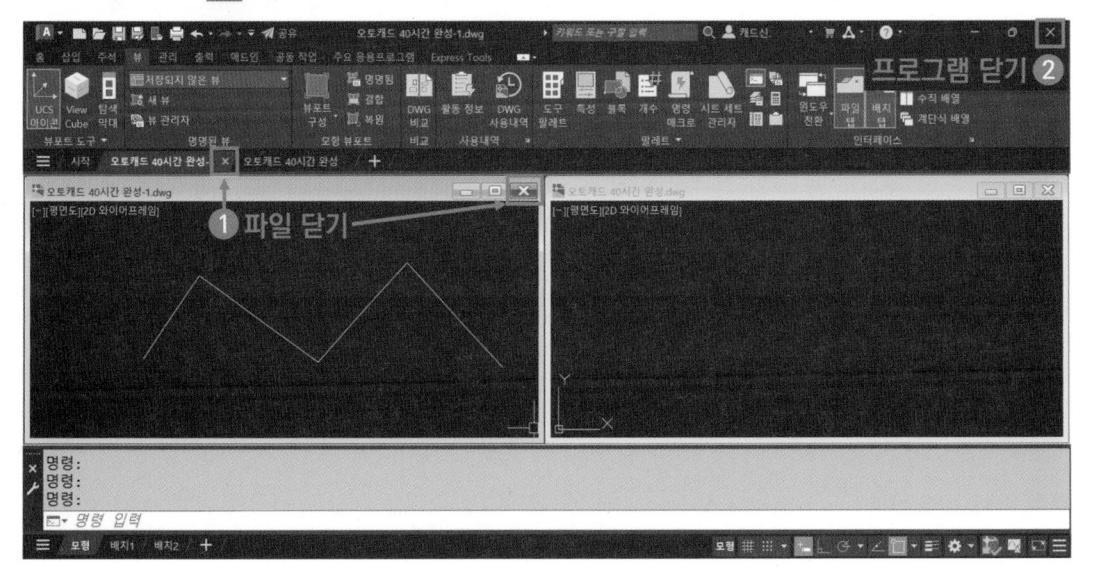

SECTION 02 객체 작성-1

▶ https://cafe.naver.com/dongjinc/4002

01 객체 작성 명령어

① ✏ 선- LINE [L]

연속하는 선을 그리는 기능입니다. 직교모드[F8]를 켜면 수직선, 수평선을 그릴 수 있습니다.

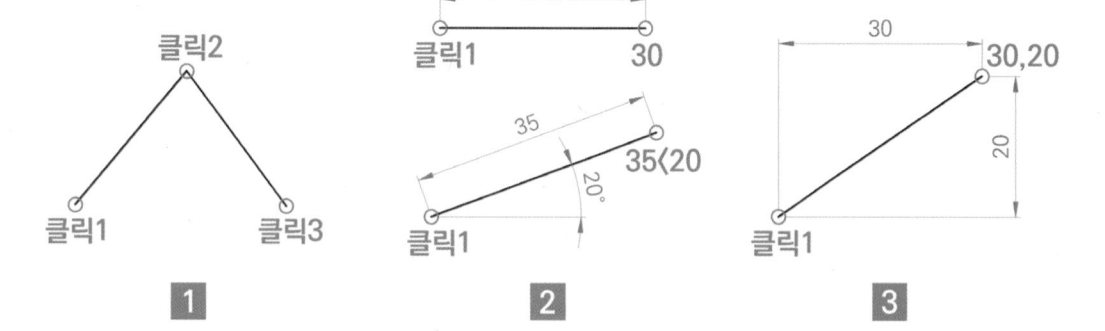

1 임의의 지점 클릭

>_ ▼L → 스페이스바 → 클릭1, 클릭2, 클릭3 → 스페이스바
　　　　　　　　　　　　　　　　　　　　　　　　　　　　　* 직교모드 [F8]

2 길이 값, 각도 값 입력

>_ ▼L → 스페이스바 → 클릭1 → 30 → 스페이스바
　　　　　　　　　　　　　　　　　　　　　　　* 동적입력모드 [F12]

>_ ▼L → 스페이스바 → 클릭1 → 35 ⟨ 20 → 스페이스바
　　　　　　　　　　　　　　　　　　　　　　　* 각도기호 ⟨

3 X, Y 좌표값 입력

>_ ▼L → 스페이스바 → 클릭1 → 30,20 → 스페이스바
　　　　　　　　　　　　　　　　　　　　　　　* 좌표기호 ,

② 🖌 지우기 - ERASE [E]

선택한 객체를 지우는 기능입니다. 단축키[E]를 사용하거나 키보드의 [DEL]키를 사용하면 됩니다.

1 단축키 [E]로 지우기

`>_` ▼ E → 스페이스바 → 클릭1, 클릭2 → 스페이스바

2 [DEL] 키로 지우기

클릭1 → DEL

③ ▢ 사각형 - RECTANGLE [REC]

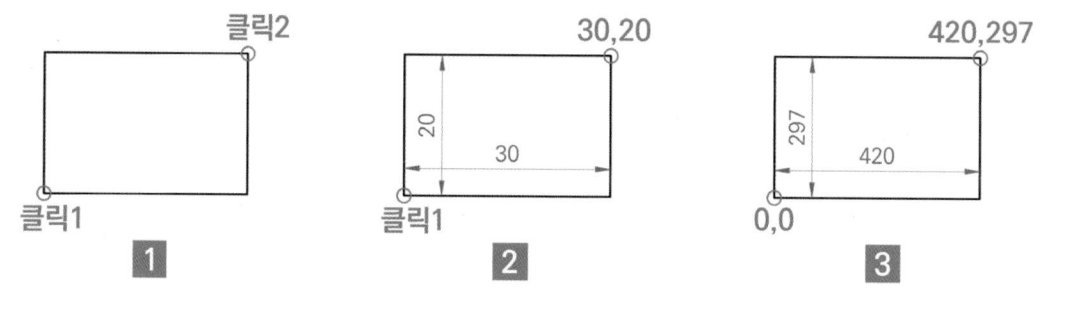

1 임의의 지점 클릭

`>_` ▼ REC → 스페이스바 → 클릭1, 클릭2

2 지점 클릭 후 좌표값 입력

`>_` ▼ REC → 스페이스바 → 클릭1 → 30,20 → 스페이스바　　　　　　　　　　　※ 좌표기호 ,

3 좌표 값 입력

`>_` ▼ REC → 스페이스바 → 0,0 → 스페이스바 → 420,297 → 스페이스바　　　※ A3용지크기 420x297mm

4 ⬅ 실행취소 - UNDO [U] [Ctrl+Z]

마지막 작업의 실행을 취소하는 기능입니다. [Ctrl+Z]는 대부분의 프로그램에서 공통적으로 사용되기 때문에 해당 단축키를 사용하는 것을 추천합니다.

5 ➡ 실행복구 - REDO [Ctrl+Y]

마지막 작업의 실행을 복구하는 기능입니다. [Ctrl+Y]는 대부분의 프로그램에서 공통적으로 사용되기 때문에 해당 단축키를 사용하는 것을 추천합니다.

6 줌 - ZOOM [Z]

1 전체(A) 줌

>_ ▼ Z → **스페이스바** → 전체(A) → **스페이스바**

2 영역 지정 줌

>_ ▼ Z → **스페이스바** → 마우스로 사각형의 영역 지정

3 객체(O) 선택 줌

>_ ▼ Z → **스페이스바** → 객체(O) → **스페이스바** → 마우스로 객체 클릭 → **스페이스바**

02 객체선택 및 각도계산 방법

1 객체 선택 방법

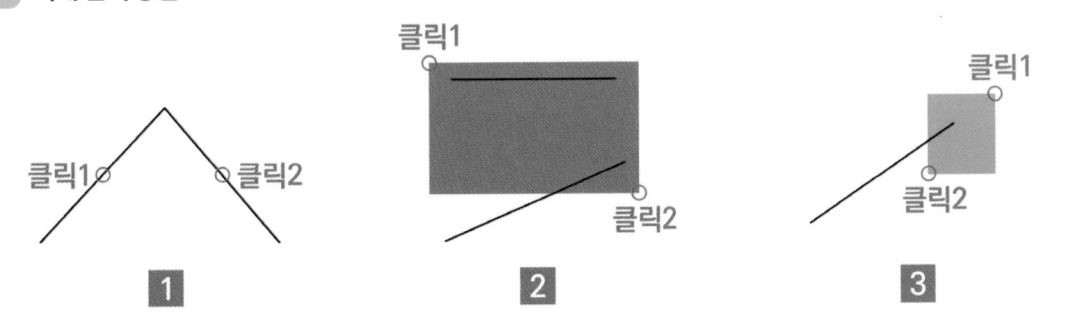

1 객체를 클릭하여 선택
2 왼쪽에서 오른쪽으로 **파란영역**을 만들어 선택(**파란영역** 안에 완벽히 포함된 객체만 선택됨)
3 오른쪽에서 왼쪽으로 **초록영역**을 만들어 선택(**초록영역** 안에 일부만 포함된 객체도 선택됨)
4 키보드의 Ctrl+A를 눌러서 모든 객체 선택
5 키보드의 Shift를 누른 상태에서 객체를 클릭하여 선택 해제

2 각도 계산 방법

각도는 클릭한 지점을 기준으로 오른쪽이 0°입니다. 각도는 반시계 방향으로 0°, 90°, 180°, 270°로 계산됩니다.

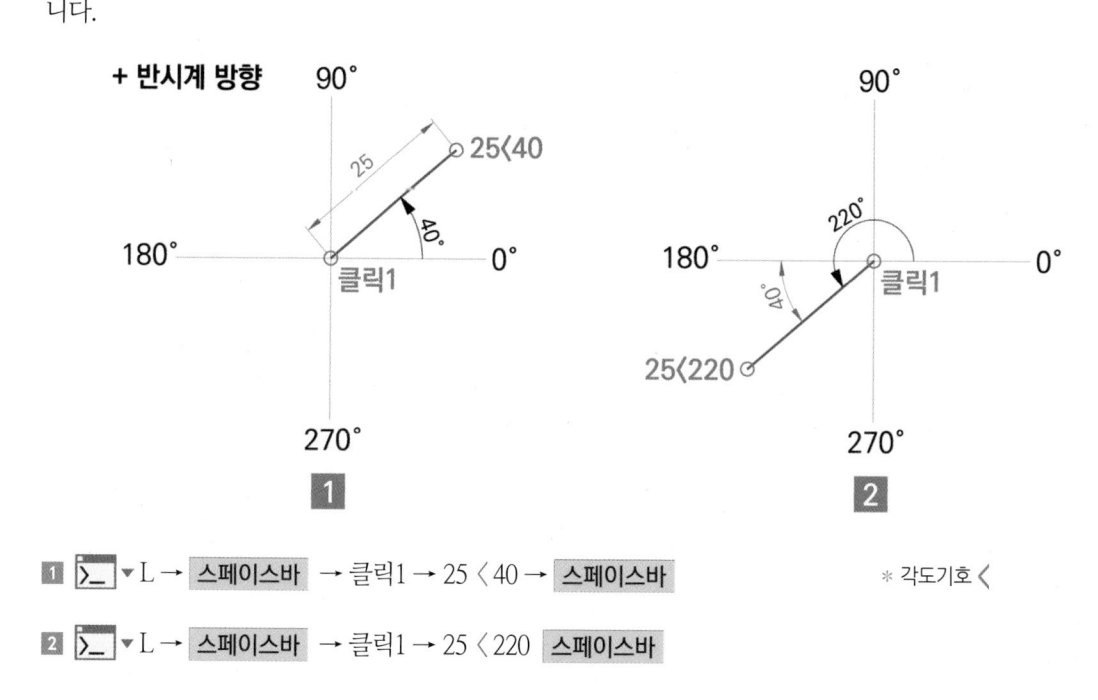

1 ▷_ ▼L → 스페이스바 → 클릭1 → 25〈40 → 스페이스바   ＊ 각도기호 〈

2 ▷_ ▼L → 스페이스바 → 클릭1 → 25〈220 스페이스바

각도를 시계 방향으로 계산할 경우 0°, -90°, -180°, -270°로 계산됩니다. 시계 방향의 각도 값을 입력 할 때에는 -기호를 함께 입력해야 합니다.

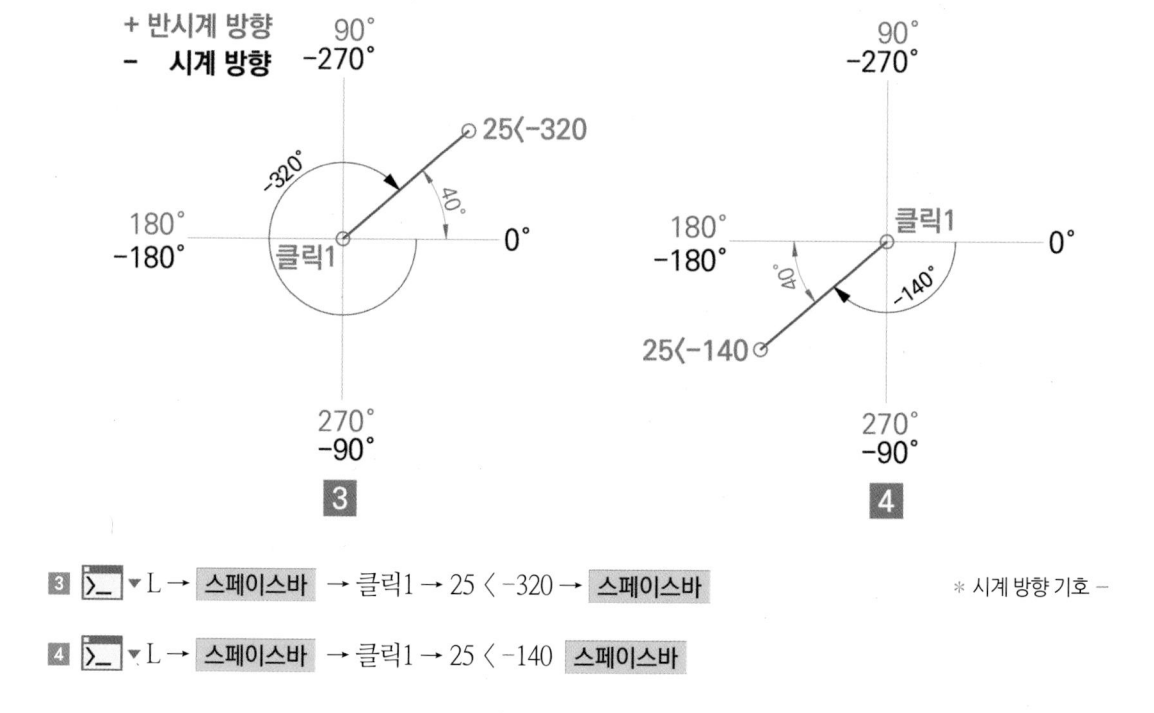

3 ▷_ ▼L → 스페이스바 → 클릭1 → 25〈-320 → 스페이스바   ＊ 시계 방향 기호 -

4 ▷_ ▼L → 스페이스바 → 클릭1 → 25〈-140 스페이스바

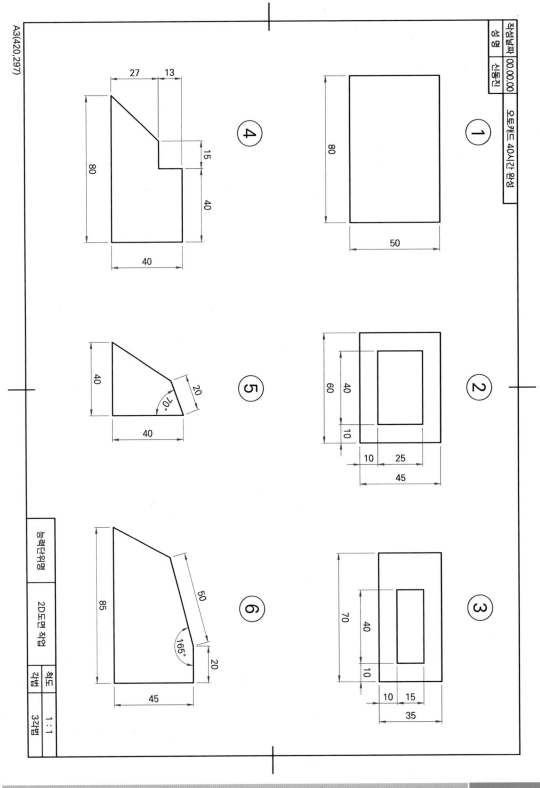

A3(420,297)

| 작성날짜 | 00.00.00 | 오토캐드 40시간 완성 |
| 성 명 | 신동진 | |

| 능력단위명 | 2D도면 작업 | 척도 | 1 : 1 |
| | | 각법 | 3각법 |

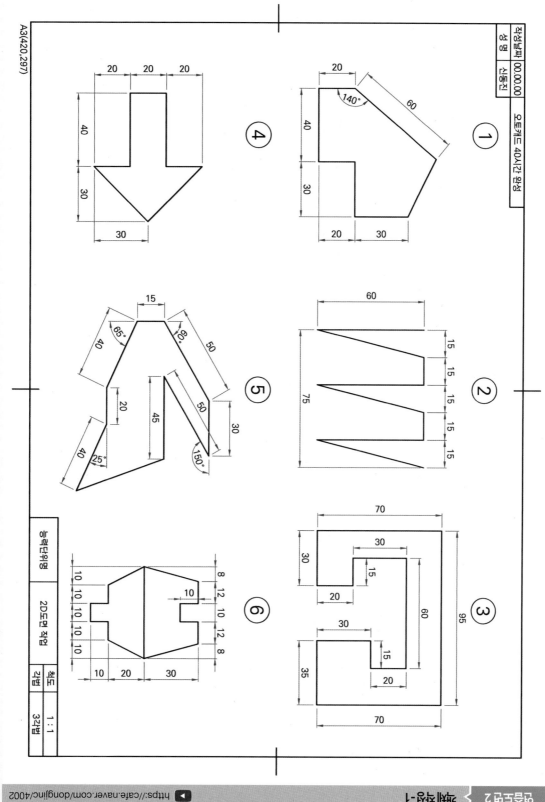

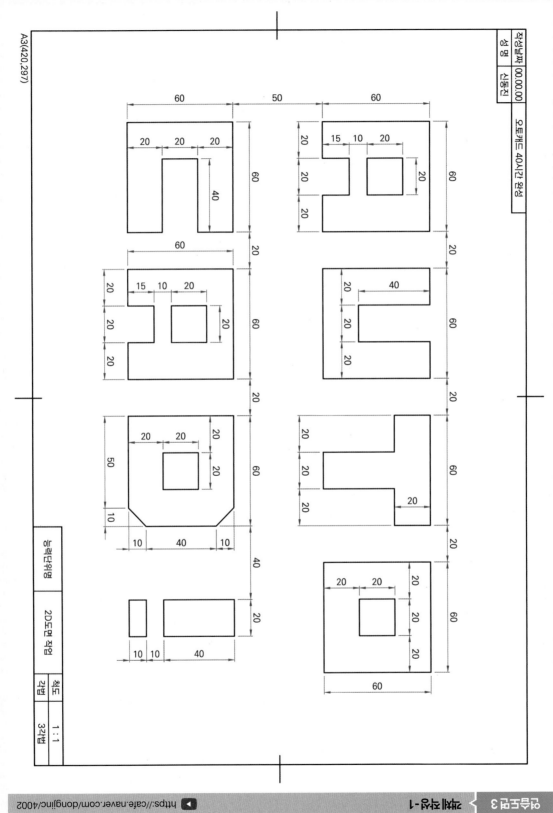

객체 작성-2

https://cafe.naver.com/dongjinc/4003

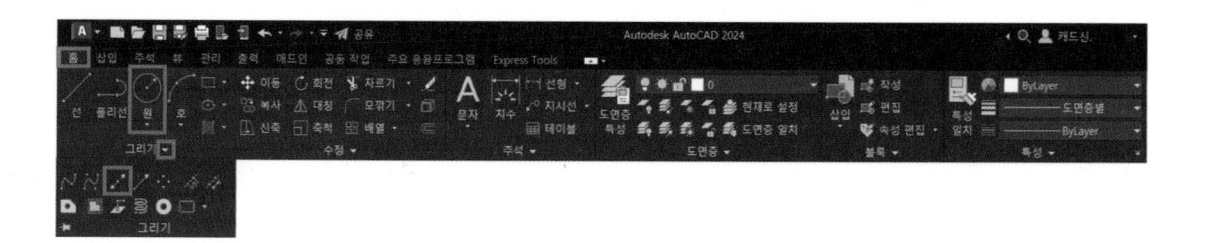

01 객체 작성 명령어

1  **구성선 – XLINE[XL]**

길이가 무한한 선을 그리는 기능입니다.

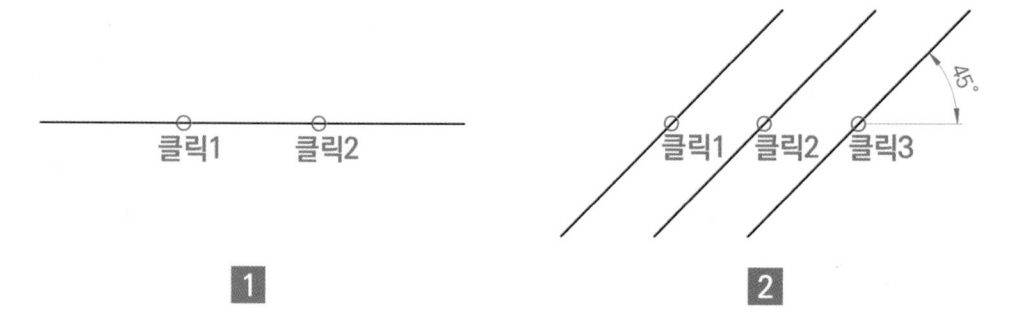

1 수평, 수직[F8]의 구성선

>_ ▼ XL → 스페이스바 → 클릭1, 클릭2

2 각도(A)를 갖는 구성선

>_ ▼ XL → 스페이스바 → 각도(A) → 스페이스바 → 45 → 스페이스바 → 클릭1, 클릭2, 클릭3

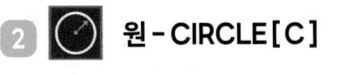 **원 – CIRCLE [C]**

원을 그리는 기능입니다.

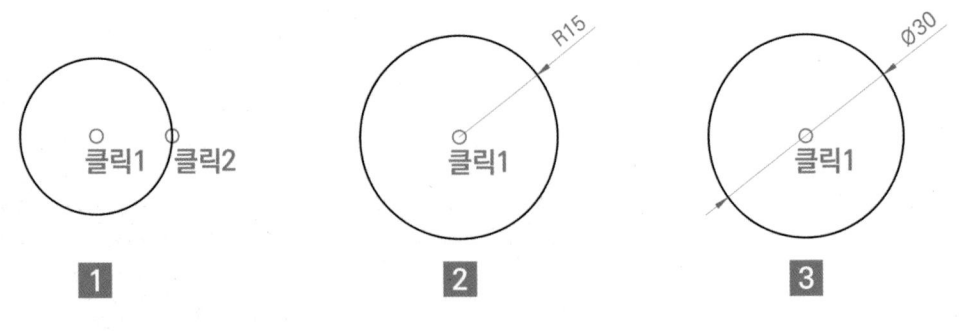

1 임의의 지점 클릭

>▼ C → 스페이스바 → 클릭1, 클릭2

2 반지름 입력

>▼ C → 스페이스바 → 클릭1 → 15 → 스페이스바

3 지름(D) 입력

>▼ C → 스페이스바 → 클릭1 → 지름(D) → 스페이스바 → 30 → 스페이스바

3 원의 3가지 옵션

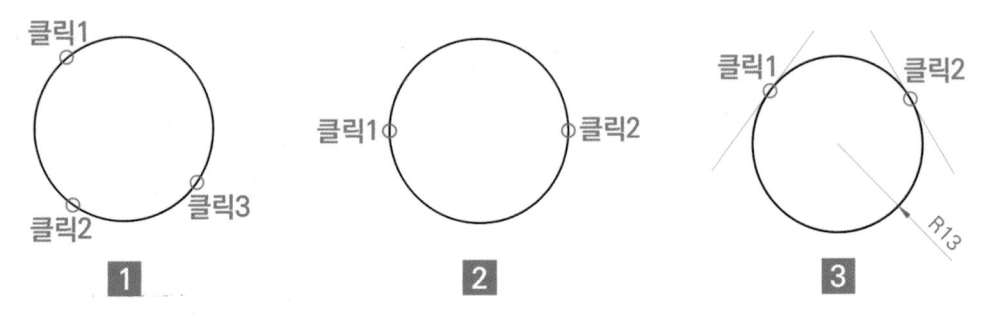

1 3개의 점을 포함하는 원 (3P)

>▼ C → 스페이스바 → 3점(3P) → 스페이스바 → 클릭1, 클릭2, 클릭3

2 2개의 점을 포함하는 원 (2P)

>▼ C → 스페이스바 → 2점(2P) → 스페이스바 → 클릭1, 클릭2

3 2개의 선에 접하고 반지름 값을 갖는 원 (T)

>▼ C → 스페이스바 → Ttr(T) → 스페이스바 → 클릭1, 클릭2 → 13 → 스페이스바

1 객체 스냅 모드 – OSNAP [F3]

마우스 커서를 객체의 정확한 지점으로 스냅 하는 기능입니다. 키보드의 [F3]을 클릭하면 상태막대의 2D 객체 스냅이 켜지고 꺼지는 모습을 볼 수 있습니다. 객체 스냅이 켜져 있을 경우 객체의 정확한 지점에서 객체를 그려나갈 수 있습니다.

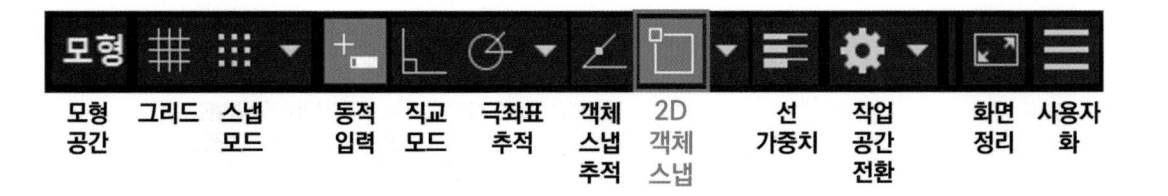

| 모형 공간 | 그리드 | 스냅 모드 | 동적 입력 | 직교 모드 | 극좌표 추적 | 객체 스냅 추적 | 2D 객체 스냅 | 선 가중치 | 작업 공간 전환 | 화면 정리 | 사용자 화 |

■ 객체 스냅을 켰을 경우 정확한 지점에서 원을 그릴 수 있기 때문에 동일한 중심을 갖는 원을 그릴 수 있습니다.

② 객체 스냅을 껐을 경우 정확한 지점에서 원을 그릴 수 없기 때문에 두 원의 중심은 서로 다른 위치에 그려집니다. 즉, 정확한 위치와 크기로 객체를 그릴 수 없기 때문에 도면에 오류가 발생하고 이로 인해 제작상 문제가 발생할 수 있습니다. 따라서 도면을 작성할 땐 객체 스냅을 켜고, 정확한 지점에서 객체를 그려나가야 합니다.

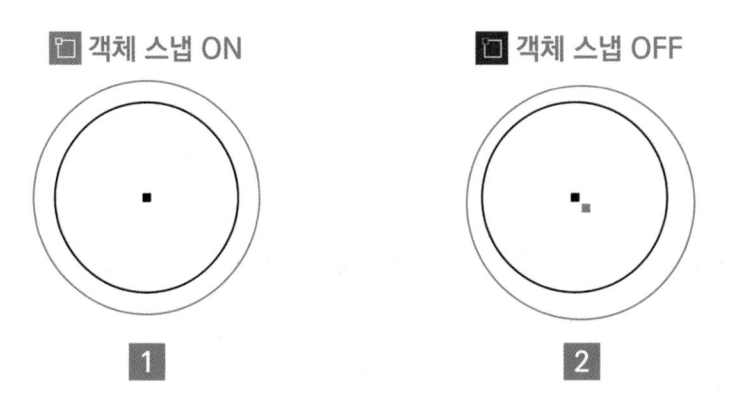

객체 스냅 ON · 객체 스냅 OFF

1 · 2

2 **객체 스냅 크기와 색상 설정**

객체스냅이 잘 보이지 않는 다면 옵션을 설정하여 크기와 색상을 변경하면 됩니다.

01 명령어창에 옵션의 단축키 [OP]를 입력합니다. 「제도」탭의 「색상」을 클릭하고 「2D AutoSnap 표식기」의 색상을 「노란색」으로 변경합니다.

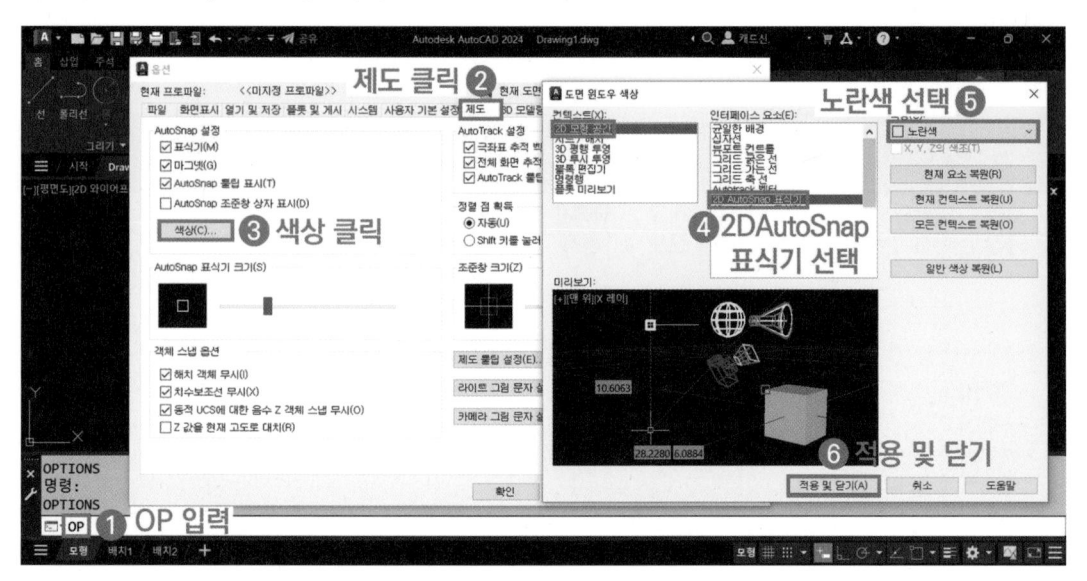

02 AutoSnap표식기의 「파란 박스」를 오른쪽으로 드래그하여 크기를 크게 변경합니다.

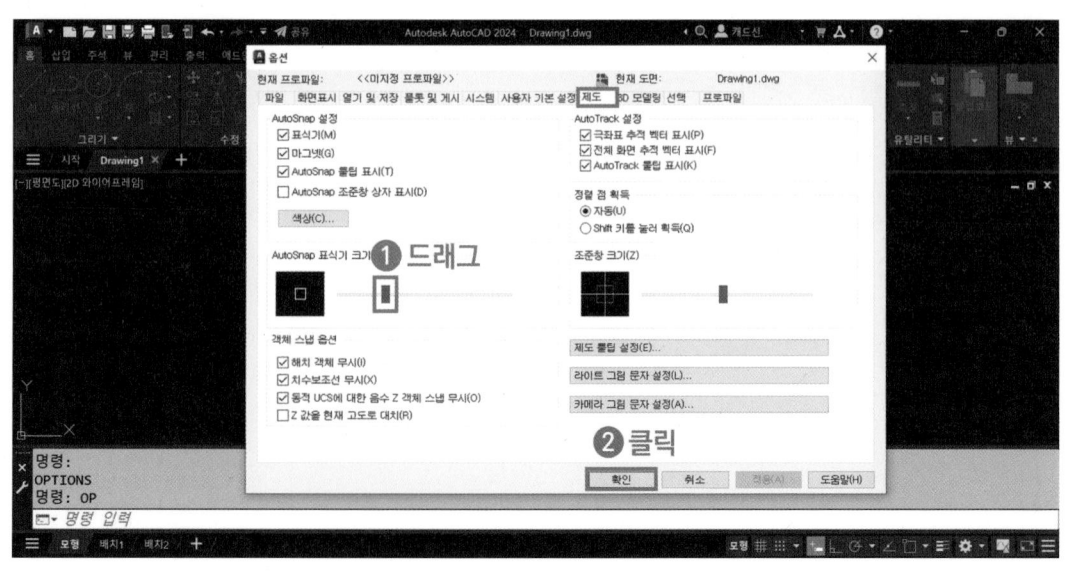

3 객체 스냅 옵션 – OSNAP [OS]

객체 스냅을 표시하거나 숨기는 기능입니다. 만약 끝점 옵션이 체크 해제되어 있으면 객체의 끝점이 표시되지 않습니다. 근처점이 체크되어 있으면 마우스 근처에 불필요한 점이 표시 되어 원하는 점에서 객체를 그리지 못할 수도 있습니다. 따라서 도면을 작성할 때 자주 사용하고 꼭 필요한 점만 체크해서 사용하는 것이 좋습니다.

01 명령어 창에 단축키 [OS]를 입력합니다. 아래 그림과 같이 자주 사용하는 점을 체크합니다.

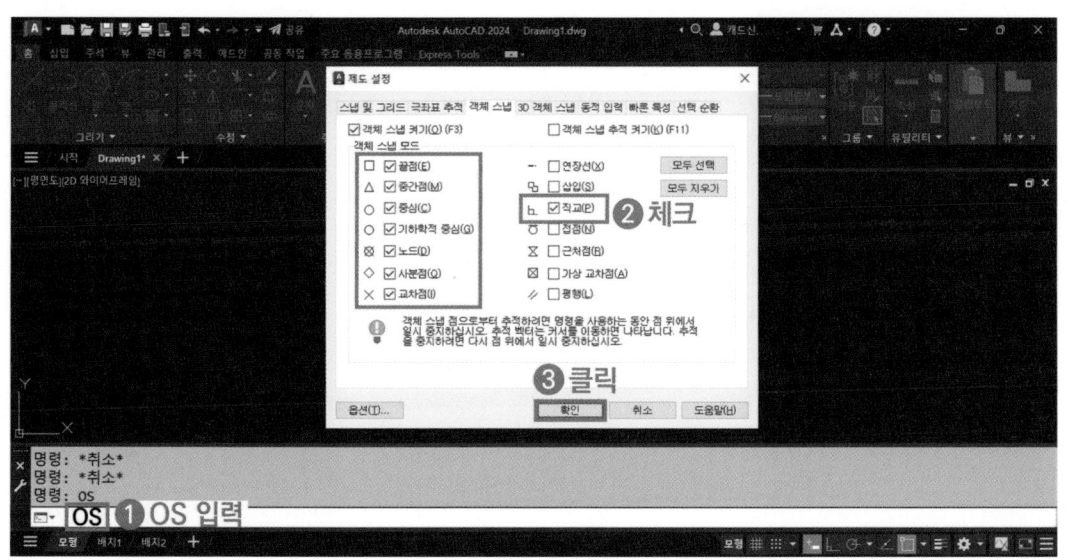

4 객체 스냅 점의 종류

사분점은 원의 0도, 90도, 180도, 270도에 있는 점을 의미합니다. 기하학적 중심점은 객체의 중심점을 의미합니다. 노드점은 점 객체의 점을 의미합니다. 직교점은 수직, 수평의 위치에 있는 점을 의미합니다.

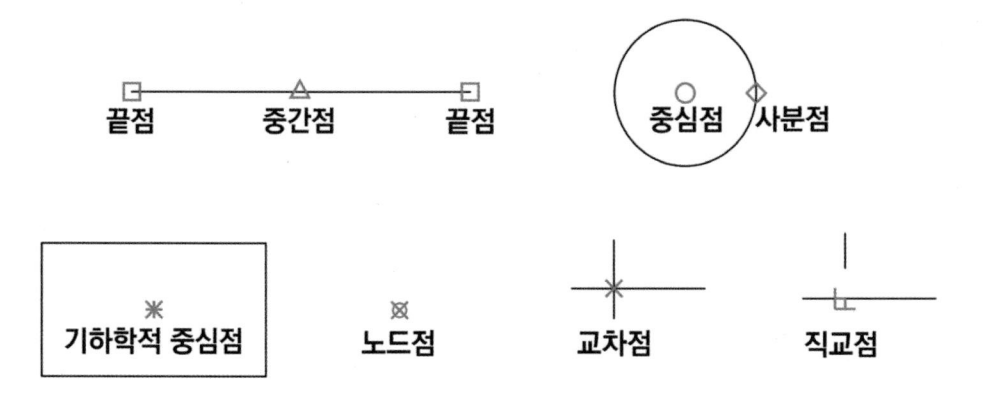

5 객체 스냅 사용 방법

객체 스냅 옵션[OS]을 설정할 경우 체크된 점은 항상 표시가 됩니다. Shift + 마우스 우클릭 또는 단축키를 사용할 경우 선택한 점만 일시적으로 표시됩니다.

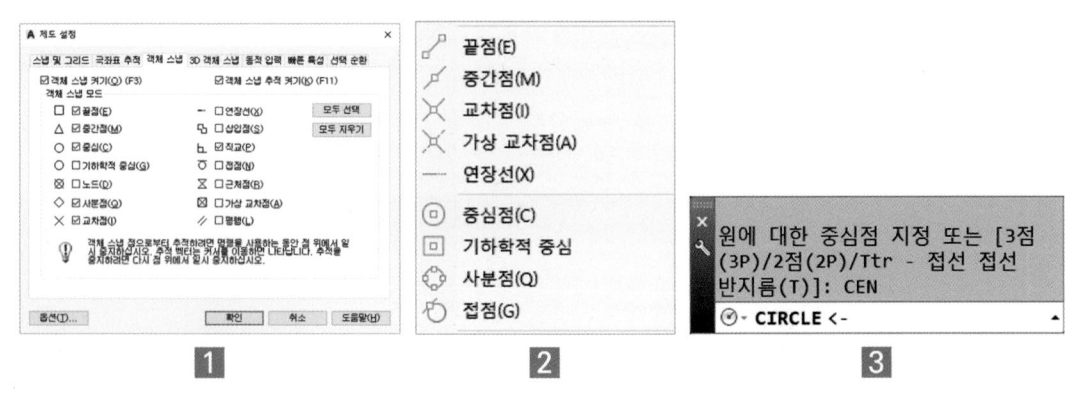

1 옵션 [OS] 설정

▼ OS → 스페이스바 → 점 체크

2 Shift + 마우스 우클릭

▼ C → 스페이스바 → Shift + 마우스 우클릭 → ◎ 중심점(C)

3 단축키 사용

▼ C → 스페이스바 → CEN → 스페이스바

6 객체 스냅 사용 시 주의할 점

1 원의 중심점이 표시되지 않을 경우 마우스 커서를 원 근처에 놓으면 중심점이 표시됩니다.

2 선을 그릴 때 끝점이 표시된 상태에서 임의의 지점을 클릭할 경우 끝점이 클릭되어 선이 그려지게 됩니다. 따라서 객체를 그릴 때 객체 스냅 표시를 항상 확인하면서 객체를 그리는 것이 좋습니다.

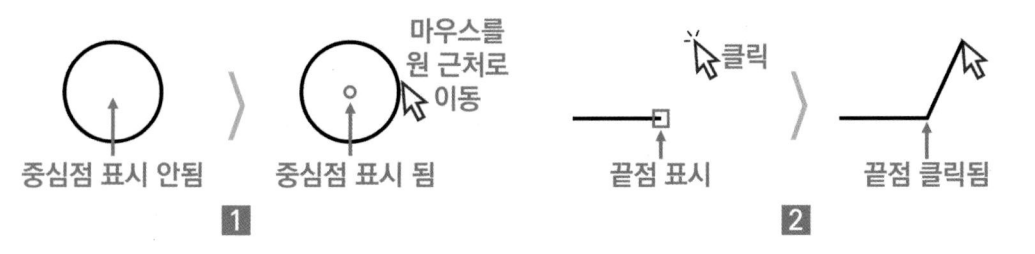

R : 반지름, Ø : 지름, A-ØB : 지름B의 원이 A개 있음

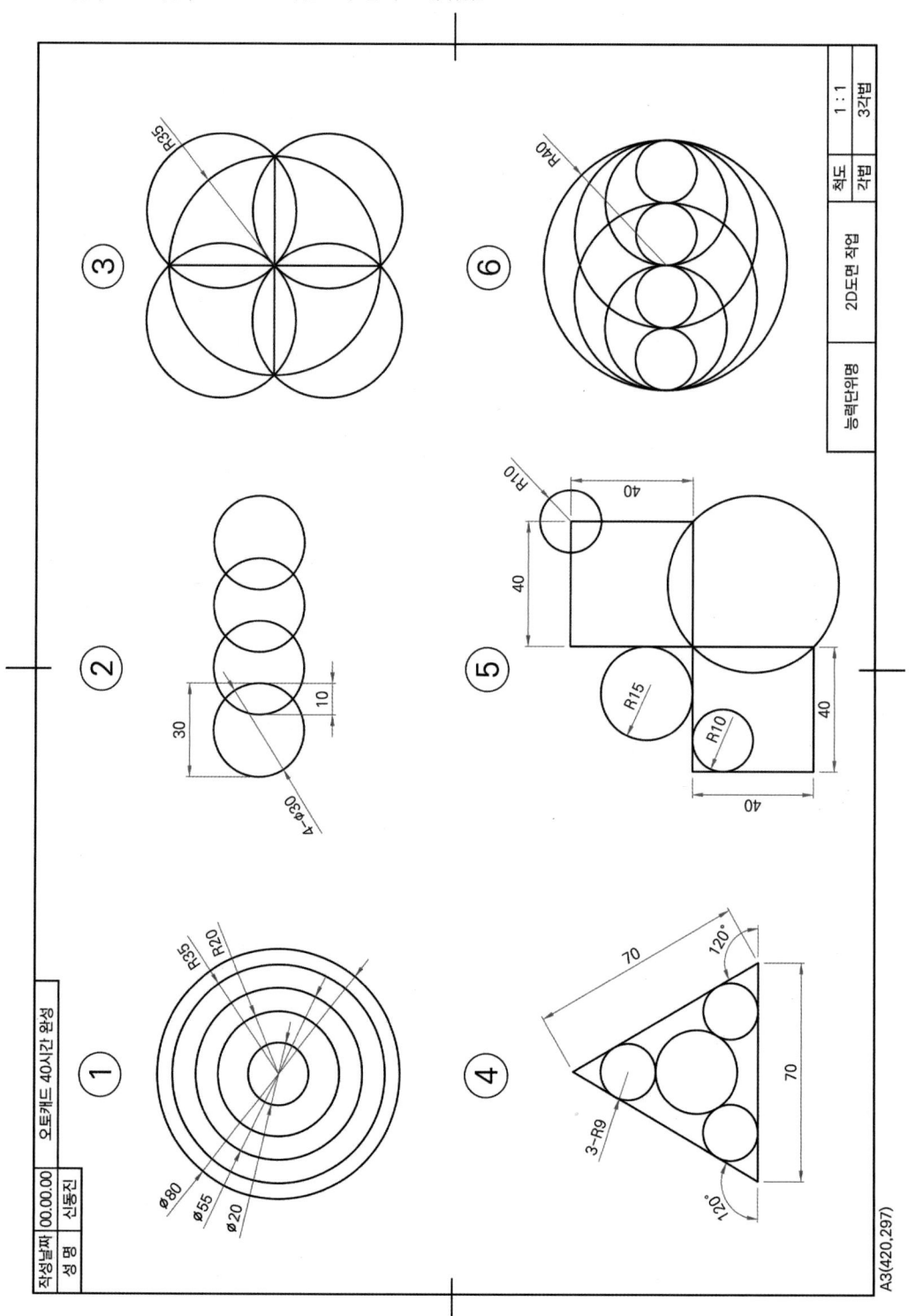

A3(420,297)

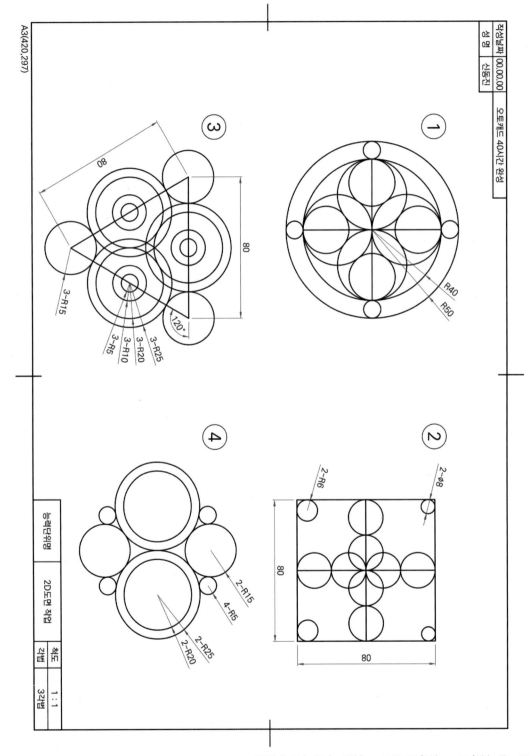

R: 반지름, Ø : 지름, A-ØB : 지름B인 원이 A개 있음

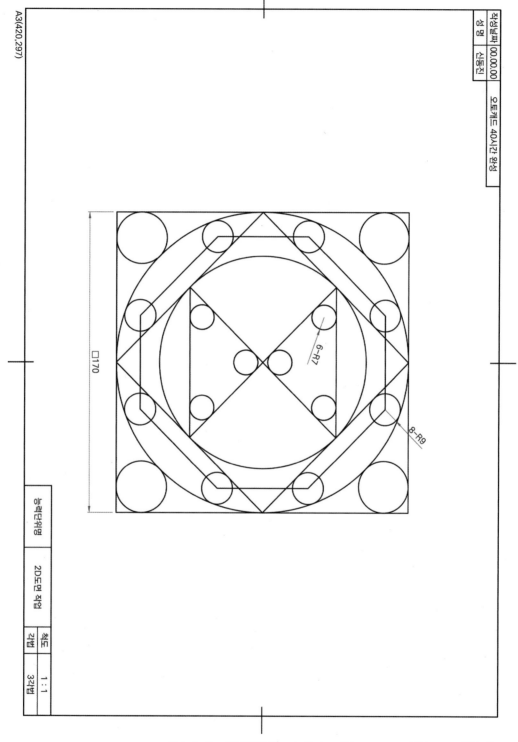

R : 반지름, Ø : 지름, A−0B : 기울어진 선이 A개 있음, □ : 정사각형

객체 작성-3

▶ https://cafe.naver.com/dongjinc/4004

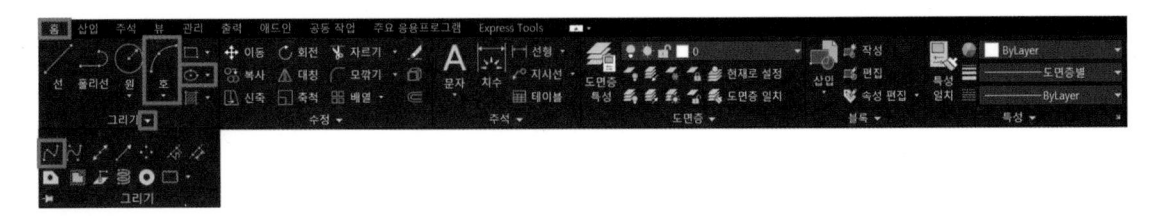

01 객체 작성 명령어

1 🔾 스플라인 - SPLINE [SPL]

스플라인 곡선을 작성하는 기능입니다.

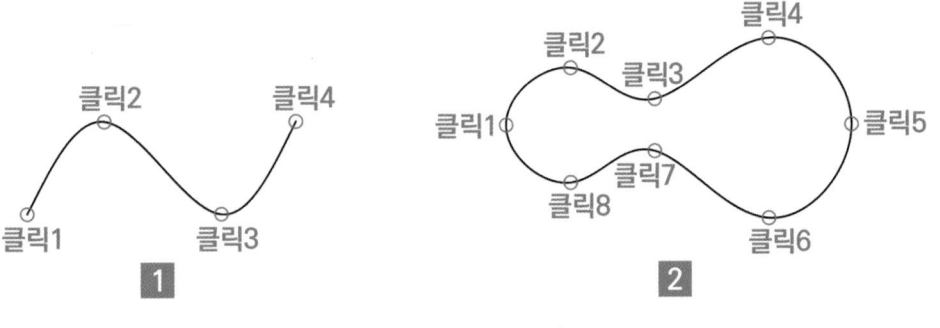

1 열린 형태의 스플라인

`>_` ▼ SPL → **스페이스바** → 클릭1 ~ 클릭4 → **스페이스바**

2 닫힌 형태의 스플라인

`>_` ▼ SPL → **스페이스바** → 클릭1 ~ 클릭8 → 닫기(C) → **스페이스바**

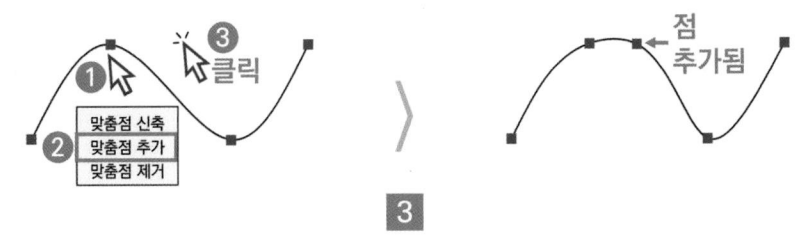

3 스플라인 점 추가

스플라인 클릭 → 그립점 위에 마우스 커서 놓기 → 맞춤점 추가 클릭 → 임의의 지점 클릭

2 호 - ARC [A]

호를 작성하는 기능입니다. 호는 반시계 방향으로 그려집니다.

1 시작점, 두번째점, 세번째점 호

`>_` ▼ A → 스페이스바 → 시작점, 두번째점, 세번째점

2 시작점, 끝점(E), 각도(A) 호

`>_` ▼ A → 스페이스바 → 시작점 → 끝점(E) → 스페이스바 → 끝점 → 각도(A) → 스페이스바 → 70 → 스페이스바

3 시작점, 끝점(E), 반지름(R) 호

`>_` ▼ A → 스페이스바 → 시작점 → 끝점(E) → 스페이스바 → 끝점 → 반지름(R) → 스페이스바 → 15 → 스페이스바

4 중심점(C), 시작점, 끝점 호

`>_` ▼ A → 스페이스바 → 중심(C) → 스페이스바 → 중심점, 시작점, 끝점

5 중심점(C), 시작점, 각도(A) 호

`>_` ▼ A → 스페이스바 → 중심(C) → 스페이스바 → 중심점, 시작점 → 각도(A) → 스페이스바 → 40 → 스페이스바

3 ⬤ 타원 - ELLIPSE [EL]

타원 또는 타원형 호를 작성하는 기능입니다.

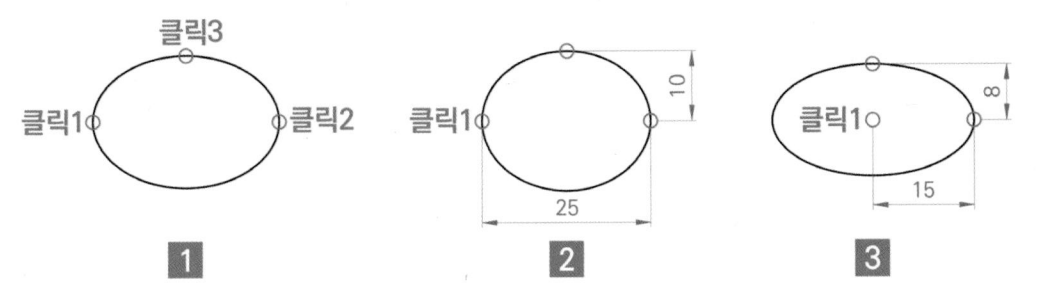

1

2

3

1 임의의 지점 클릭

>_ ▾ EL → 스페이스바 → 클릭1, 클릭2, 클릭3

2 타원 축의 길이 값 입력

>_ ▾ EL → 스페이스바 → 클릭1 → 25 → 스페이스바 → 10 → 스페이스바

3 타원 축의 길이 값 입력(중심점(C) 활용)

>_ ▾ EL → 스페이스바 → 중심(C) → 스페이스바 → 클릭1 → 15 → 스페이스바 → 8 → 스페이스바

02 도면 한계 명령어

1 한계 - LIMITS

보이지 않는 사각형의 한계 영역을 생성하는 기능입니다. 한계 영역을 만들어 도면 작성을 제한하거나 출력
영역으로 사용하기도 합니다.

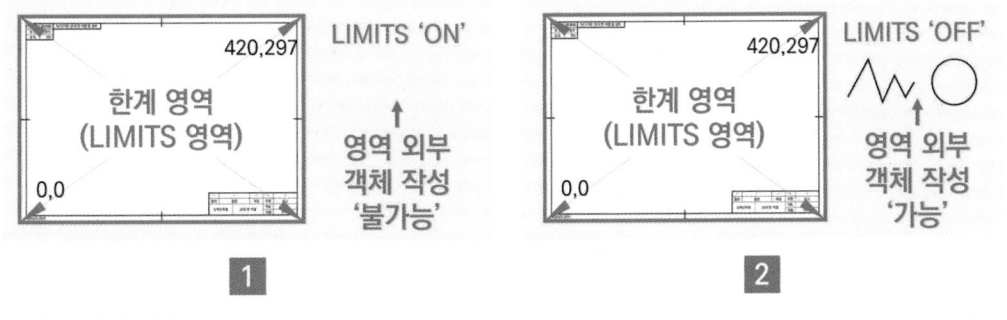

1

2

1 도면한계 영역 설정

>_ ▾ LIMITS → 스페이스바 → 0,0 → 스페이스바 → 420,297 → 스페이스바

>_ ▾ LIMITS → ON 또는 OFF

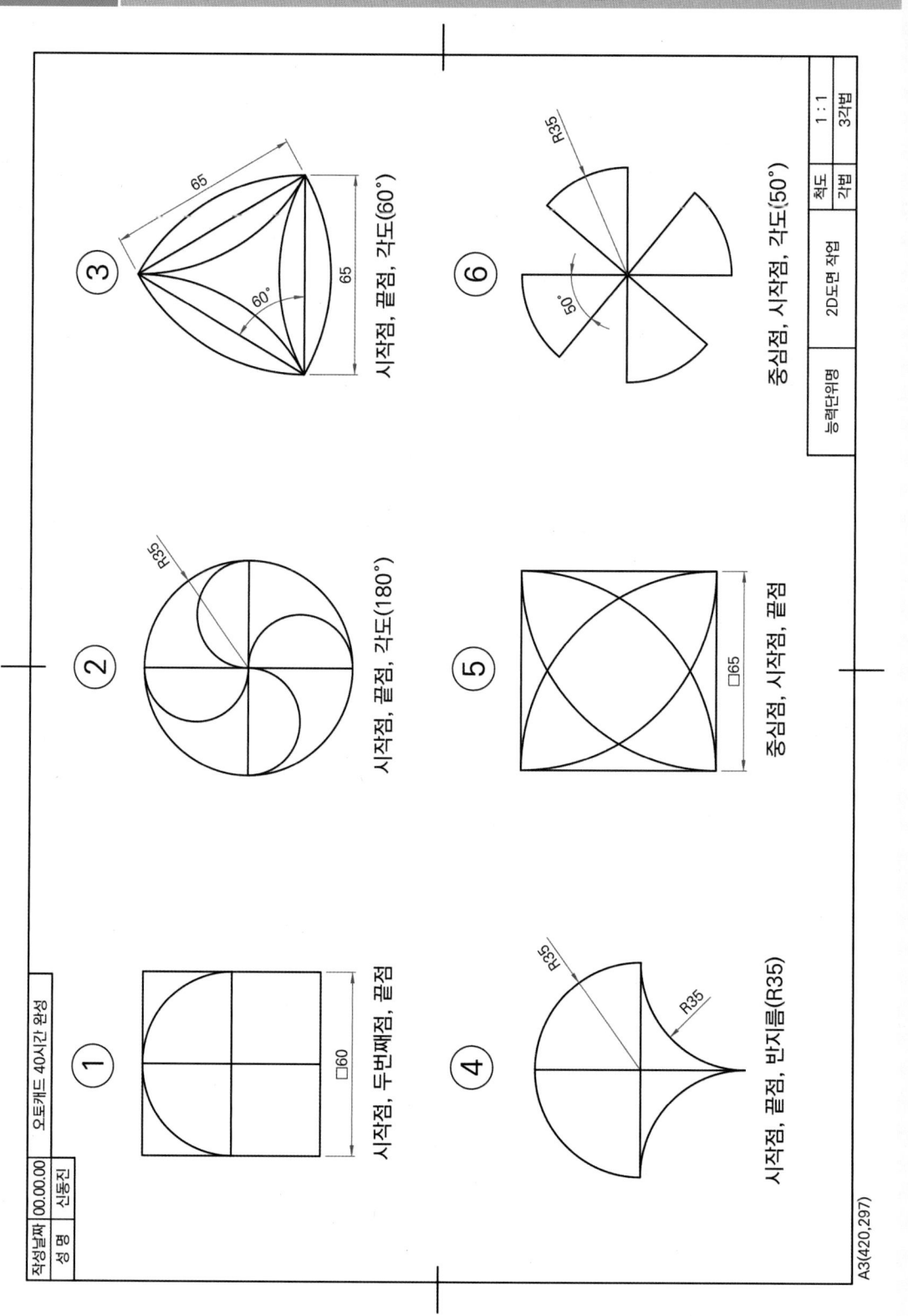

① 시작점, 두번째점, 끝점

□60

② 시작점, 끝점, 각도(180°)

R35

③ 시작점, 끝점, 각도(60°)

65　65　65　60°

④ 시작점, 끝점, 반지름(R35)

R35　R35

⑤ 중심점, 시작점, 끝점

□65

⑥ 중심점, 시작점, 각도(50°)

R35　50°

오토캐드 40시간 완성

| 작성날짜 | 00.00.00 | 능력단위명 | 2D도면 작성 | 척도 | 1 : 1 |
| 성 명 | 신동진 | | | 각법 | 3각법 |

A3(420,297)

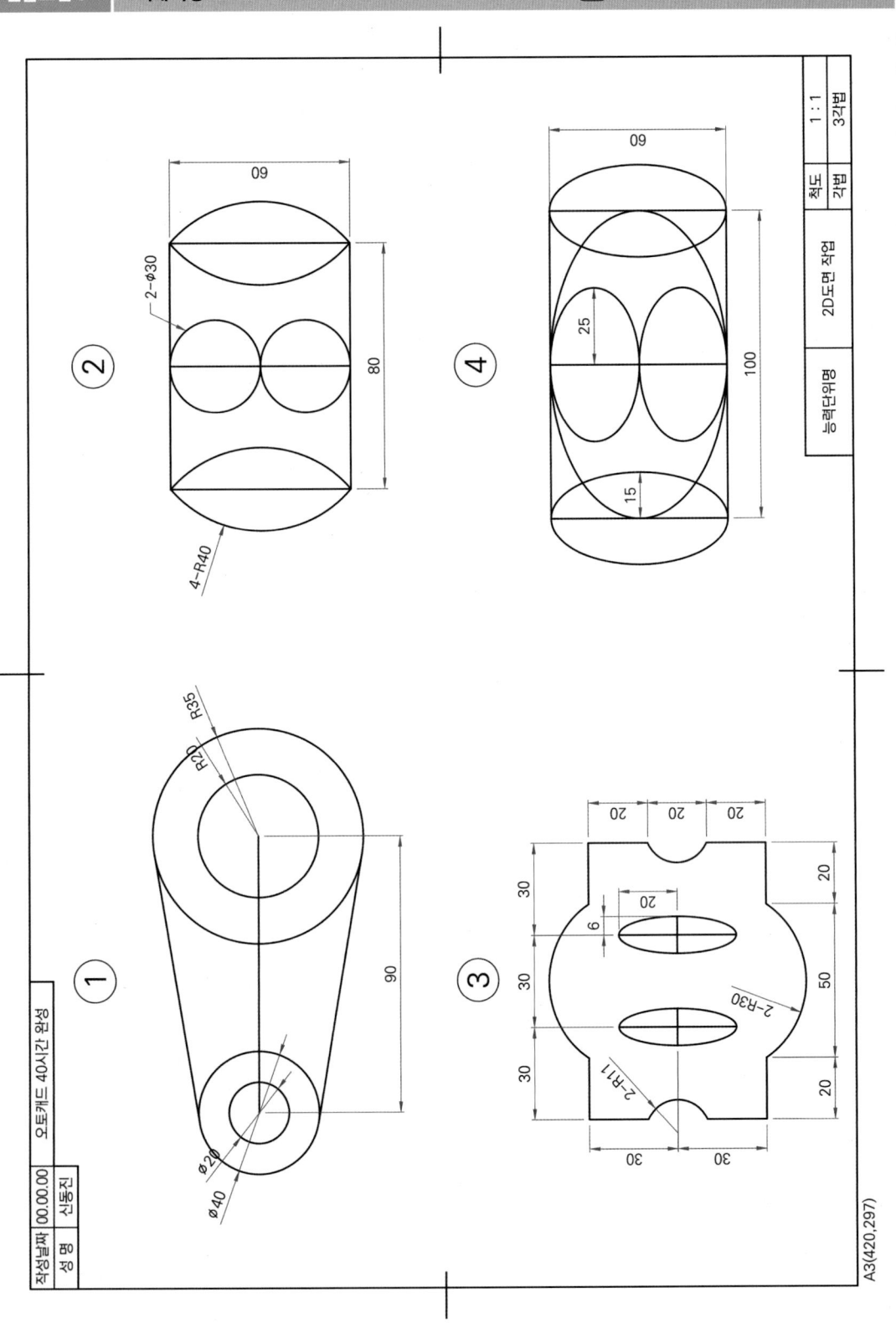

척도
1 : 1
각법
3각법
2D도면 작업
능력단위명
90
110
R140
R140
25
50
R60
60
20
100
100
200
작성날짜
00.00.00
오토캐드 40시간 완성
성 명
신동진
A3(420,297)

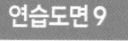

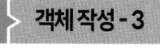

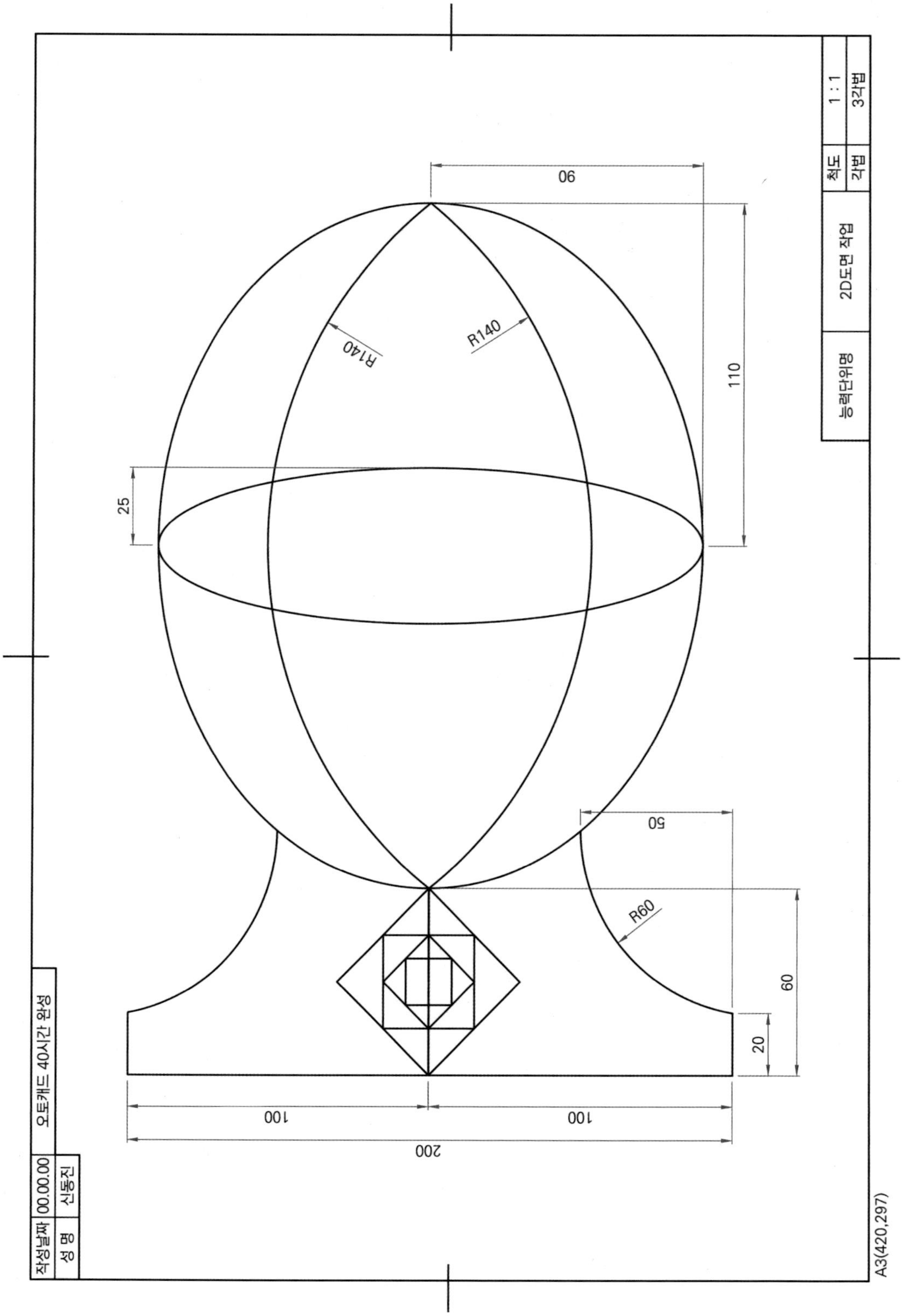

문자 및 치수 기입

▶ https://cafe.naver.com/dongjinc/4005

01 문자 기입 명령어

1 A 단일 행 문자(한 줄 문자) - TEXT [DT]

한 줄의 문자를 기입하는 기능입니다. 간단히 문자를 기입할 때 주로 사용합니다.

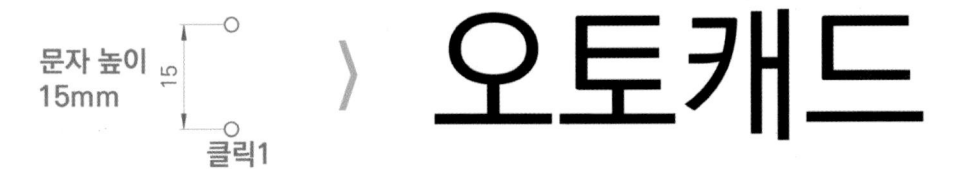

1 문자 높이 지정

>_ ▼ DT → 스페이스바 → 클릭1 → 15 → 스페이스바 → 스페이스바 → 문자 입력 → Ctrl+Enter

2 A 여러 줄 문자 - MTEXT [T]

영역을 지정하여 여러 줄의 문자를 기입하는 기능입니다. 문자에 관련된 다양한 옵션을 설정할 수 있습니다.

1 문자 영역지정(자리맞추기-중간중심, 열-열 없음 설정)

>_ ▼ T → 스페이스바 → 클릭1, 클릭2 → 문자 입력, 자리맞추기-중간중심MC, 열-열 없음 → Ctrl+Enter

[문자의 그립 점 형태 변경]

문자의 열을 「동적 열」로 설정할 경우 그립을 이동하여 문자의 영역을 변경하기 어렵습니다.

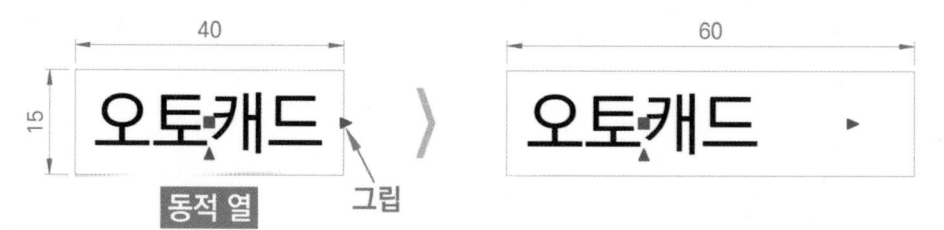

문자의 열을 「열 없음」으로 설정할 경우 그립의 형태가 변경되고, 그립을 이동하여 문자의 영역을 변경하기 쉽습니다.

문자의 그립 점 형태를 변경하는 방법은 문자를 편집하는 상태에서 「열 없음」을 선택하면됩니다. 또한 자리맞추기를 「중간중심MC」을 선택하면됩니다.

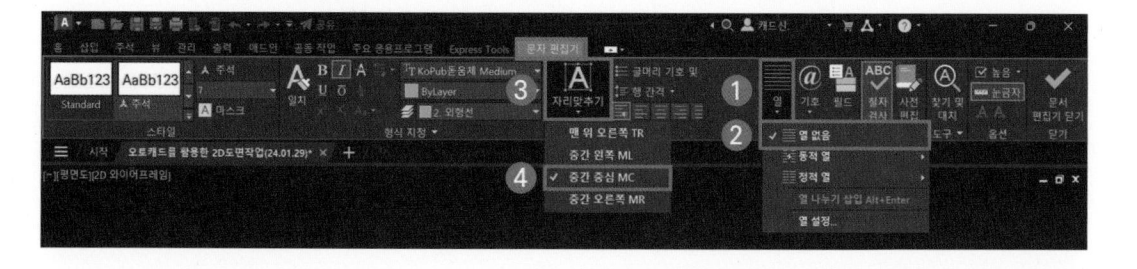

기호의 「기타」를 클릭하여 글꼴을 「AIGDT」로 변경하면 다양한 형태의 기호를 기입할 수 있습니다.

1 선형 치수 - DIMLINEAR [DLI]

수직, 수평 형태의 치수를 기입하는 기능입니다.

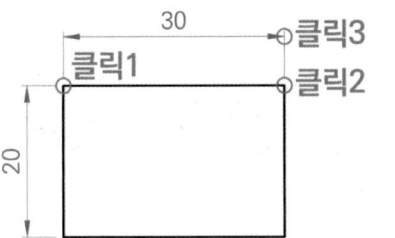

DLI → 스페이스바 → 클릭1, 클릭2, 클릭3

2 정렬 치수 - DIMALIGNED [DAL]

기울어진 형태의 치수를 기입하는 기능입니다.

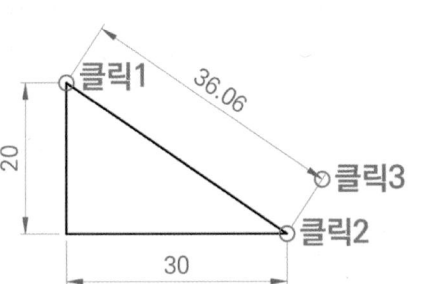

DAL → 스페이스바 → 클릭1, 클릭2, 클릭3

3 반지름 치수 - DIMRADIUS [DRA]

원 또는 호의 반지름 치수를 기입하는 기능입니다. (R : 반지름)

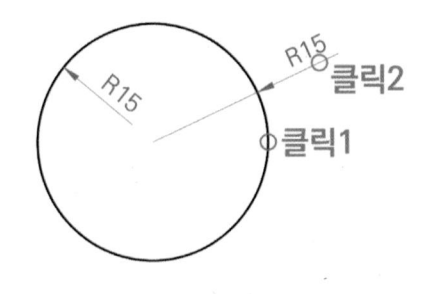

DRA → 스페이스바 → 클릭1, 클릭2

4 ⬛ **지름 치수 - DIMDIAMETER [DDI]**

원 또는 호의 지름 치수를 기입하는 기능입니다. (∅ : 지름)

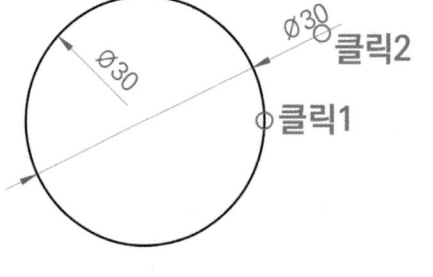

⬛ ▾ DDI → 스페이스바 → 클릭1, 클릭2

5 ⬛ **각도 치수 - DIMANGULAR [DAN]**

각도 치수를 기입하는 기능입니다.

⬛ ▾ DAN → 스페이스바 → 클릭1, 클릭2, 클릭3

6 ⬛ **신속 치수 - QDIM [QD]**

객체를 선택하여 신속하게 치수를 기입하는 기능입니다.

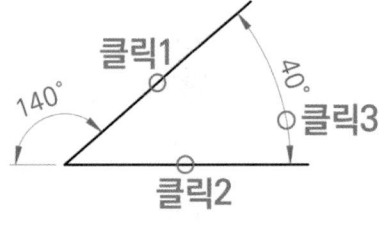

⬛ ▾ QD → 스페이스바 → 클릭1, 클릭2 →
스페이스바 → 클릭3

7 기준선 치수 - DIMBASELINE [DBA]

기준치수로부터 평행하는 치수를 기입하는 기능입니다.

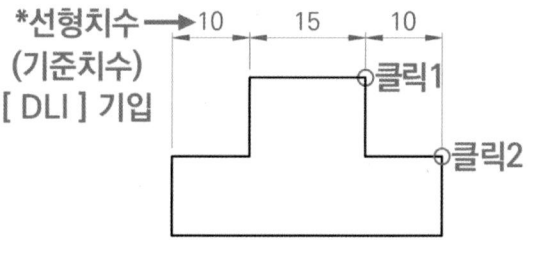

＊ 선형치수(기준치수) 기입 후 기준선 치수 기입

`>_` ▼ DBA → 스페이스바 → 클릭1, 클릭2

8 연속 치수 - DIMCONTINUE [DCO]

기준치수로부터 연속하는 치수를 기입하는 기능입니다.

＊ 선형치수(기준치수) 기입 후 연속 치수 기입

`>_` ▼ DCO → 스페이스바 → 클릭1, 클릭2

9 신속 지시선 - QLEADER [LE]

지시선을 기입하는 기능입니다. (A-ØB : 지름B의 원이 A개 있음)

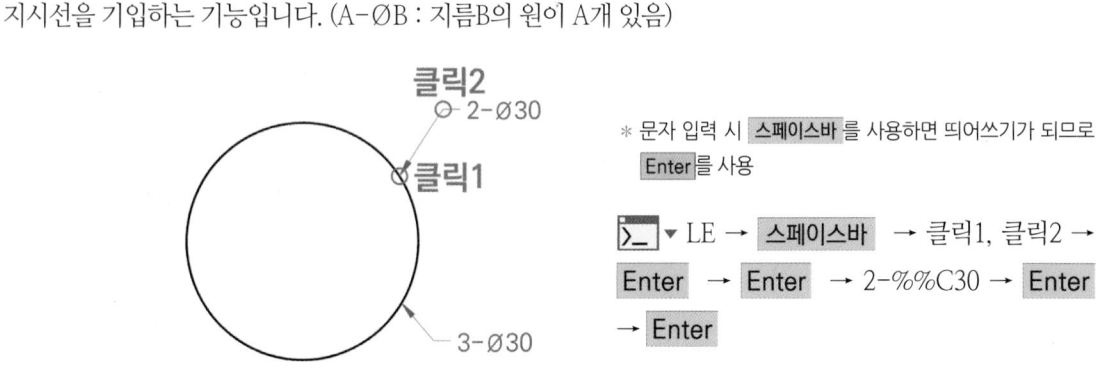

＊ 문자 입력 시 스페이스바 를 사용하면 띄어쓰기가 되므로 Enter 를 사용

`>_` ▼ LE → 스페이스바 → 클릭1, 클릭2 → Enter → Enter → 2-%%C30 → Enter → Enter

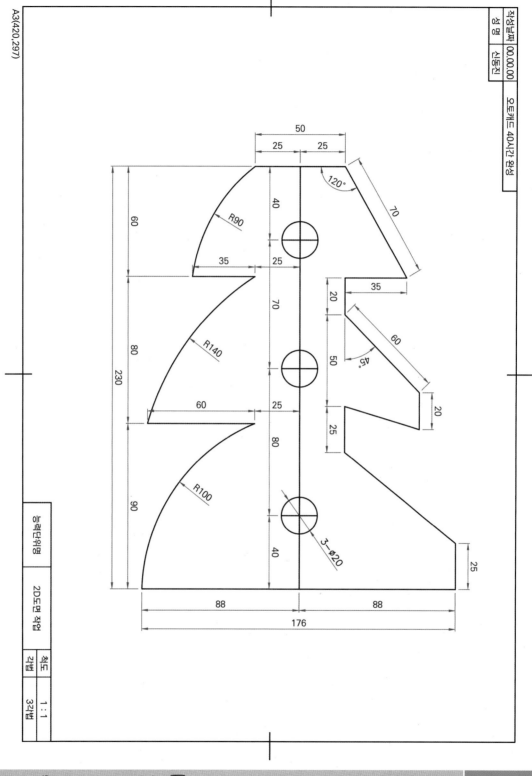

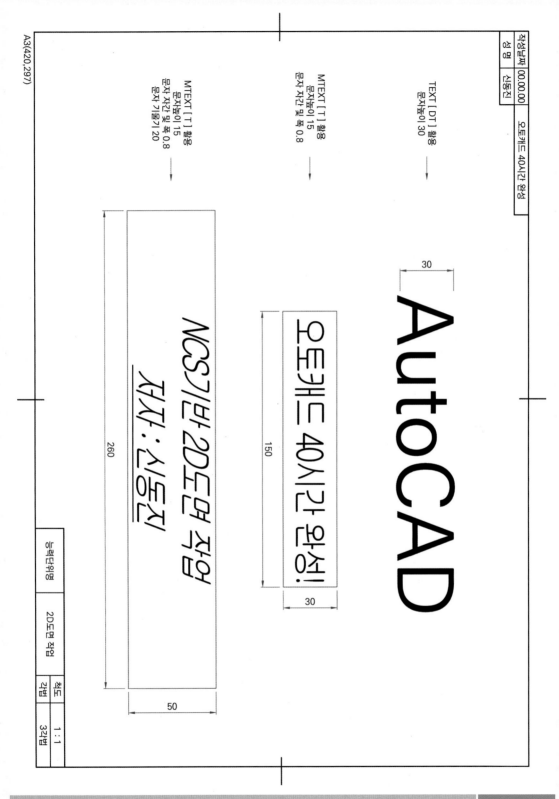

작성날짜 00.00.00 | 오토캐드 40시간 완성
성 명 | 신동진

A3(420,297)

TEXT [DT] 활용
문자높이 30

MTEXT [T] 활용
문자높이 15
문자 자간 및 폭 0.8

MTEXT [T] 활용
문자높이 15
문자 자간 및 폭 0.8
문자 기울기 20

AutoCAD

30

오토캐드 40시간 완성!

150

30

NCS기반 2D도면 작업
저자 : 신동진

260

50

능력단위명 | 2D도면 작업 | 척도 | 1:1
| | 작업 | 3각법

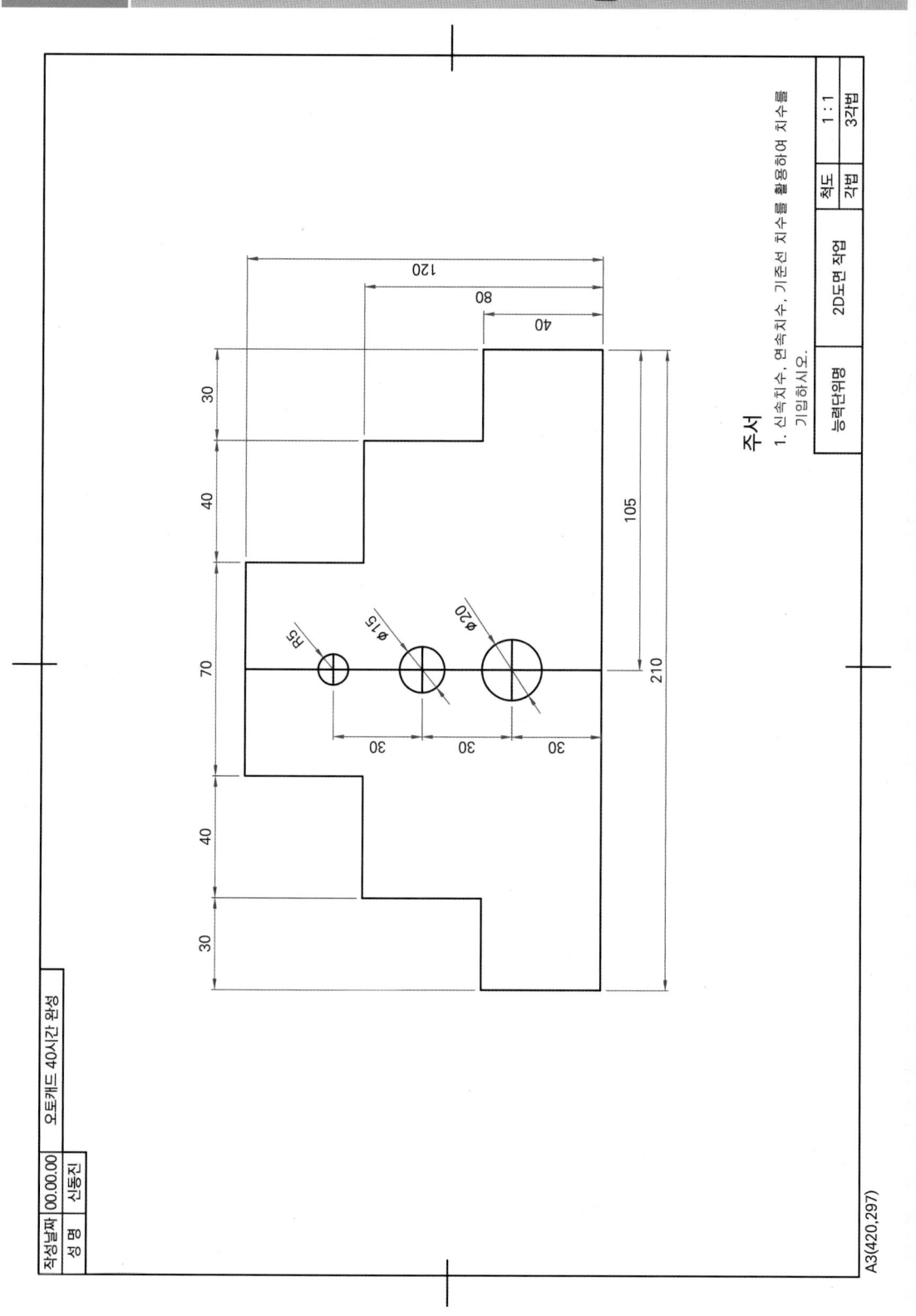

https://cafe.naver.com/dongjinc/4006

01 객체 작성 명령어

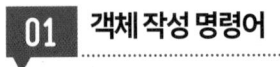

1  폴리선 - PLINE [PL]

선 및 호로 구성된 단일 객체를 작성하는 기능입니다.

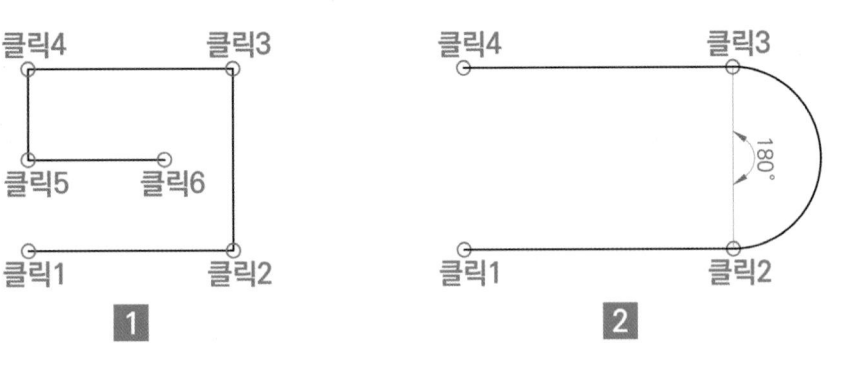

1 직선 형태의 폴리선

>_ ▼ PL → 스페이스바 → 클릭1~클릭6 → 스페이스바

2 직선, 호 형태의 폴리선(각도 180°, Ctrl 방향 변경)

>_ ▼ PL → 스페이스바 → 클릭1, 클릭2 → 호(A) → 스페이스바 → 각도(A) → 스페이스바 → 180 → 스페이스바 → 클릭3 → 선(L) → 스페이스바 → 클릭4 → 스페이스바

시작 폭5   끝 폭5   시작 폭5   끝 폭0

클릭1   클릭2   클릭1   클릭2

3   **4**

3 폭(W) 변경(시작 폭 5, 끝 폭 5)

▶ PL → 스페이스바 → 클릭1 → 폭(W) → 시작 폭 5 → 스페이스바 → 끝 폭 5 → 스페이스바 → 클릭
2 → 스페이스바

4 폭(W) 변경(시작 폭 5, 끝 폭 0)

▶ PL → 스페이스바 → 클릭1 → 폭(W) → 시작 폭 5 → 스페이스바 → 끝 폭 0 → 스페이스바 → 클릭2
→ 스페이스바

2 폴리선 편집 - PEDIT [PE]

1   **2**

1 폴리선[PL]의 폭(W)을 5로 변경

▶ PL → 스페이스바 → 폴리선 그리기

▶ PE → 스페이스바 → 폴리선 선택 → 폭(W) → 새 폭 5 → 스페이스바 → 스페이스바

2 일반선[L]을 폴리선[PL]으로 변경(다중(M), 결합(J) 활용)

▶ L → 스페이스바 → 일반선 그리기

▶ PE → 스페이스바 → 다중(M) → 스페이스바 → 일반선 선택 → 스페이스바 → 폴리선 변환(Y) →
스페이스바 → 결합(J) → 스페이스바 → 퍼지 거리 0 → 스페이스바 → 스페이스바

③ 일반선과 폴리선의 차이

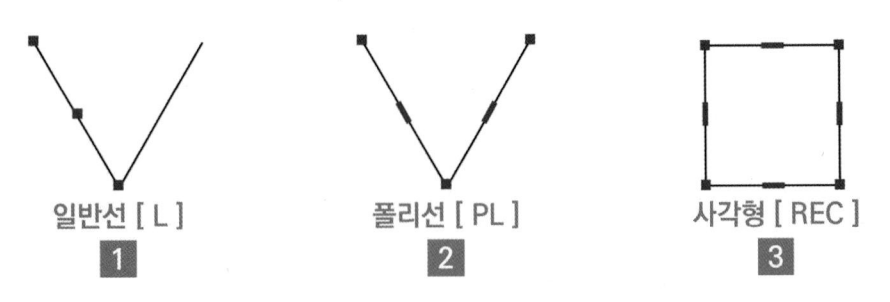

일반선 [L]	폴리선 [PL]	사각형 [REC]
1	**2**	**3**

1 일반선은 각각의 독립적인 객체로 구성되어 있으며 객체를 더블 클릭 했을 때 폴리선 편집을 할 수 없습니다.

2 폴리선은 하나의 단일 객체로 구성되어 있으며 객체를 더블 클릭 했을 때 폴리선 편집을 할 수 있습니다.

3 사각형은 하나의 단일 객체로 구성되어 있으며 객체를 더블 클릭 했을 때 폴리선 편집을 할 수 있습니다.

간격띄우기 [O] 기능을 사용하여 객체의 간격을 띄울 경우 일반선과 폴리선이 완전히 다른 형태로 간격이 띄워집니다. 이처럼 일반선과 폴리선을 구분하여 도면을 작성하면 작업의 효율을 높일 수 있습니다.

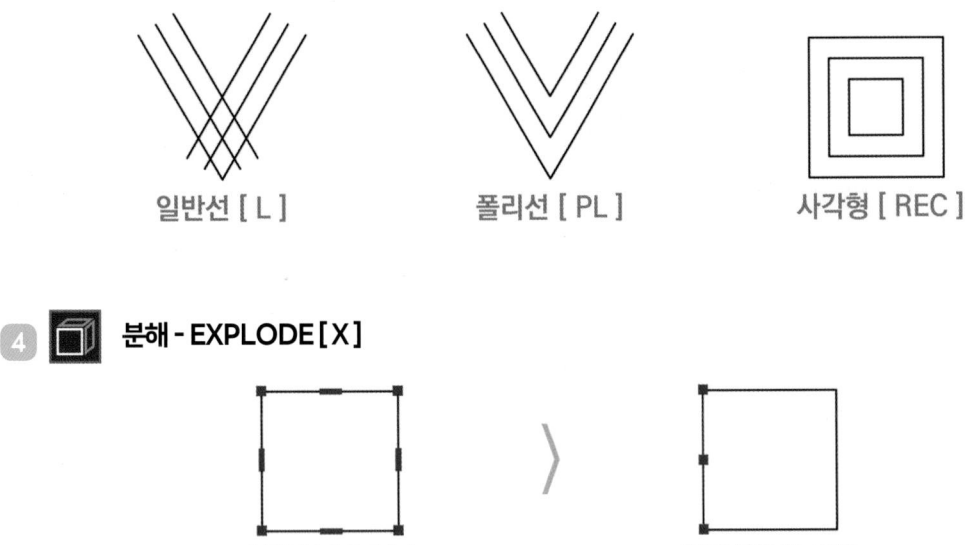

일반선 [L]   폴리선 [PL]   사각형 [REC]

④ 🔳 분해 - EXPLODE [X]

사각형 [REC]   〉   일반선으로 변경

1 사각형[REC] 분해

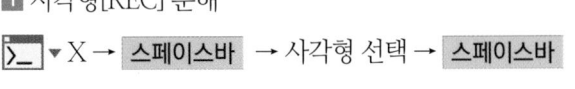

치수를 분해할 경우 치수 값, 화살표, 치수선, 치수보조선으로 분해되고, 객체의 크기를 수정했을 때 치수 값은 변하지 않습니다. 따라서 치수는 분해하지 않는 것이 좋습니다.

1 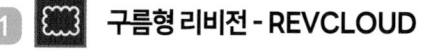 구름형 리비전 - REVCLOUD

호로 이루어진 구름 형태의 객체를 작성하는 기능입니다. 도면에서 특정 위치를 강조하거나 개정된 위치를 표시할 때 사용합니다.

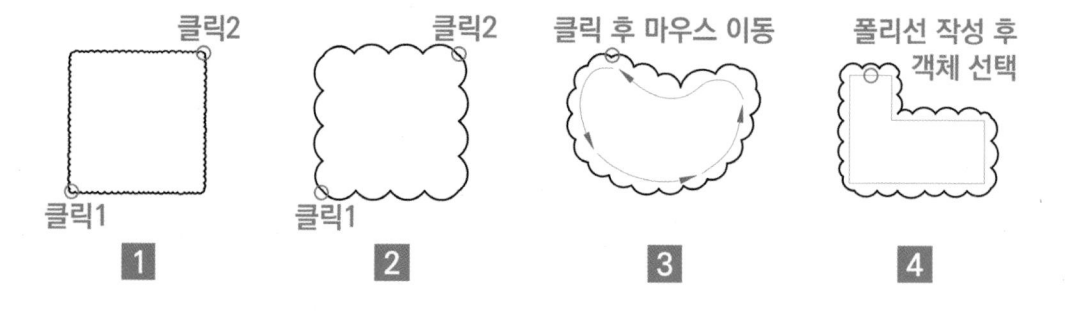

1 직사각형(R) 구름형 리비전(호 길이 1)

`>_` ▼ REVCLOUD → 스페이스바 → 직사각형(R) → 스페이스바 → 호 길이(A) → 스페이스바 → 1 → 스페이스바 → 클릭1, 클릭2

2 직사각형(R) 구름형 리비전(호 길이 5)

`>_` ▼ REVCLOUD → 스페이스바 → 직사각형(R) → 스페이스바 → 호 길이(A) → 스페이스바 → 5 → 스페이스바 → 클릭1, 클릭2

3 프리핸드(F) 구름형 리비전

`>_` ▼ REVCLOUD → 스페이스바 → 프리핸드(F) → 스페이스바 → 클릭 후 마우스 이동

4 객체(O) 구름형 리비전

`>_` ▼ PL → 스페이스바 → 객체 그리기
`>_` ▼ REVCLOUD → 스페이스바 → 객체(O) → 스페이스바 → 객체 선택 → 스페이스바

2 REVCLOUDARCVARIANCE (시스템 변수)

구름형 리비전의 호 길이를 다양하게 또는 균일하게 변경하는 기능입니다. 오토캐드 상위 버전에서는 구름형 리비전의 호 길이가 다양한 길이로 그려집니다. 만약 호 길이를 균일하게 변경하고 싶다면 시스템 변수 값을 0으로 변경하면 됩니다. 시스템 변수는 명령어의 동작이나 연산방식 등을 제어하는 기능입니다.

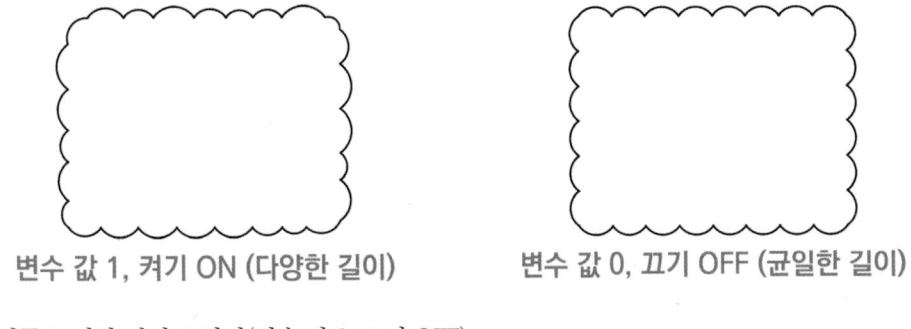

변수 값 1, 켜기 ON (다양한 길이)　　　변수 값 0, 끄기 OFF (균일한 길이)

1 호 길이를 균일한 길이로 변경(변수 값 0, 끄기 OFF)

▷_ ▾REVCLOUDARCVARIANCE → 스페이스바 → 변수 값 0 또는 크기(OFF) → 스페이스바

---

3 ⬠ **다각형 - POLYGON [POL]**

다각형을 작성하는 기능입니다. 작성 된 객체는 폴리선의 특성을 갖습니다.

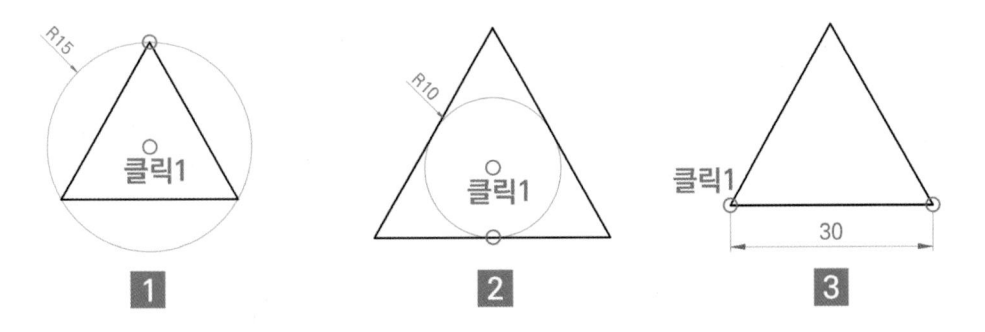

1 원에 내접(I)하는 다각형

▷_ ▾POL → 스페이스바 → 3 → 스페이스바 → 클릭1 → 내접(I) → 스페이스바 → 15 → 스페이스바

2 원에 외접(C)하는 다각형

▷_ ▾POL → 스페이스바 → 3 → 스페이스바 → 클릭1 → 외접(C) → 스페이스바 → 10 → 스페이스바

3 모서리(E) 길이를 입력하는 다각형

▷_ ▾POL → 스페이스바 → 3 → 스페이스바 → 모서리(E) → 스페이스바 → 클릭1 → 30 → 스페이스바

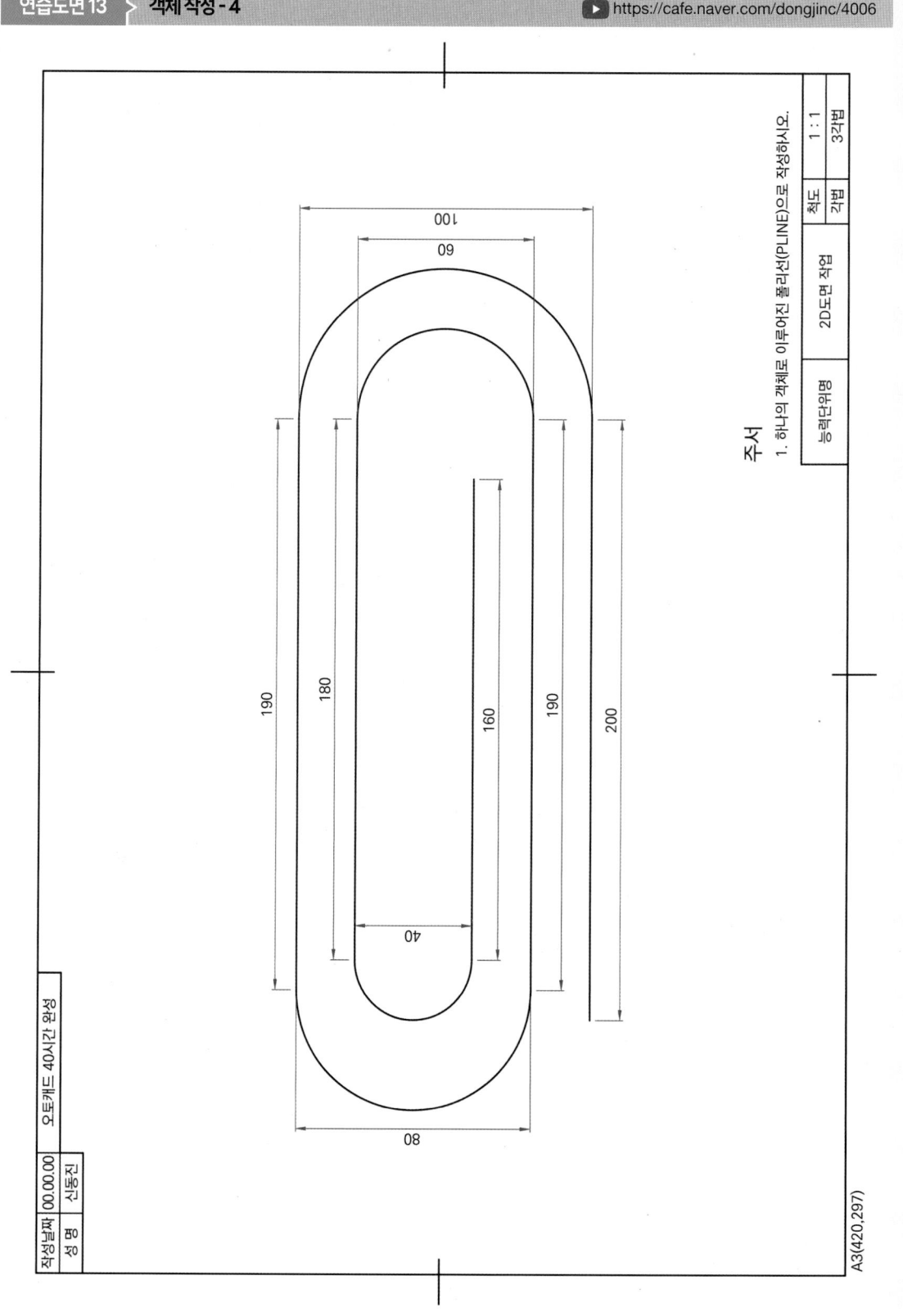

주서
1. 하나의 객체로 이루어진 폴리선(PLINE)으로 작성하시오.

능력단위명	2D도면 작업	척도	1 : 1
		각법	3각법

A3(420,297)

오토캐드 40시간 완성

작성날짜	00.00.00
성 명	신동진

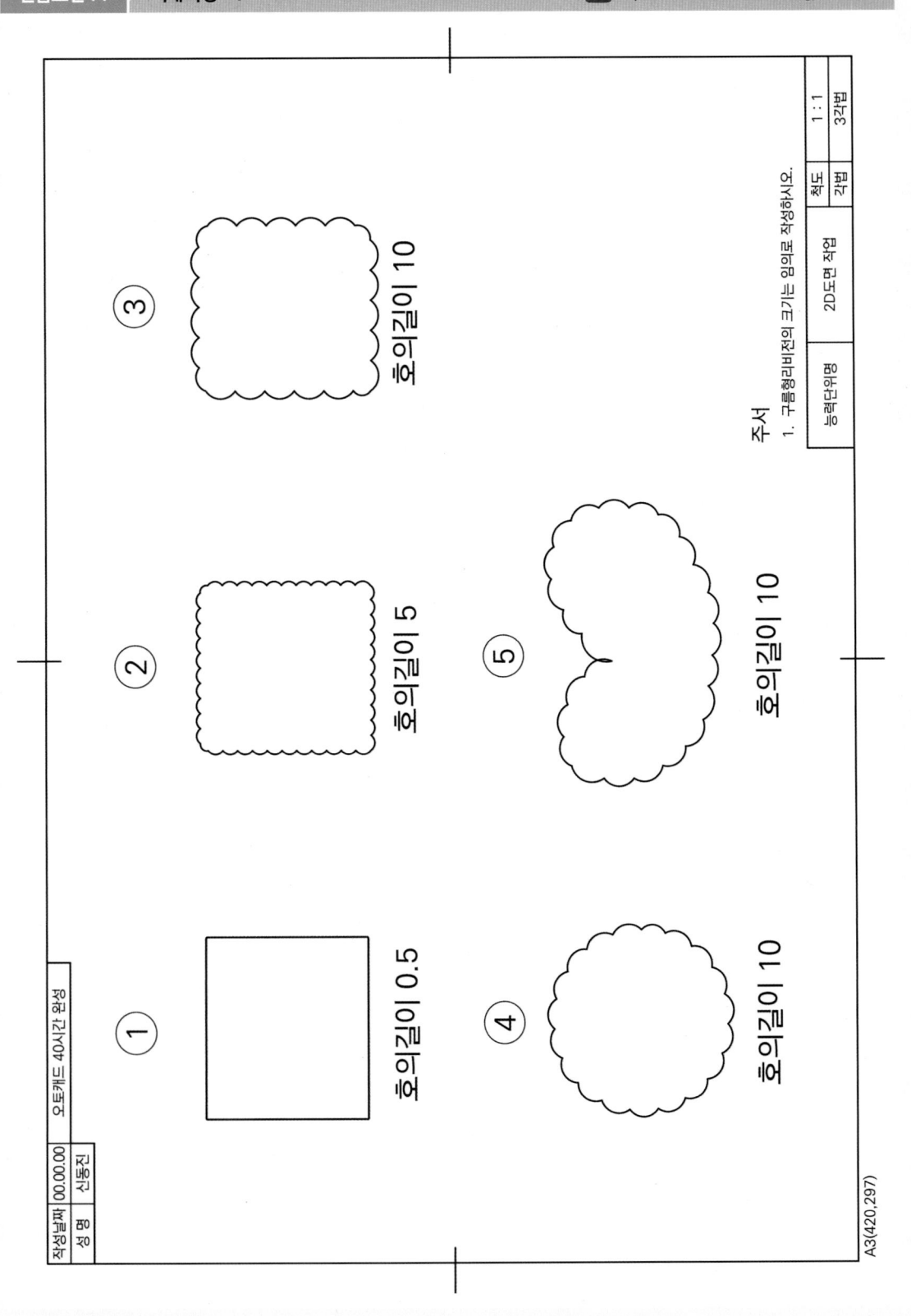

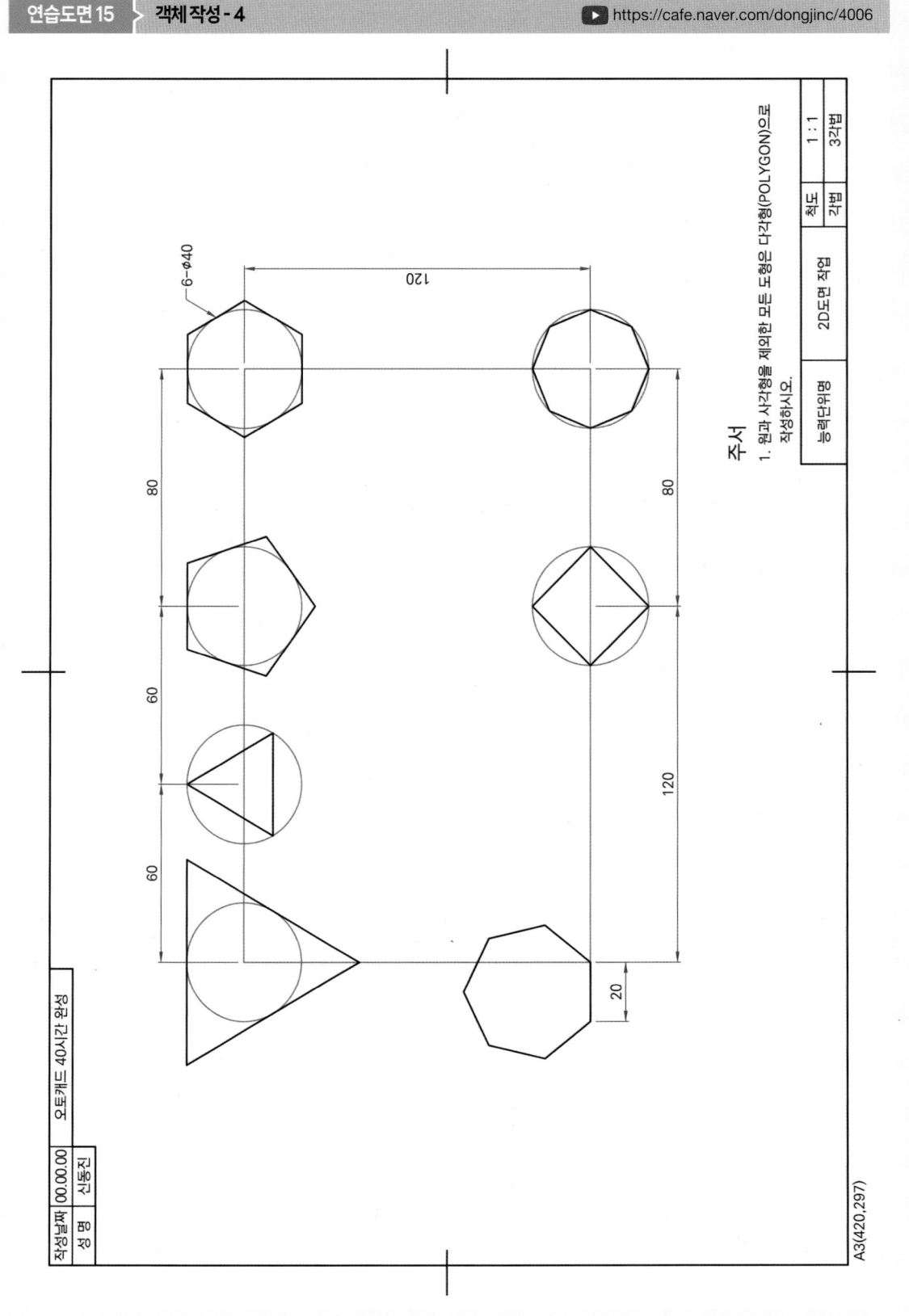

SECTION

07 객체 작성-5

▶ https://cafe.naver.com/dongjinc/4007

01 객체 작성 명령어

1  **이동 - MOVE [M]**

객체를 지정된 방향으로 이동하는 기능입니다.

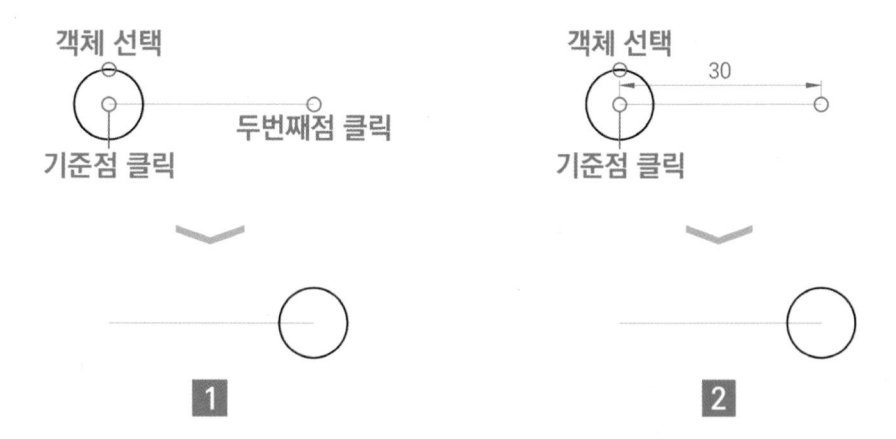

1 점을 클릭하여 이동

>_ ▼ M → 스페이스바 → 객체 선택 → 스페이스바 → 기준점 클릭 → 두번째점 클릭

2 거리를 입력하여 이동

>_ ▼ M → 스페이스바 → 객체 선택 → 스페이스바 → 기준점 클릭 → 30 → 스페이스바

＊ 객체 재선택 P

2  복사 - COPY [CP]

객체를 지정된 방향으로 복사하는 기능입니다.

1 점을 클릭하여 복사

>_ ▼ CP → 스페이스바 → 객체 선택 → 스페이스바 → 기준점 클릭 → 두번째점 클릭

2 거리를 입력하여 복사(객체 재선택 P)

>_ ▼ CP → 스페이스바 → 객체 선택 → 스페이스바 → 기준점 클릭 → 30 → 스페이스바

3 간격띄우기 - OFFSET [O]

입력한 거리만큼 객체의 간격을 띄우는 기능입니다.

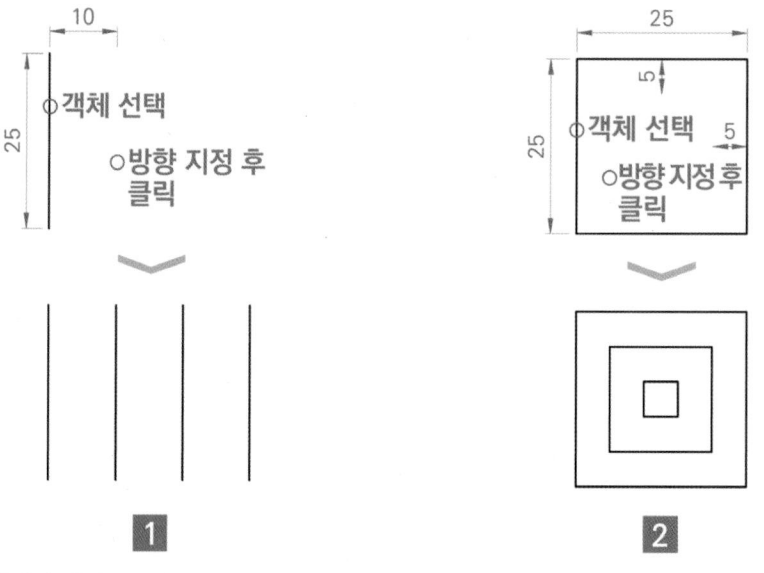

1 거리를 입력하여 간격띄우기

>_ ▼ O → 스페이스바 → 거리 10 → 스페이스바 → 객체 선택 → 방향 지정 후 클릭

2 거리를 입력하여 간격띄우기

>_ ▼ O → 스페이스바 → 거리 5 → 스페이스바 → 객체 선택 → 방향 지정 후 클릭

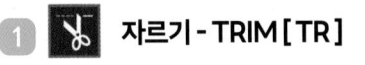

1 ✂ 자르기 - TRIM [TR]

객체의 일부분을 자르는 기능입니다. 절단 모서리 선택 여부에 따라 결과가 달라집니다.

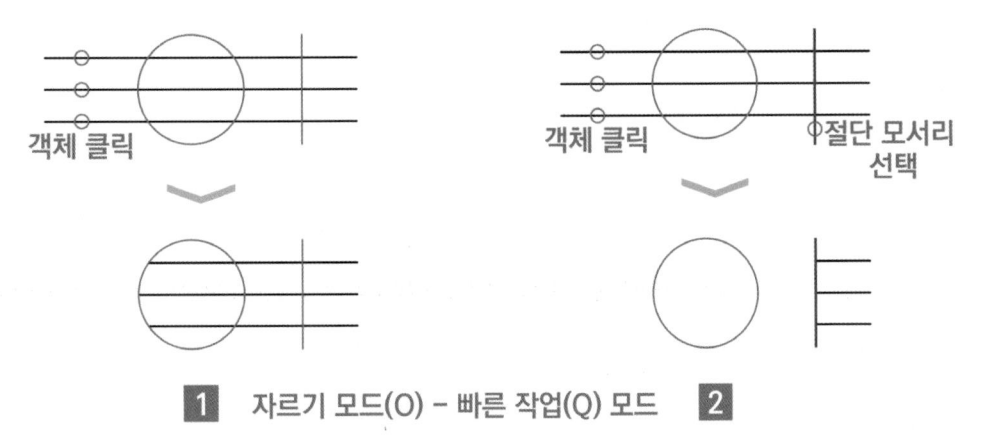

1 자르기 모드(O) – 빠른 작업(Q) 모드 **2**

1 절단 모서리(T)를 선택하지 않고 자르기

>_ ▼TR → 스페이스바 → 객체 클릭

2 절단 모서리(T)를 선택하고 자르기

>_ ▼TR → 스페이스바 → 절단 모서리(T) → 스페이스바 → 절단 모서리 선택 → 스페이스바 → 객체 클릭

2 자르기 모드

자르기 모드는 빠른 작업(Q), 표준(S) 모드가 있습니다. AutoCAD 2021 이상의 버전에서는 기본적으로 빠른 작업(Q) 모드가 사용되고, 표준(S) 모드로 변경하여 사용할 수 있습니다. AutoCAD 2020 이하의 버전에서는 표준(S) 모드만 사용할 수 있습니다. 버전에 따라 자르기 모드가 달라질 수 있으니 두 가지 모드 숙지하는 것을 추천합니다.

오토캐드 버전	자르기 모드
AutoCAD 2021 이상	빠른 작업(Q), 표준(S)
AutoCAD 2020 이하	표준(S)

자르기 모드	첫 번째 작업
빠른 작업(Q)	객체 자르기
표준(S)	절단 모서리 선택

3 ↦ **연장 - EXTEND [EX]**

객체의 일부분을 연장하는 기능입니다. 경계 모서리 선택 여부에 따라 결과가 달라집니다.

1 연장 모드(O) – 빠른 작업(Q) 모드 **2**

1 경계 모서리(B)를 선택하지 않고 연장

`>_` ▾ EX → 스페이스바 → 객체 클릭

2 경계 모서리(B)를 선택하고 연장

`>_` ▾ EX → 스페이스바 → 경계 모서리(B) → 스페이스바 → 경계 모서리 선택 → 스페이스바 → 객체
클릭

4 **연장 모드**

연장 모드는 빠른 작업(Q), 표준(S) 모드가 있습니다. AutoCAD 2021 이상의 버전에서는 기본적으로 빠른
작업(Q) 모드가 사용되고, 표준(S) 모드로 변경하여 사용 할 수 있습니다. AutoCAD 2020 이하의 버전에서
는 표준(S) 모드만 사용할 수 있습니다. 버전에 따라 연장 모드가 달라질 수 있으니 두 가지 모드 숙지하는 것
을 추천합니다.

오토캐드 버전	연장 모드
AutoCAD 2021 이상	빠른 작업(Q), 표준(S)
AutoCAD 2020 이하	표준(S)

연장 모드	첫 번째 작업
빠른 작업(Q)	객체 연장
표준(S)	경계 모서리 선택

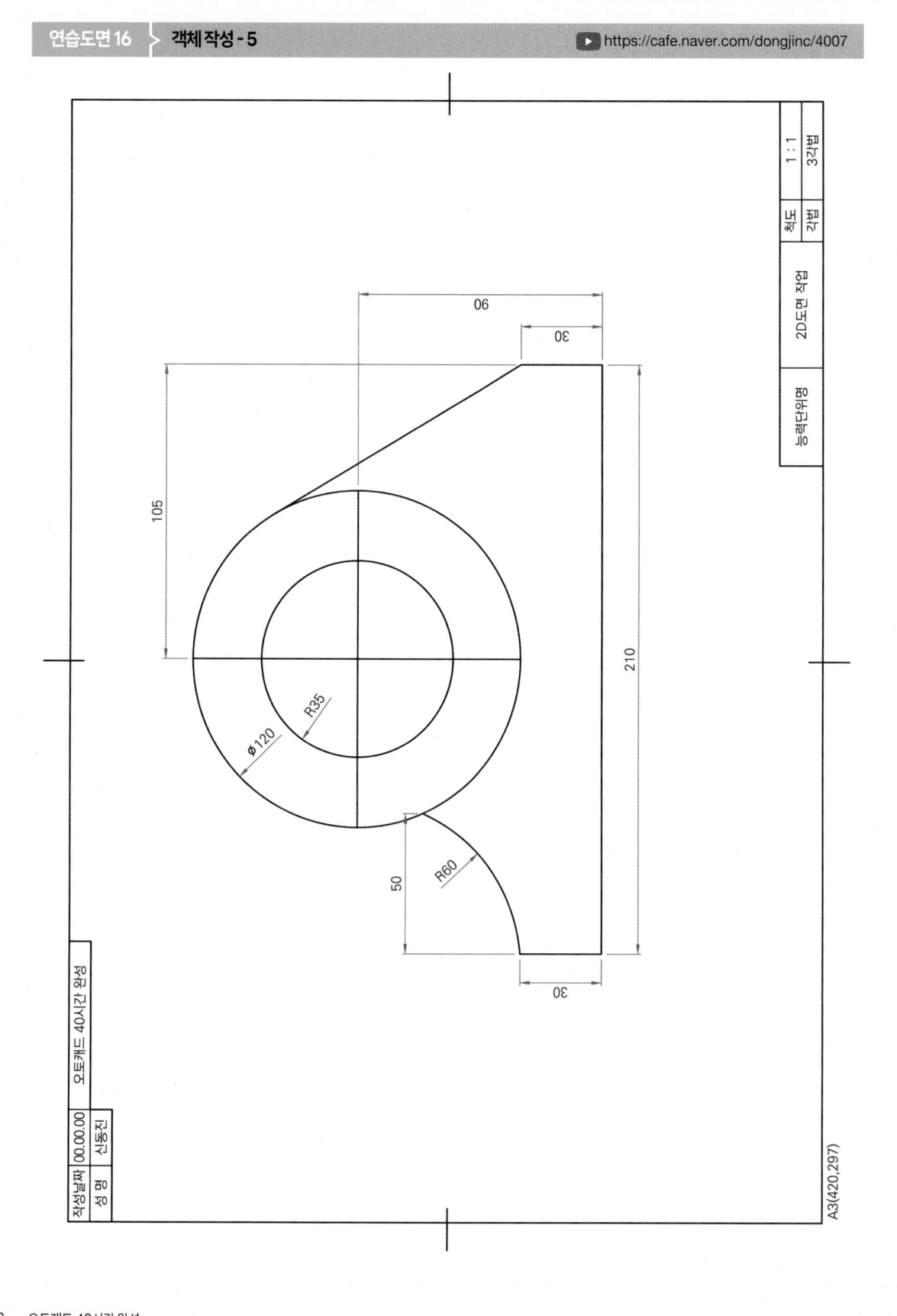

이동[M], 복사[CP], 간격띄우기[O] 등을 최대한 활용하여 효율적으로 도면을 작성하시오.

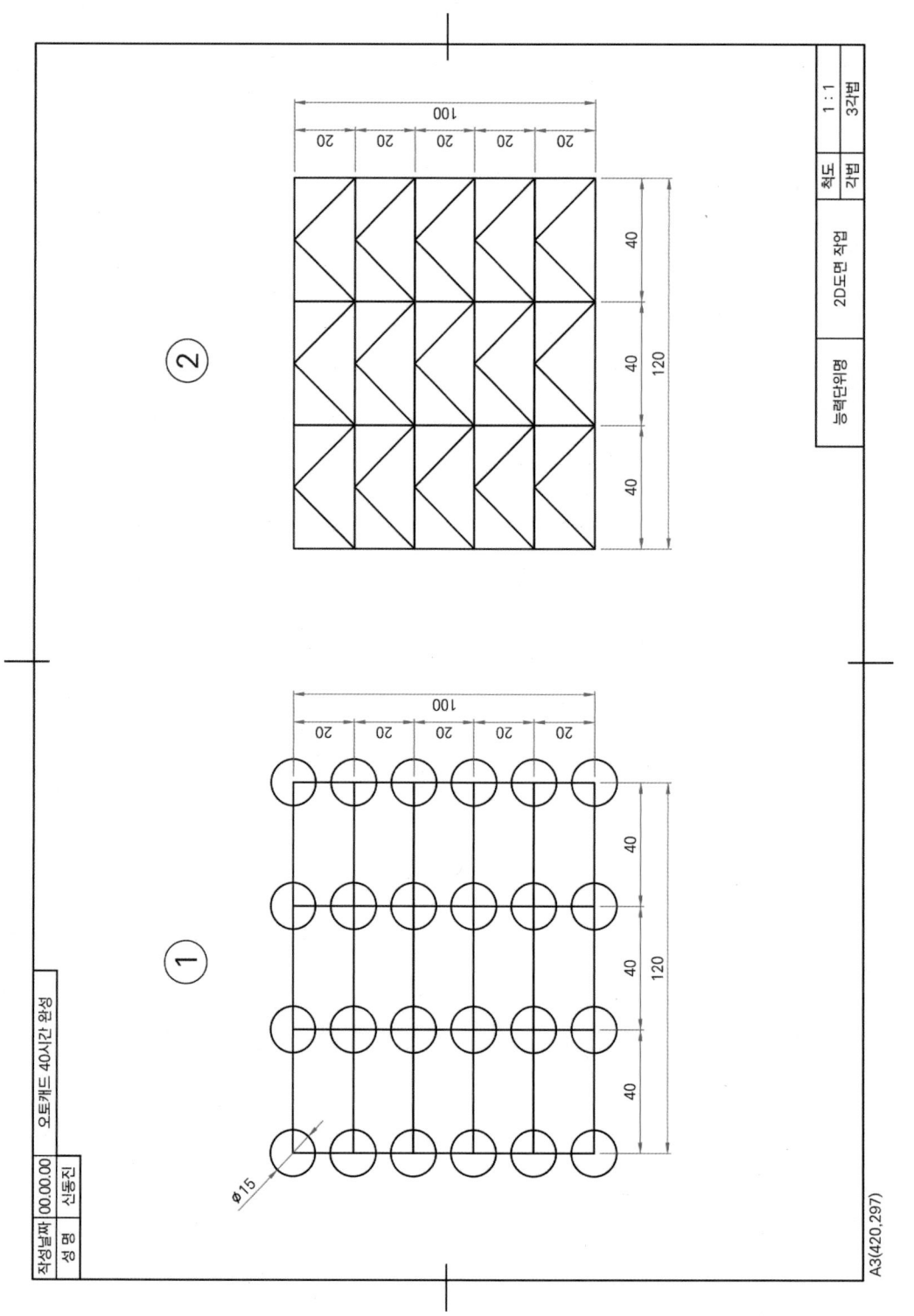

이동[M], 복사[CP], 간격띄우기[O], 자르기[TR], 연장[EX] 등을 최대한 활용하여 효율적으로 도면을
작성하시오.

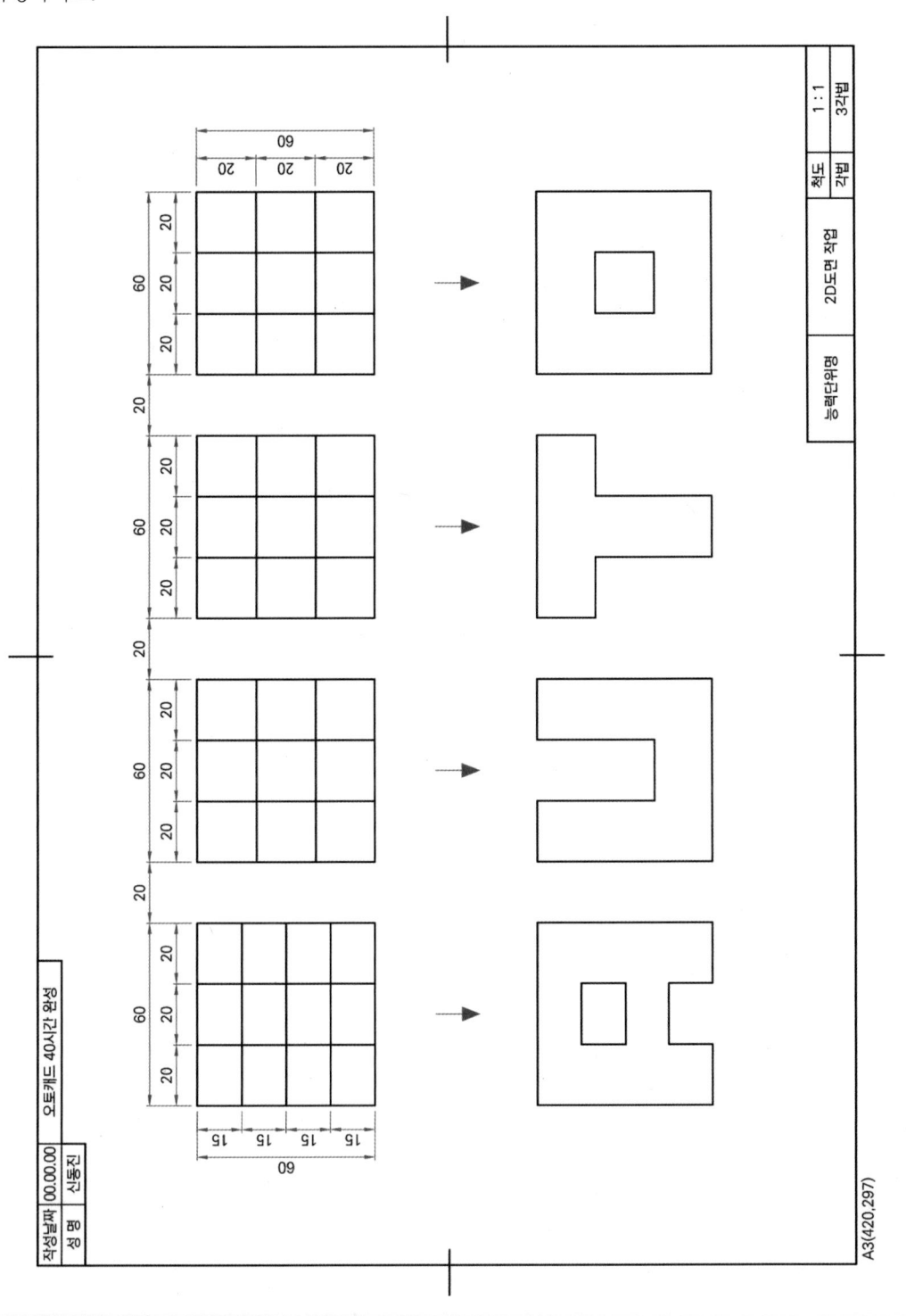

학습목표

1. 보조 명령어를 이용하여 CAD 프로그램을 사용자 환경에 맞게 설정할 수 있다.
2 도면작도에 필요한 부가 명령을 설정할 수 있다.
3 도면영역의 크기를 설정하고 작도를 제한할 수 있다
4 선의 종류와 용도에 따라 도면층을 설정할 수 있다.
5 작업 환경에 적합한 템플릿을 제작하여 도면의 형식을 균일화 시킬 수 있다.

작업 환경 준비하기

사용자 환경 설정

▶ https://cafe.naver.com/dongjinc/4008

 **별칭(단축키) 편집과 옵션 설정**

1 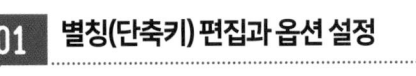 **별칭(단축키) 편집**

오토캐드에서 사용하는 대부분의 기능은 단축키가 설정되어 있습니다. 단축키를 사용하면 작업의 속도를 높일 수 있습니다. 하지만 복사 기능의 단축키 [CP]는 입력하기 번거롭습니다. 복사 기능의 단축키를 [CC]로 변경한다면 보다 빠르게 작업을 할 수 있습니다. 별칭 편집 기능은 단축키를 설정하는 기능입니다. 별칭 편집을 사용하여 복사 기능의 단축키를 변경해보겠습니다.

01 관리 탭 클릭 후 「 별칭 편집」을 클릭합니다. 메모장에서 「Ctrl+F」를 클릭하고 「COPY」를 입력하여 찾습니다. 복사 COPY 명령어의 단축키는 CO, CP로 설정되어 있는 것을 확인합니다.

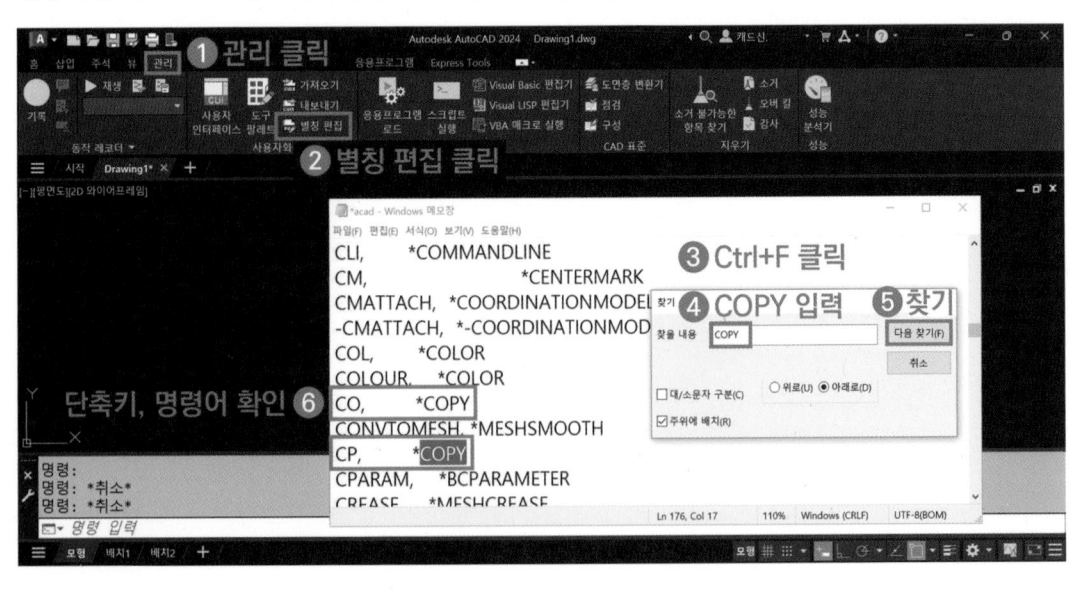

02 COPY 명령어 아랫줄에「CC, *COPY」단축키, 명령어를 추가로 입력합니다. 복사 기능의 단축키는 CO, CP 그리고 CC로 설정되며 3개의 단축키를 모두 사용할 수 있습니다. 메모장을 닫고 저장합니다.

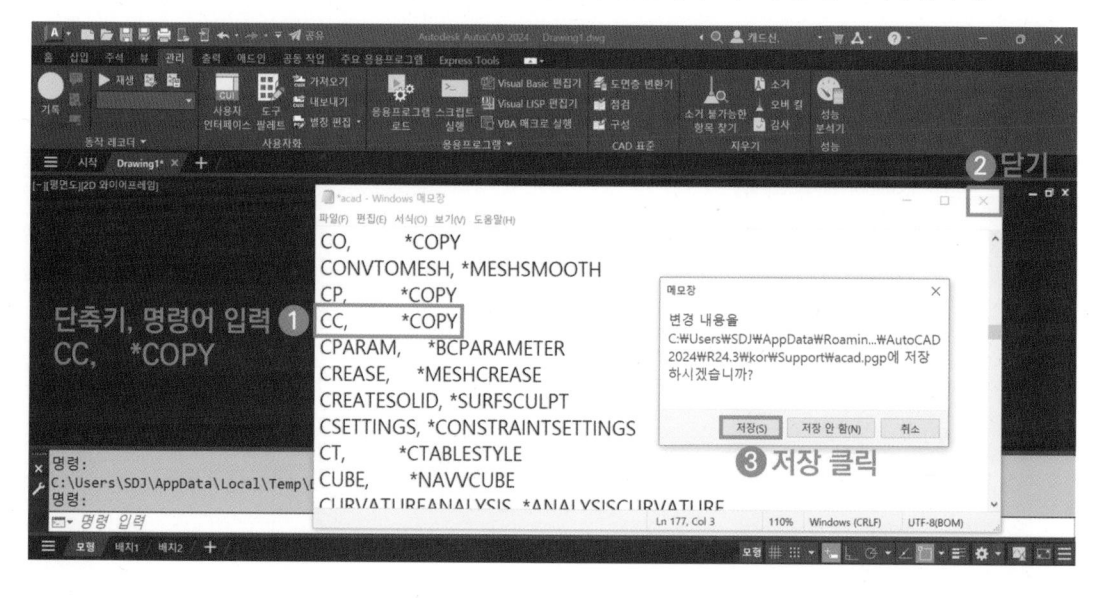

03 프로그램을 종료하고 재실행합니다. 단축키 [CC]를 입력하여 복사 기능이 실행되는지 확인합니다.

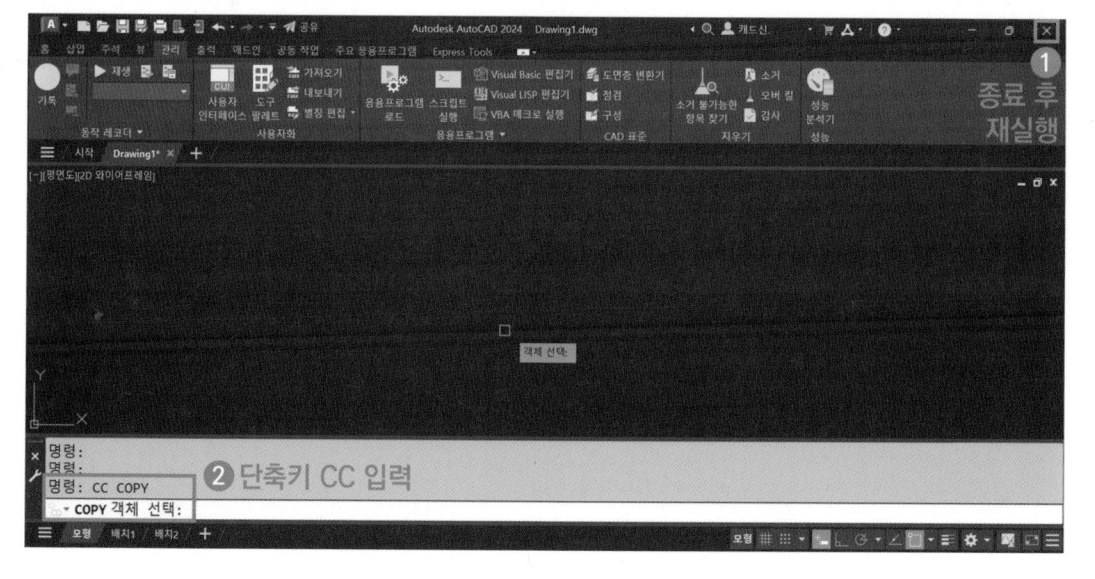

2 옵션 설정 - OPTION [OP]

효율적인 도면 작업을 위해서는 AutoCAD를 사용자 환경에 맞게 설정해야합니다. 확인란 및 그립 크기, 객체 스냅의 색상 및 크기, 작업화면의 색상 등 옵션을 통해서 설정할 수 있습니다.

01 명령어 창에 [OP]를 입력합니다. 다양한 옵션 중 자주 사용하는 옵션만 변경하겠습니다.

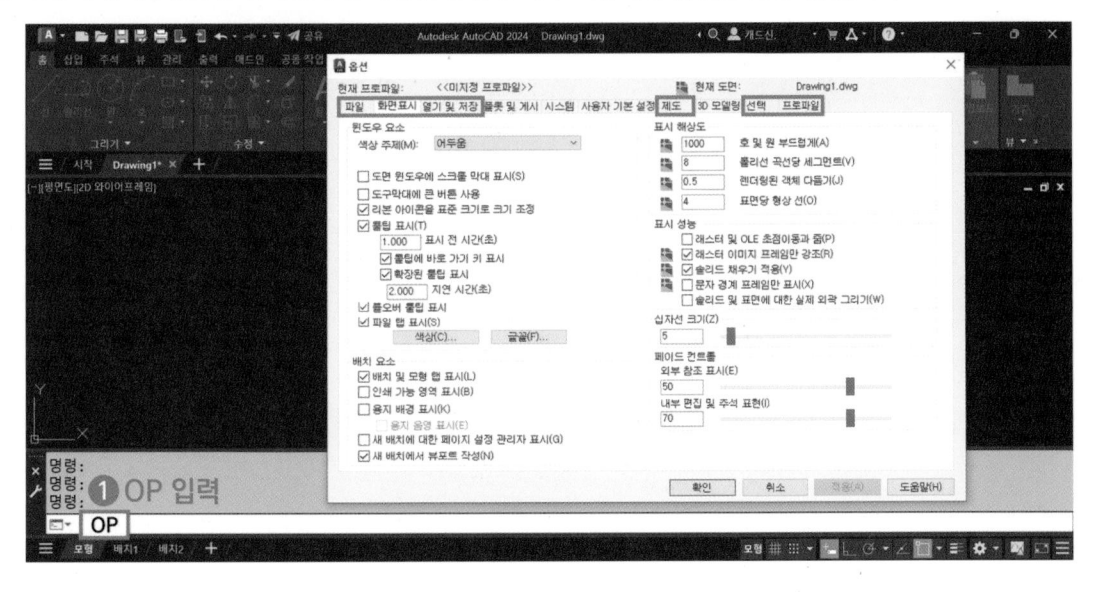

02 화면표시 탭의 「툴팁」은 아이콘, 객체에 마우스 커서를 놓았을 때 관련 정보를 표시하는 기능입니다. 학습 초반에는 유용한 기능입니다. 하지만 툴팁 표시로 인해 작업 속도가 느려질 수 있습니다. 따라서 어느 정도 숙련 된 이후에는 툴팁 표시 옵션을 해제하는 것이 좋습니다. 「십자선 크기」를 크게 설정하면 객체들의 수직, 수평의 위치를 쉽게 검토할 수 있습니다.

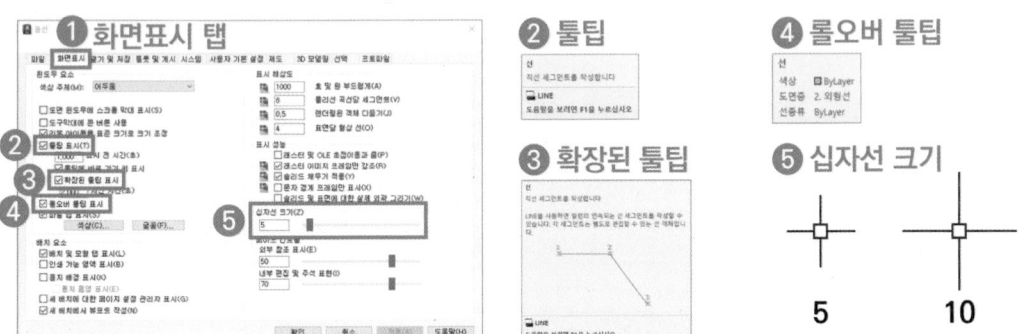

03 열기 및 저장 탭의 파일 저장 버전을 「AutoCAD 2000/LT2000 도면(*.dwg)」으로 낮게 설정합니다. 사용
   하는 프로그램의 버전 보다 도면 파일의 버전이 높을 경우 파일을 열 수 없습니다. 예를 들어 회사에서 사
   용하는 프로그램이 2010버전일 경우 2018버전의 도면 파일은 열 수 없습니다. 따라서 작성하는 도면 파일
   이 낮은 버전의 프로그램에서도 열릴 수 있도록 파일의 버전을 낮게 저장하는 것이 좋습니다.

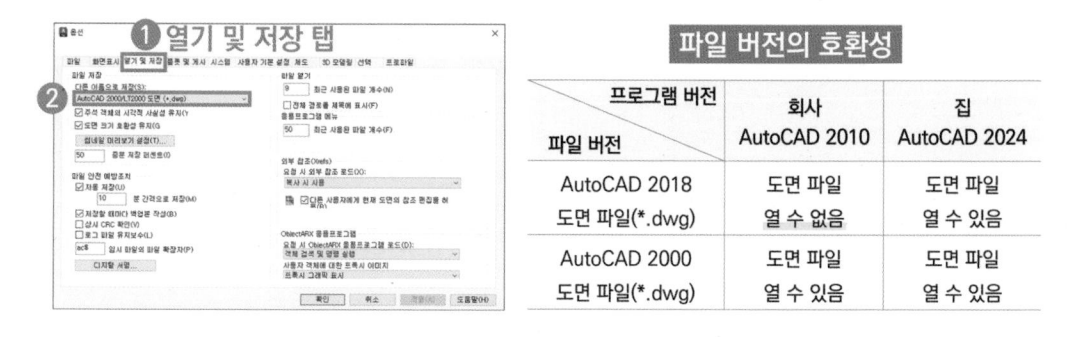

파일 버전의 호환성

	프로그램 버전 파일 버전	회사 AutoCAD 2010	집 AutoCAD 2024
	AutoCAD 2018 도면 파일(*.dwg)	도면 파일 열 수 없음	도면 파일 열 수 있음
	AutoCAD 2000 도면 파일(*.dwg)	도면 파일 열 수 있음	도면 파일 열 수 있음

04 「자동 저장」은 프로그램이 비정상적으로 종료됐을 때 파일을 자동으로 저장하는 기능입니다. 파일은 10
   분 간격으로 'C:\Users\사용자폴더\AppData\Local\Temp' 위치에 자동 저장 됩니다. 파일의 확장
   자는 'sv$'로 저장되며 확장자를 'dwg'로 변경하면 자동 저장 파일을 열 수 있습니다. 「저장할 때마다 백업
   본 작성」은 저장 전 시점에 저장된 파일을 백업하는 기능입니다. 현재 도면 파일과 동일한 위치에 백업 파
   일이 저장되며 'bak'의 확장자로 저장됩니다. 파일의 안전을 위해 두 옵션 모두 체크하는 것이 좋습니다.

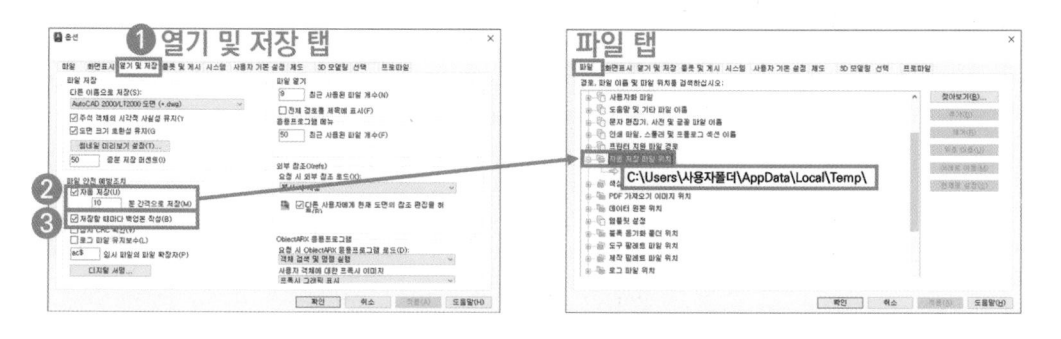

05 제도 탭의 「색상」은 객체 스냅 표식의 색상뿐만 아니라 작업화면 배경, 명령어창 배경 등 오토캐드 인터
   페이스 요소의 색상을 변경하는 기능입니다. 객체 스냅의 색상과 크기가 잘 보이도록 조절합니다.

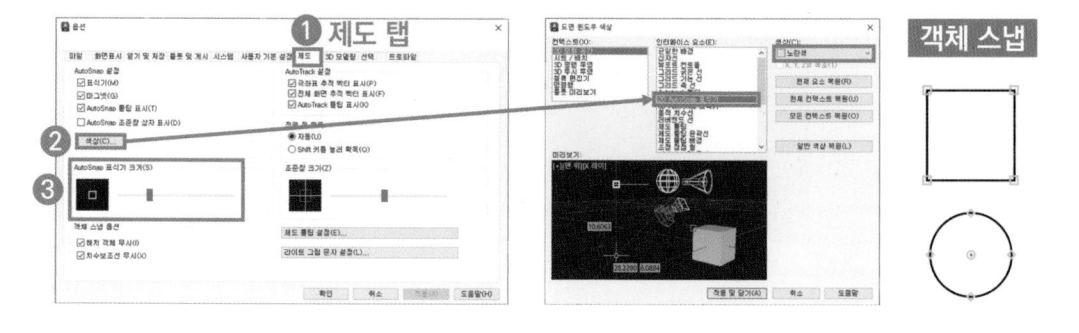

06 선택 탭의「확인란 크기」는 지우기, 자르기 같은 기능을 사용할 때 객체를 선택하는 마우스 커서의 사각형 크기입니다. 크기가 작을 경우 객체를 선택하기 어렵기 때문에 크기를 크게 조절합니다.「그립 크기」는 객체를 선택했을 때 표시되는 파란 점의 크기입니다. 마찬가지로 그립의 크기를 크게 조절합니다.

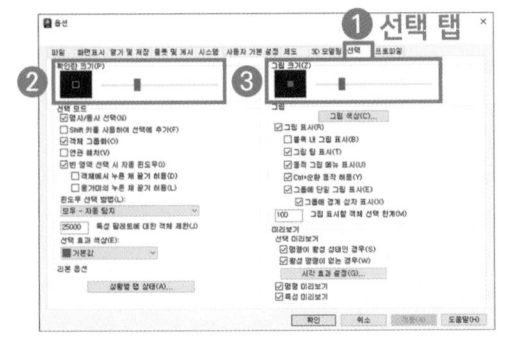

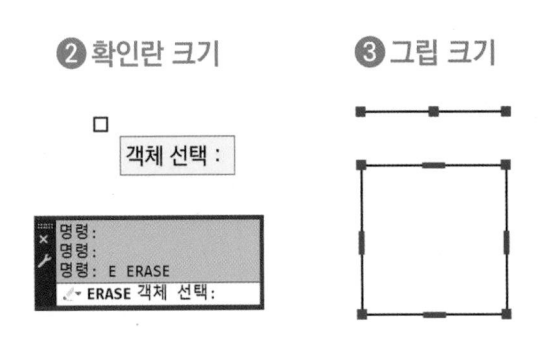

07 프로파일 탭의「내보내기」는 옵션의 설정을 파일(*.arg)로 저장하는 기능입니다.「가져오기」는 옵션 설정 파일을 불러오는 기능입니다. 호환성 문제 때문에 다른 버전에서 저장한 설정 파일을 가져오는 것은 권장하지 않습니다.「재설정」은 옵션의 설정을 초기화 시키는 기능입니다. 프로그램에 문제가 있거나 초기 설정으로 되돌리고 싶을 때 사용하면 됩니다.

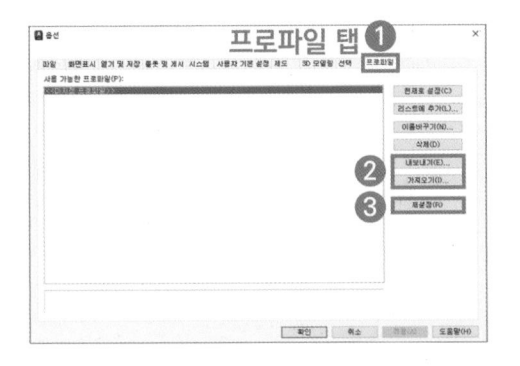

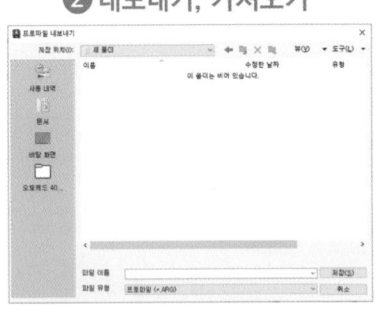

❸ 재설정(초기화) 후 화면

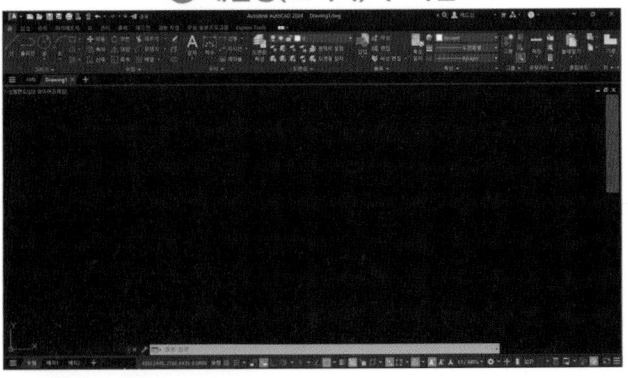

1 상태막대

상태막대에는 도면 작업에 보조로 사용하는 기능이 표시됩니다. 사용자화 메뉴를 통해서 자주 사용하는 기능만 체크해서 사용합니다.

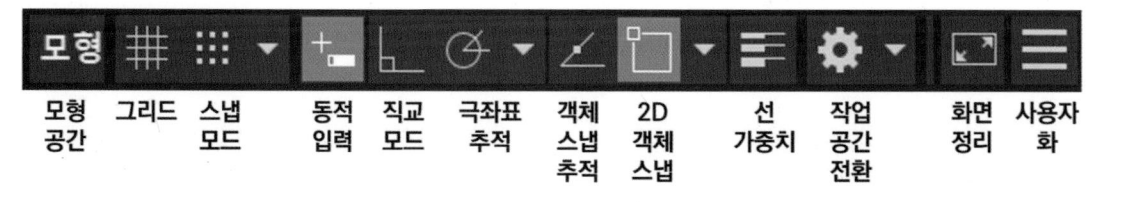

| 모형
공간 | 그리드 | 스냅
모드 | 동적
입력 | 직교
모드 | 극좌표
추적 | 객체
스냅
추적 | 2D
객체
스냅 | 선
가중치 | 작업
공간
전환 | 화면
정리 | 사용자
화 |

2 ⊞ 그리드 모드 [F7]

작업화면에 표시되는 그리드 패턴입니다. 그리드 모드를 사용하면 객체를 정렬하고 거리를 시각화 할 수 있습니다.

그리드 모드 ON

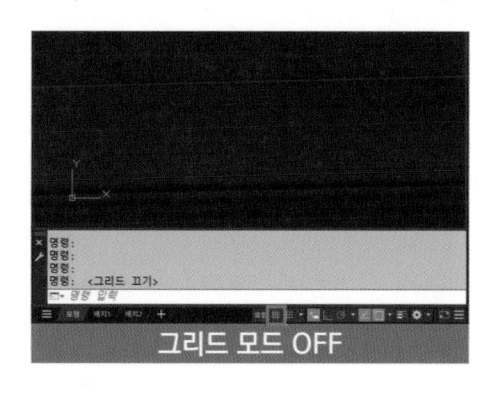
그리드 모드 OFF

3 ⠿ 스냅 모드 [F9]

지정된 스냅 간격으로 마우스 커서의 이동을 제한하는 기능입니다. 스냅 모드를 사용하면 마우스가 끊기며 움직이는 느낌이 듭니다. 또한 지정된 스냅 간격으로 움직이기 때문에 원하는 위치에서 객체를 그리기 어렵습니다. 따라서 스냅 모드는 사용하지 않는 것이 좋습니다.

4 ➕ 동적입력 모드 [F12]

상대좌표 방식으로 객체를 그리는 기능입니다. 오른쪽 그림처럼 동적입력 모드를 사용하지 않을 경우 100,100을 입력했을 때 절대좌표 방식에 의해서 원점(0,0)으로부터 선이 그려집니다. 동적입력 모드 OFF 상태에서 좌표값 앞에 @를 붙여 @100,100을 입력하면 상대좌표 방식으로 그릴 수 있습니다. 하지만 도면 작성 시 대부분 상대좌표 방식으로 객체를 그리는데 일일이 @를 붙이는 것은 매우 번거로운 작업이 될 수 있습니다. 동적입력 모드를 사용하면 @가 자동으로 입력되어 상대좌표 방식으로 객체가 그려집니다. 따라서 도면작성 시 항상 동적입력 모드를 사용하는 것이 좋습니다.

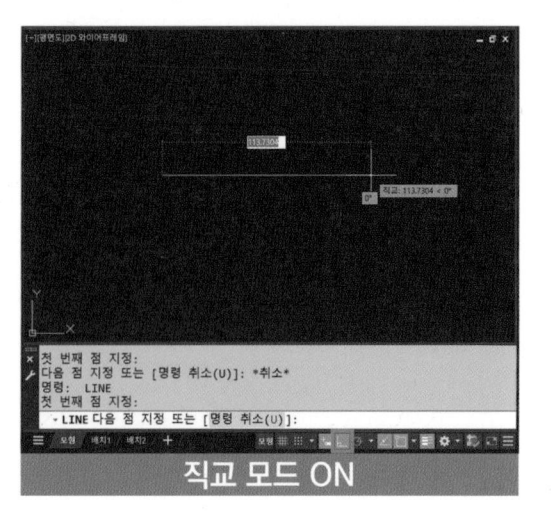

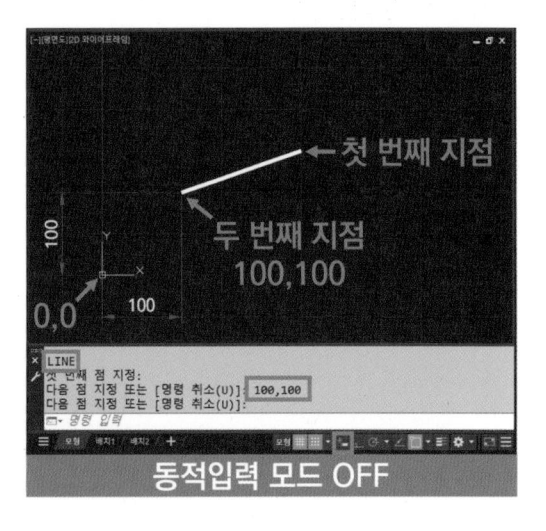

5 ⌐ 직교 모드 [F8]

마우스 커서 이동을 수평 또는 수직 방향으로 구속하는 기능입니다.

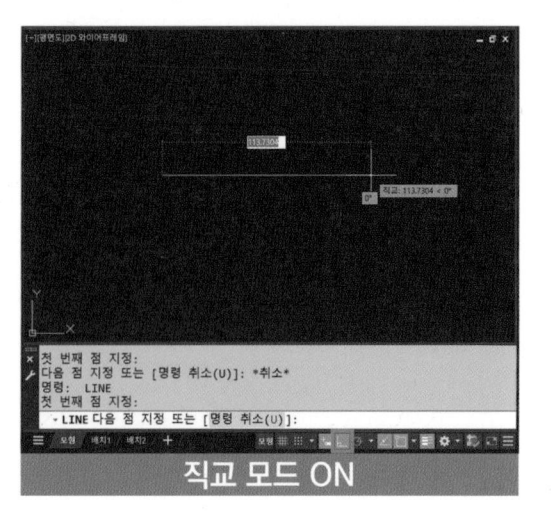

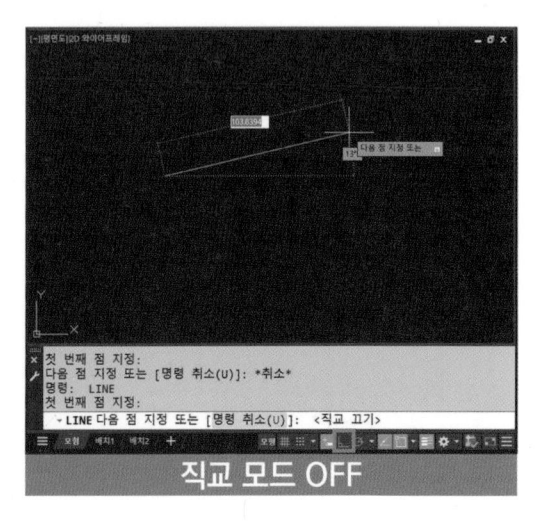

6 ⌀ 극좌표 추적 모드 [F10]

지정한 극좌표 각도를 마우스 커서가 추적하는 기능입니다. 도면 작성 시 정확한 거리 값, 각도 값을 입력하여 객체를 그려야하기 때문에 극좌표 추적 모드는 사용하지 않는 것이 좋습니다.

7 ◢ 객체 스냅 추적 모드 [F11]

객체 스냅 점에서 수직 및 수평의 위치를 마우스 커서가 추적하는 기능입니다. 도면 작성 시 정확한 위치에서 객체를 그려야하기 때문에 객체 스냅 추적 모드는 사용하지 않는 것이 좋습니다.

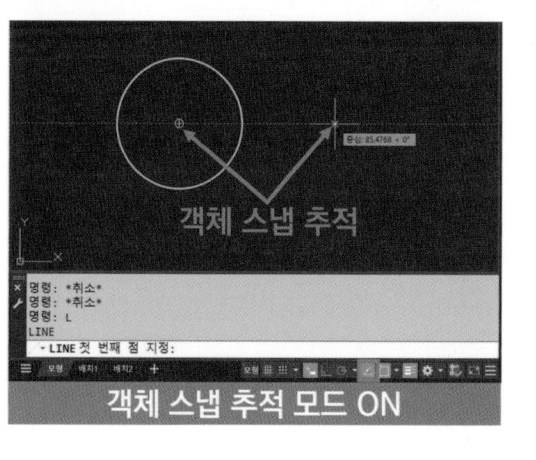

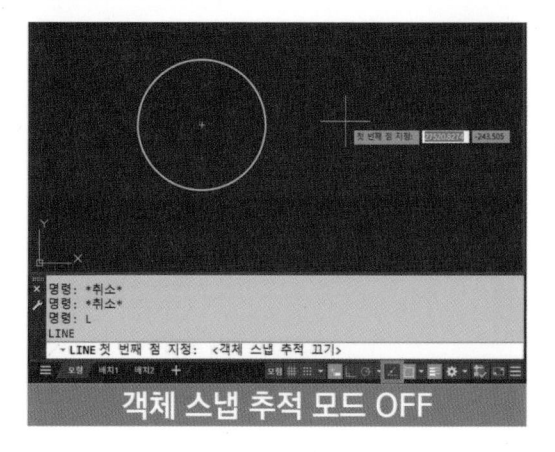

8 객체 스냅 모드 [F3]

객체에 끝점, 중간점, 중심점 등을 표시하고 마우스 커서를 정확한 위치로 스냅하는 기능입니다.

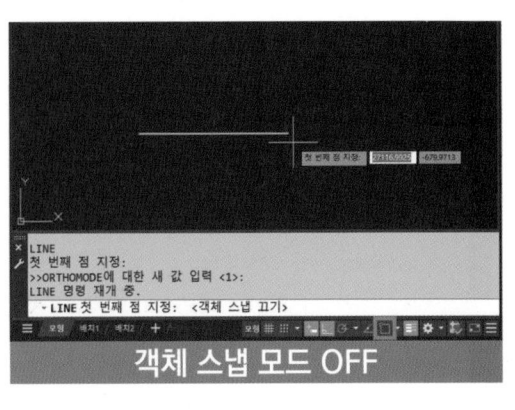

9 선 가중치 모드 [LW]

현재 선가중치를 화면에 표시하는 기능입니다. 선 가중치 모드가 켜져 있어도 「□선 가중치 표시」가 체크되어 있지 않을 경우 선의 가중치는 화면에 표시되지 않습니다. 일반적으로 선 가중치 모드는 사용하지 않습니다.

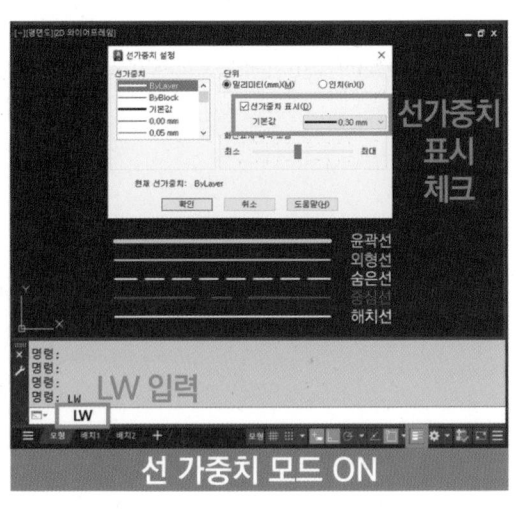

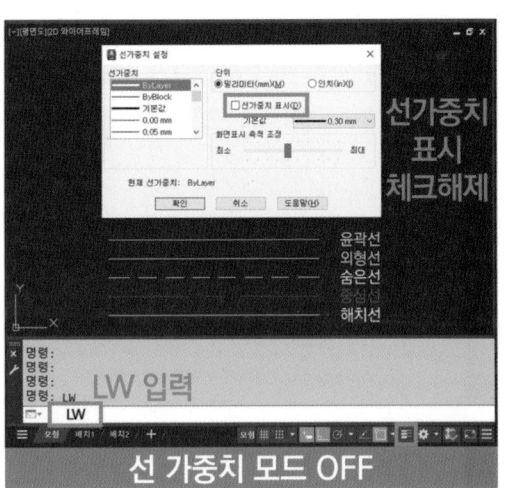

 **화면 정리 모드 [Ctrl+0]**

리본, 도구막대 등을 숨겨 도면 영역을 최대화 하는 기능입니다.

화면 정리 모드 ON

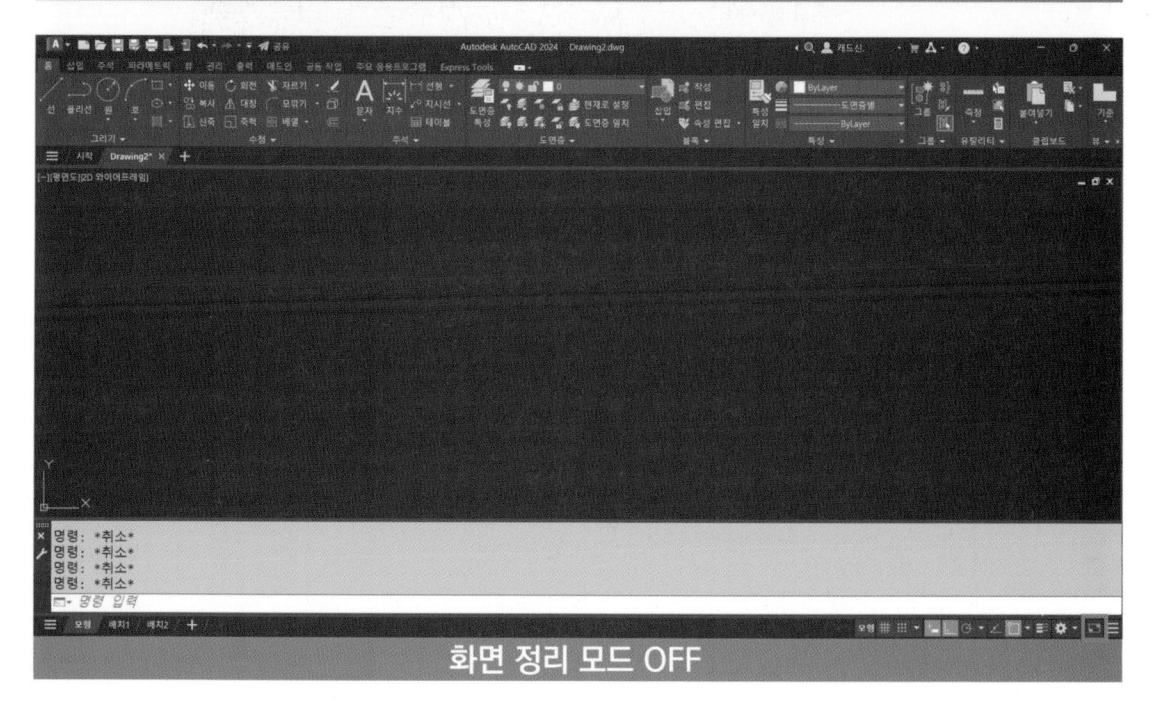

화면 정리 모드 OFF

SECTION 09 도면양식 작성-1

▶ https://cafe.naver.com/dongjinc/4009

01 도면의 개요

1 한국산업표준(KS : Korean Industrial Standards)

산업표준의 제정은 광공업품 및 산업활동 관련 서비스의 품질·생산효율·생산기술을 향상시키고 거래를 단순화·공정화하며, 소비를 합리화함으로써 산업경쟁력을 향상시켜 국가경제를 발전시키는 것을 목적으로 합니다.

2 표준규격의 의미

표준규격은 일정한 규격에 맞게 제품을 생산하여 생산을 능률화하고 제품의 균일화와 품질의 향상, 제품 상호 간의 호환성을 확보하기 위해 만들어진 약속과 규칙을 말합니다. 용도가 같은 제품은 그 크기, 모양, 품질 등을 일정한 규격으로 표준화하면 제품 상호 간 호환성이 있어서 사용하기 편리할 뿐만 아니라, 제품을 능률적으로 생산할 수 있고 품질을 향상시킬 수 있습니다. 기계제도 관련 규격은 KS B0001 부문에 규정되어 있으며 엔지니어들은 KS규격에 준하여 제품을 설계, 생산하고 있습니다.

21. 평행 키 (키 홈)

b_1 및 b_2의 기준치수	활동형		보통형		t_1의 기준치수	t_2의 기준치수	t_1 및 t_2의 허용차	적용하는 축 지름 d (초과~이하)
	b_1 허용차	b_2 허용차	b_1 허용차	b_2 허용차				
2					1.2	1.0	+0.1 0	6~8
3					1.8	1.4		8~10
4					2.5	1.8		10~12
5	H9	D10	N9	JS9	3.0	2.3		12~17
6					3.5	2.8		17~22
7					4.0	3.3	+0.2 0	20~25
8					4.0	3.3		22~30
10					5.0	3.3		30~38

키 홈의 단면

양폭 둥근 형 한쪽 둥근 형 양폭 네모 형

KS규격 - 평행키

3 기계제도의 정의

기계제도는 특정 기계 및 제품을 제작하기 위해 모양, 구조, 치수, 재료, 가공방법 등 모든 정보를 도형, 문자, 기호로 표시하는 것을 말합니다.

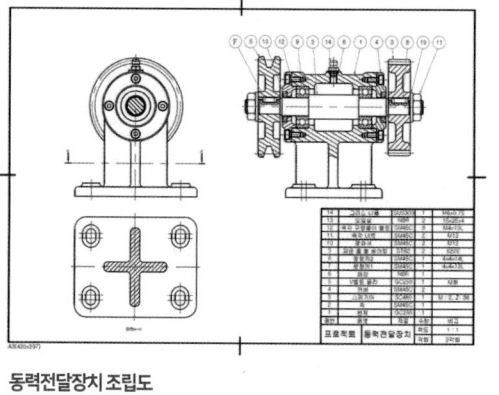

동력전달장치 조립도

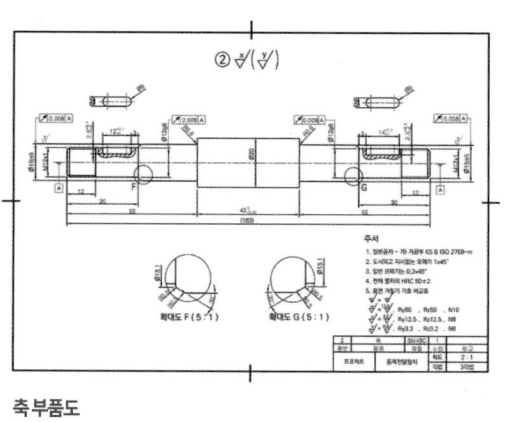

축부품도

4 도면의 크기

기계제도용 도면은 기계제도규격(KS B 0001), 도면의 크기 및 양식(KS A 0106)에서 규정한 크기를 사용해야 합니다. 국내에서는 KS에서 정하는 A열 기계제도용 도면을 사용합니다. 주로 A2, A3, A4의 크기를 많이 사용합니다.

호칭	크기
A0	1189 x 841 mm
A1	841 x 594 mm
A2	594 x 420 mm
A3	420 x 297 mm
A4	297 x 210 mm
A5	210 x 148 mm
A6	148 x 105 mm

A열 용지의 크기

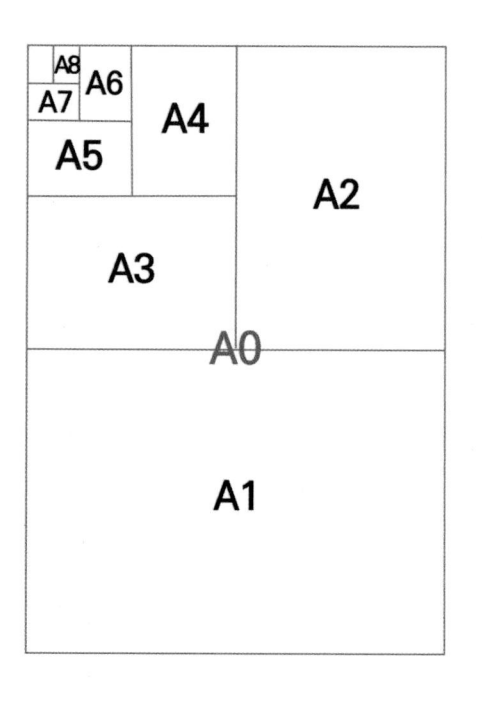

1 도면의 양식

도면에 반드시 마련해야 하는 양식은 윤곽선, 표제란, 중심마크가 있습니다.

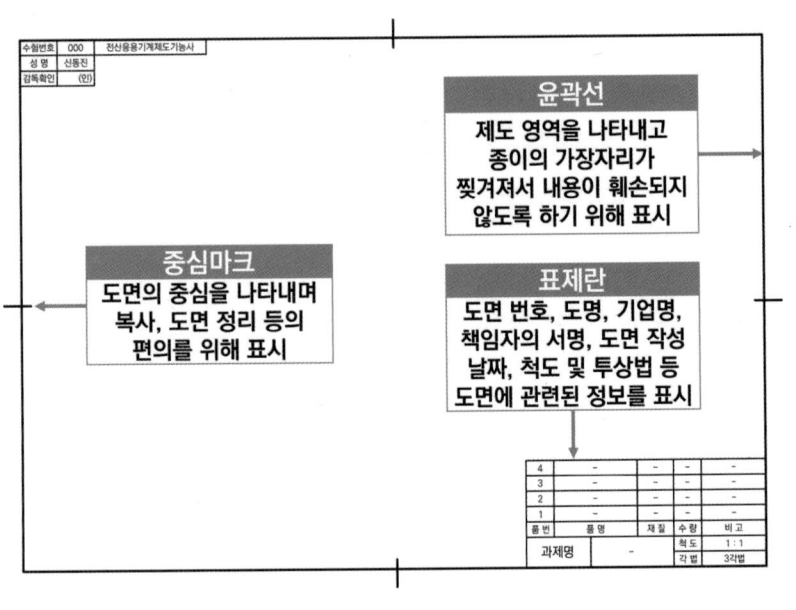

2 도면의 척도

척도는 대상물의 실제 길이에 대한 도면에서의 길이의 비를 의미합니다. 한국산업표준(제도-척도 KS A 0110)에서는 척도의 표시방법을 'A : B'로 하도록 규정하고 있습니다. 척도는 표제란에 기입하는 것이 원칙이나, 표제란이 없는 경우 도명이나 품번의 가까운 곳에 기입합니다. 같은 도면에서 서로 다른 척도를 사용하는 경우에는 각 투상도 옆에 사용된 척도를 기입합니다. 투상도의 크기가 치수와 비례하지 않을 경우 척도에 NS(Not to Scale)를 기입합니다.

품번	품명	재질	수량	비고
4	–	–	–	–
3	–	–	–	–
2	–	–	–	–
1	–	–	–	–
품번	품명	재질	수량	비고
과제명	–		척도	1:1
			각법	3각법

$$A : B$$

대상물의 실제 길이
도면에서의 길이

현척 1 : 1 실물과 같은 크기로 그리는 경우

축척 1 : X 실물보다 작게 그리는 경우

배척 X : 1 실물보다 크게 그리는 경우

NS 척도를 사용하지 않고 임의의 크기로 그리는 경우

03 선의 용도에 따른 종류와 굵기

1 선의 종류

선의 종류는 실선, 파선, 쇄선으로 나뉩니다. 쇄선은 점의 수에 따라 일점쇄선, 이점쇄선으로 나뉩니다. 선의 용도에 따라 아래 4개의 선을 사용해서 도면을 작성합니다.

————————— 실선　　————·————·————— 일점쇄선

------------------------------ 파선　　————··————··————— 이점쇄선

2 선의 굵기

선은 용도에 따라 가는선, 굵은선, 아주 굵은선으로 굵기를 표시합니다. 선의 굵기는 0.18~2.00mm까지 총 8가지의 굵기로 표시합니다. 이러한 선의 굵기는 도면의 크기에 따라 굵기가 정해집니다.

———————— 가는선

———————— 굵은선

———————— 아주 굵은선

———————— 0.18 mm
———————— 0.25 mm
———————— 0.35 mm
———————— 0.50 mm
———————— 0.70 mm
———————— 1.00 mm
———————— 1.40 mm
———————— 2.00 mm

3 선의 용도에 따른 종류와 굵기

그림 1은 부품의 외형을 나타내고 있습니다. 그림 2는 부품을 정면에서 바라본 모습과 우측에서 바라본 모습을 나타내는 도면입니다. 이 도면은 부품의 외형만 표현했기 때문에 내부의 구조가 어떻게 생겼는지 알 수 없습니다. 그림 3은 부품의 내부 구조를 표현하기 위해서 부품의 일부분을 절단했습니다. 그림 4는 절단된 모습을 나타내는 도면입니다. 이처럼 내부의 구조를 표현하기 위해서 절단된 모습을 나타내는 도면을 단면도라고 합니다.

정면 1　　우측면　　2　　3　　4

선의 용도에 따른 종류와 굵기

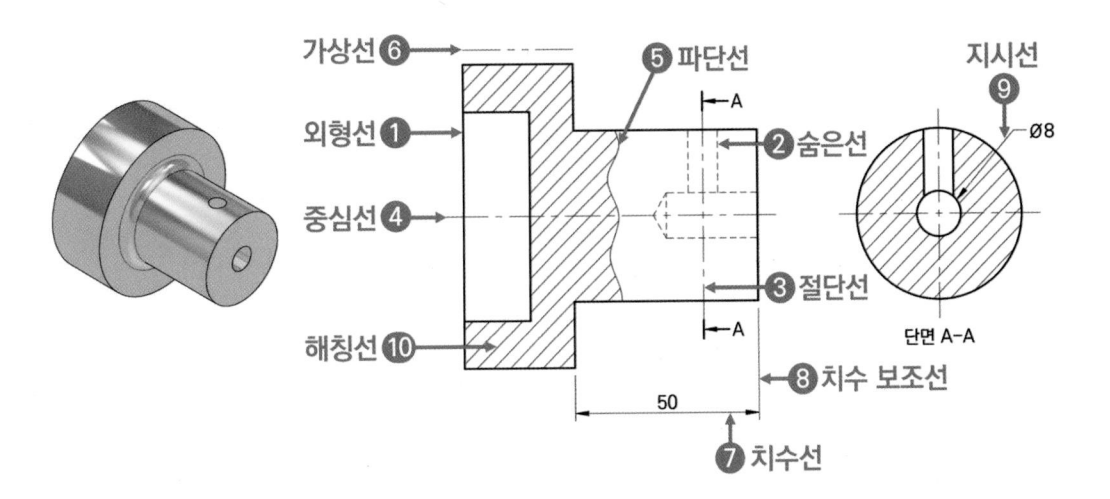

❶ 외형선	물체의 보이는 외형을 표시하는 선으로 **굵은실선**을 사용합니다.
❷ 숨은선	보이지 않는 외형을 표시하는 선으로 외형선의 ½ 굵기의 **파선** 또는 **가는 파선**을 사용합니다.
❸ 절단선	절단 위치를 표시하는 선으로 **가는 일점쇄선**을 사용하고 양 끝은 굵은 실선으로 표시합니다.
❹ 중심선	도형의 중심이나 대칭을 표시하는 선으로 **가는 일점쇄선**을 사용합니다.
❺ 파단선	절단면과 물체의 외형의 경계를 표시하는 선으로 **가는 실선**을 사용합니다.
❻ 가상선	가공 전 또는 가공 후의 형상이나 이동하는 부분의 가동 위치를 표시하는 선으로 **가는 이점쇄선**을 사용합니다.
❼ 치수선	물체의 크기를 표시하는 선으로 **가는 실선**을 사용합니다.
❽ 치수보조선	치수를 기입하기 위해 물체에서 그어낸 선으로 **가는 실선**을 사용합니다.
❾ 지시선	특정 위치의 정보나 기호 등을 나타내기 위한 선으로 **가는 실선**을 사용합니다.
❿ 해칭선	절단면을 나타내는 선으로 **가는 실선**을 사용합니다.

4 선의 우선순위

도면에서 2개 이상의 선이 겹칠 경우에는 다음 순서에 따라 우선순위가 높은 선을 그리면 됩니다. 예를 들어 외형선과 숨은선이 겹칠 경우에는 외형선만 그리면 됩니다.

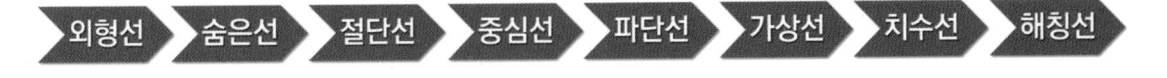

외형선 〉 숨은선 〉 절단선 〉 중심선 〉 파단선 〉 가상선 〉 치수선 〉 해칭선

04 도면층 특성 관리자 설정

1 도면층 특성 관리자 설정 [LA]

도면층을 설정하여 도면을 균일화하고 도면 작업의 효율을 높일 수 있습니다. 국가기술자격증 실기시험의 요구사항에 따라 도면층 특성 관리자를 설정하겠습니다.

01 아래 표를 참고해서 선의 용도에 따라 선의 굵기, 색상을 설정합니다.

선 굵기	지정 색상	용도
0.70mm	하늘색	윤곽선, 중심마크
0.50mm	초록색	외형선, 개별주서 등
0.35mm	노란색	숨은선, 치수문자, 일반주서 등
0.25mm	빨간색, 선홍색, 흰색	중심선, 가상선, 치수선, 해칭선 등

02 「　새로 만들기」를 클릭합니다. 「acadiso」 템플릿을 더블 클릭해서 실행합니다.

03 「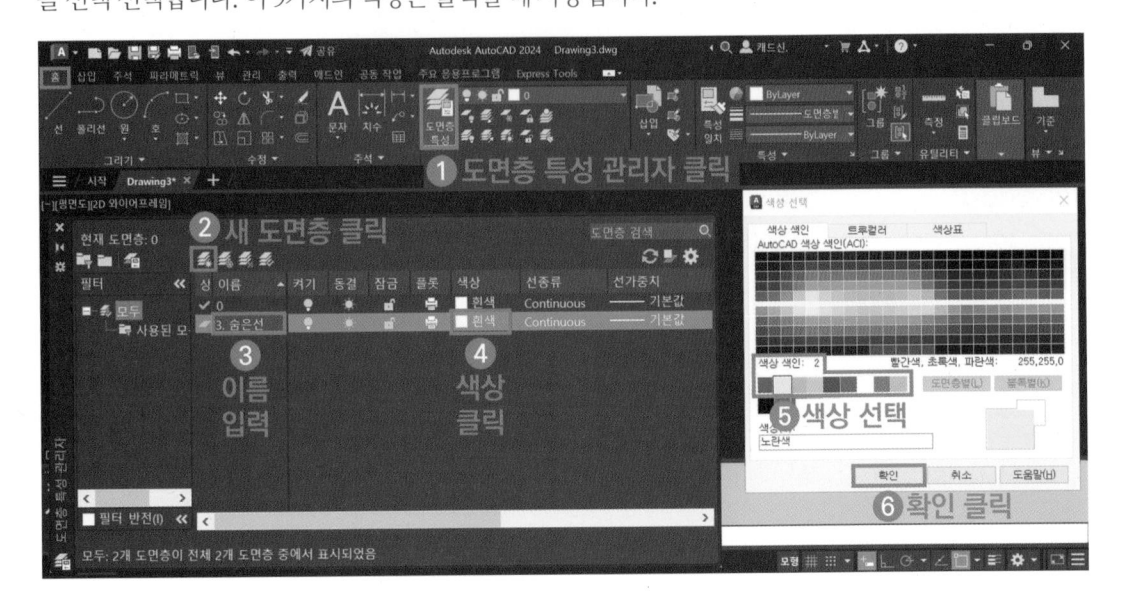 도면층 특성 관리자」를 클릭합니다. 「🔶 새 도면층」을 클릭합니다. 「3. 숨은선」 이름을 입력하고
「☐ 흰색」 색상을 클릭합니다. ███████████ 9가지의 색인 색상 중 「☐ 노란색」
을 선택 선택합니다. 이 9가지의 색상은 출력할 때 사용됩니다.

04 아래 순서에 따라 선가중치와 선종류를 변경합니다. 「기본값 선가중치 클릭 → 0.35mm 선택 후 확인 →
Continuous 클릭 → 로드 클릭 → HIDDEN 선택 후 확인 → 로드 된 HIDDEN 선택 후 확인」

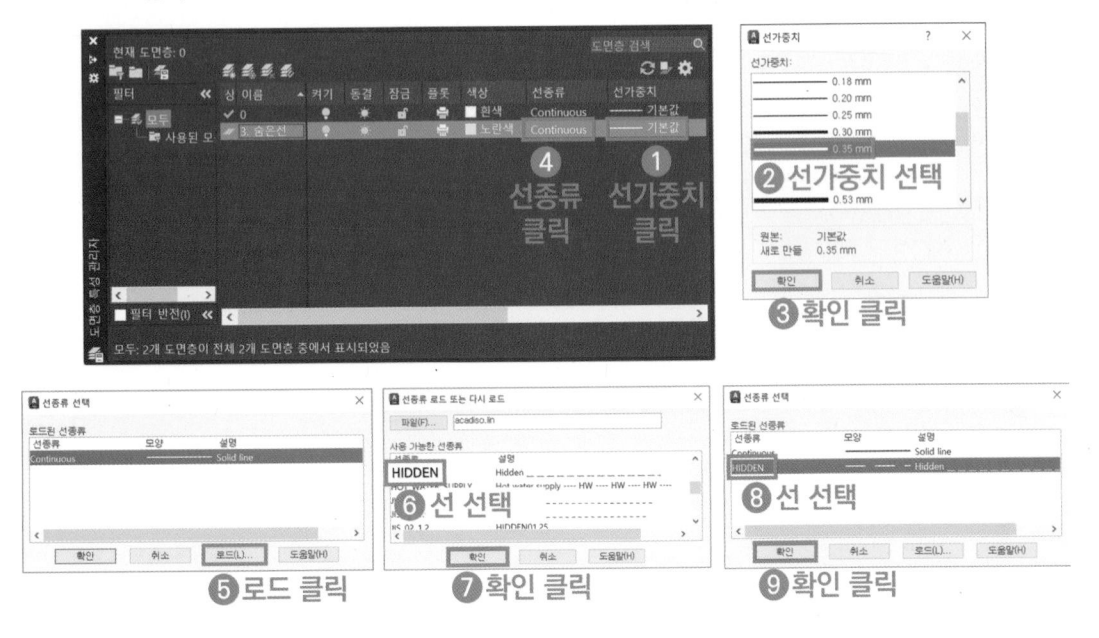

05 불필요한 도면층은 선택 후 「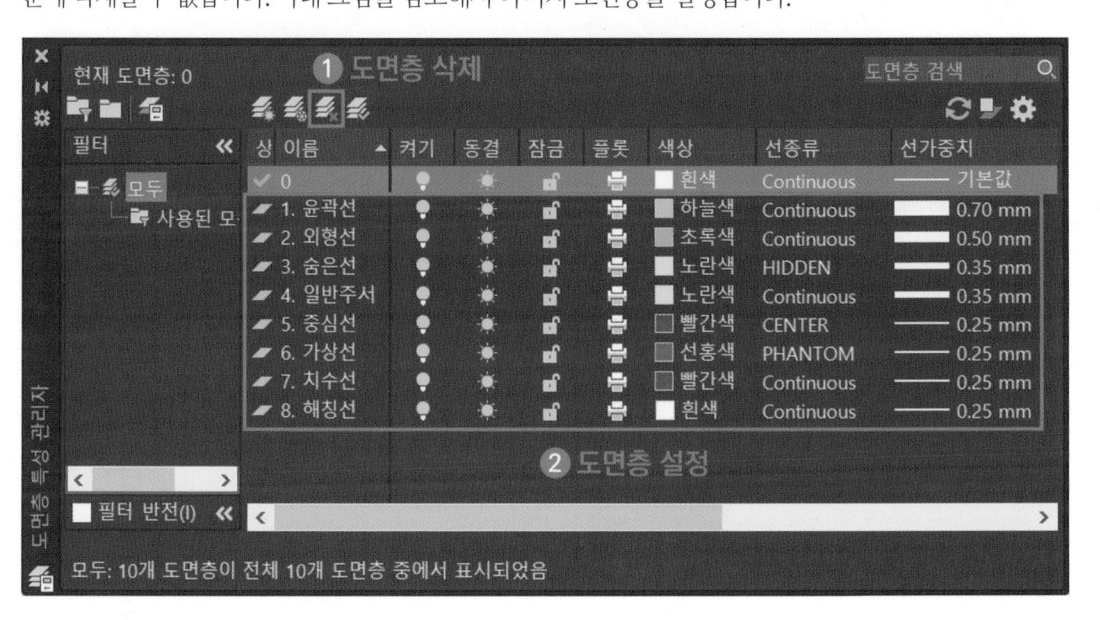 도면층 삭제」합니다. 「0」 도면층은 기본적으로 생성되는 도면층이기 때문에 삭제할 수 없습니다. 아래 그림을 참고해서 나머지 도면층을 설정합니다.

06 「 」 아이콘을 클릭하고 「 도면 템플릿」을 클릭합니다. 파일의 이름은 「A3도면양식」으로 입력하고 저장합니다.

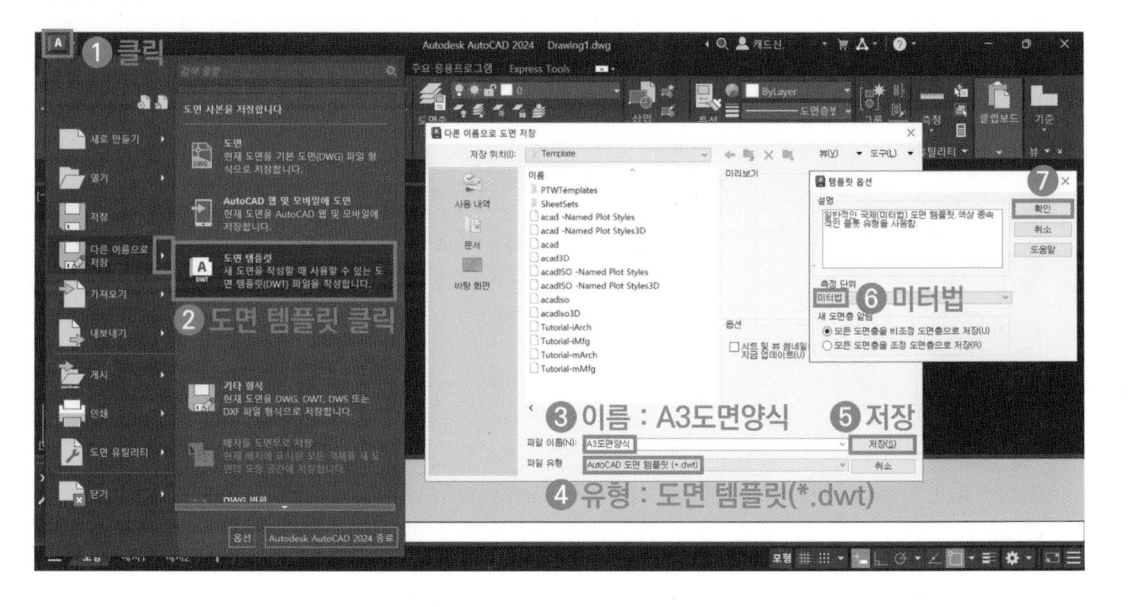

07 「⬚ 새로 만들기」를 클릭합니다. 방금 저장한 「A3도면양식」 템플릿을 더블 클릭해서 실행합니다.

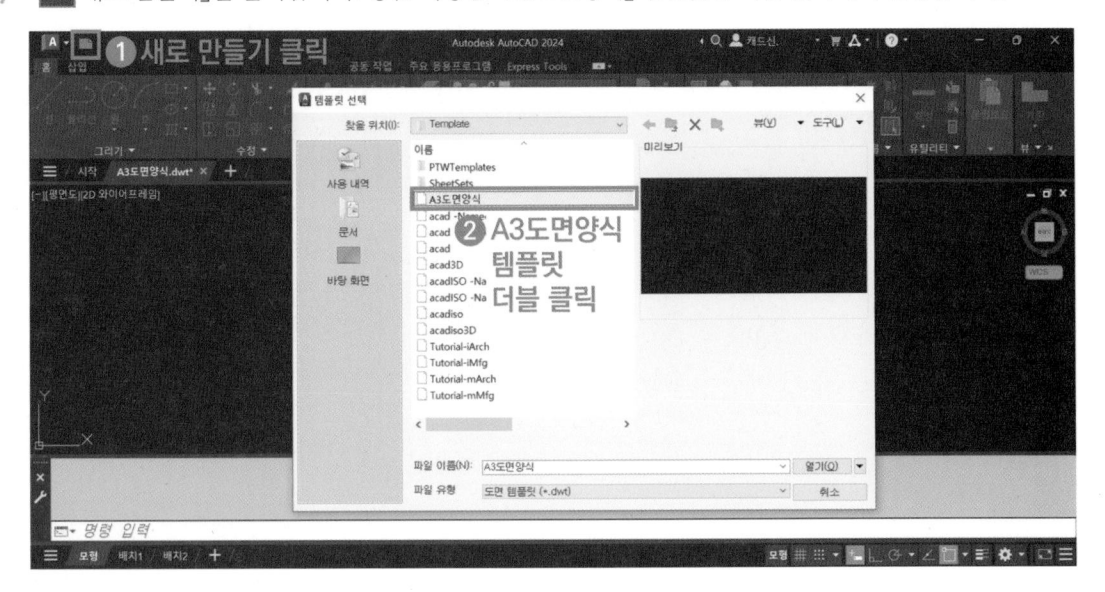

08 「🟩 도면층 특성 관리자」를 클릭하거나 명령어 창에 단축키 [LA]를 입력합니다. 도면층이 설정되어 있는지 확인합니다. 이처럼 도면 템플릿을 사용하면 반복적인 설정 작업을 하지 않아도 되기 때문에 도면 작업을 효율적으로 시작할 수 있습니다.

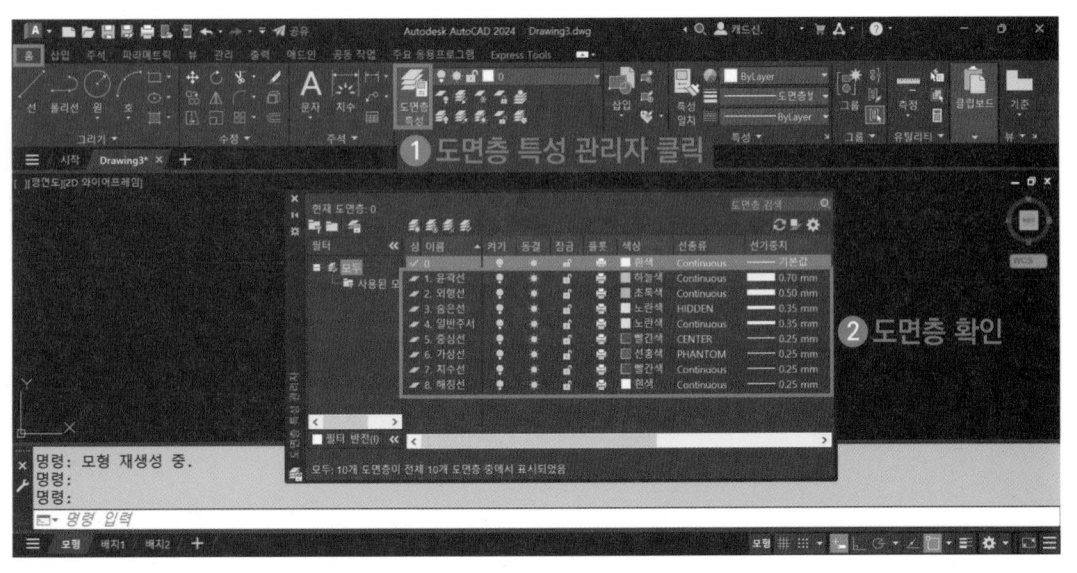

도면양식 작성-2

▶ https://cafe.naver.com/dongjinc/4010

01 치수 스타일 관리자 설정

1 치수 용어

1 외형선은 물체의 외형을 나타내는 선입니다.

2 치수는 물체의 크기를 나타내는 선입니다. 치수는 치수 값, 치수선, 화살표, 치수 보조선으로 구성되어 있습니다.

3 치수값은 물체의 크기를 나타내는 숫자입니다.

4 치수선은 치수 값 아래의 선입니다.

5 화살표는 치수선 양 옆의 삼각형 도형입니다.

6 치수보조선은 치수를 기입하기 위해 물체에서 그어낸 선입니다.

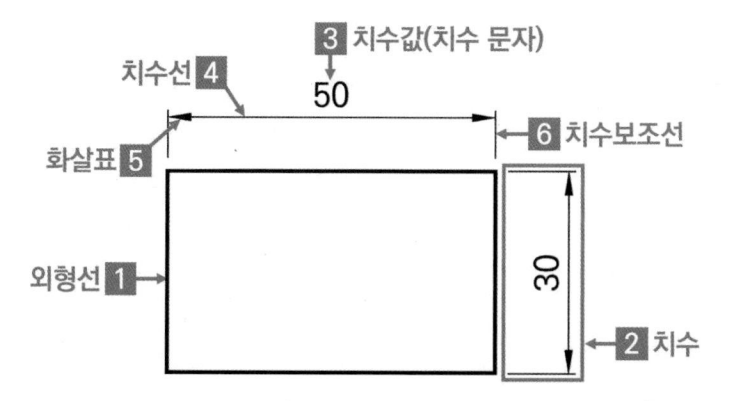

7 치수값과 치수선이 붙어있을 경우 치수값을 잘못 읽을 수 있기 때문에 서로 간격을 띄워서 그려야합니다.

8 치수보조선과 외형선이 붙어있을 경우 서로 구분이 되지 않기 때문에 치수보조선은 외형선으로부터 간격을 띄워서 그려야합니다.

9 치수보조선은 화살표 위쪽으로 약간 튀어나오도록 그려야합니다.

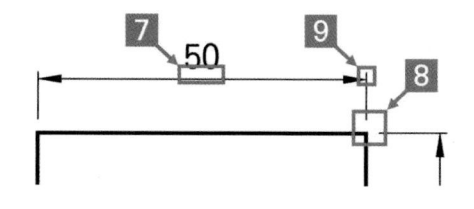

2 치수 스타일 관리자 설정 [D]

치수는 제품의 크기 및 관련된 정보를 나타내는 매우 중요한 요소입니다. KS규격에 준하여 치수 스타일을 설정하는 방법에 대해 실습해보도록 하겠습니다. 치수스타일을 설정하는 방법은 두 가지입니다. 새로운 스타일을 만드는 방법과 기존의 있던 스타일을 수정하는 방법이 있습니다. 각 설정에 따라 치수의 형태가 어떻게 변하는지 주의 깊게 보시기 바랍니다.

01 「 새로 만들기」를 클릭합니다. 「A3도면양식」 템플릿을 더블 클릭해서 실행합니다.

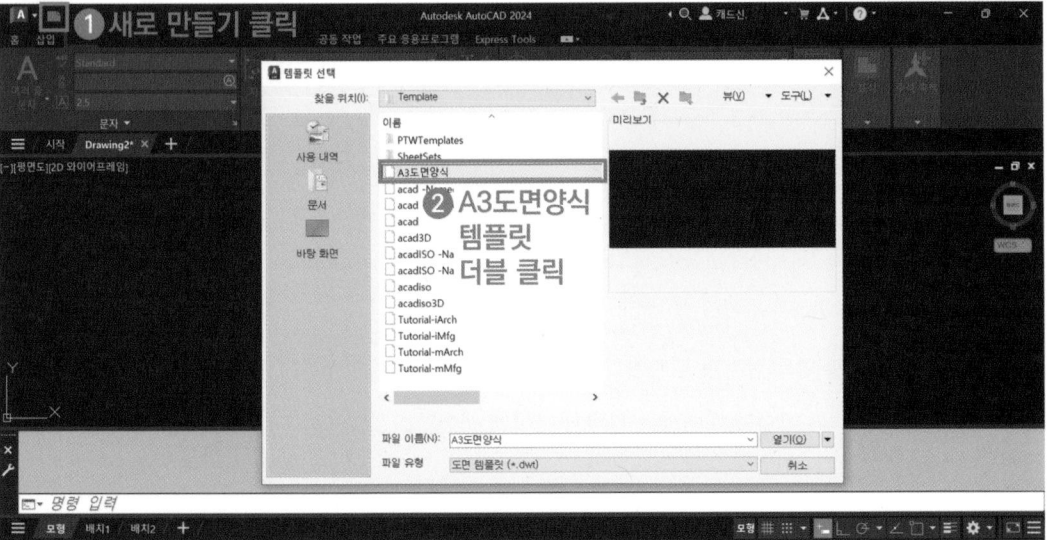

02 주석 탭의 「치수 스타일 관리자」를 클릭하거나 명령어 창에 단축키 [D]를 입력합니다. 「ISO-25」 스타일을 선택하고 수정을 클릭합니다.

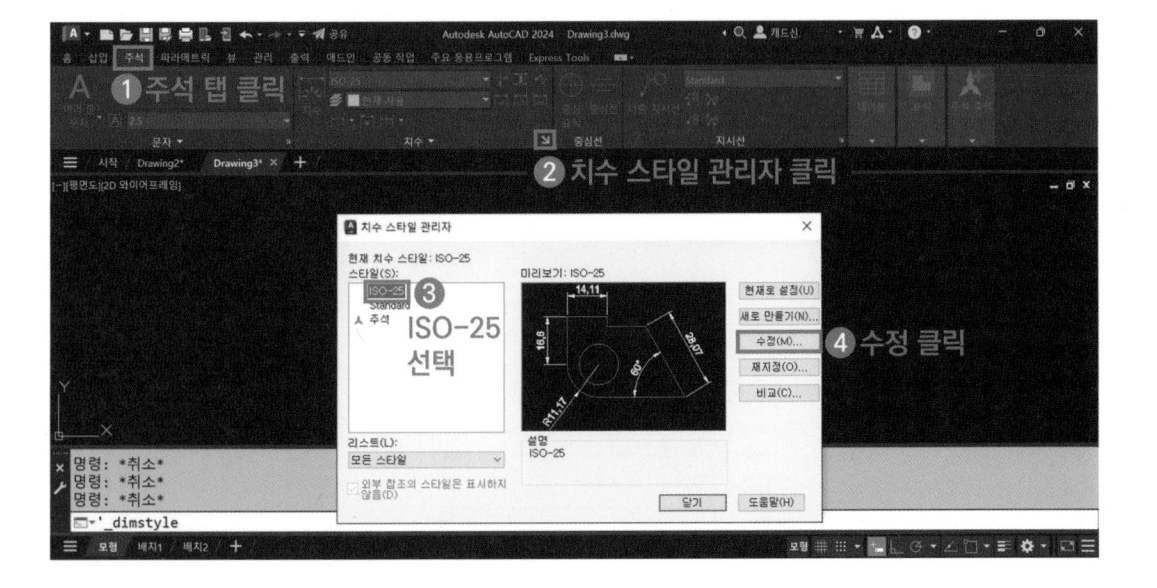

03 선 탭을 클릭하고 치수선, 치수보조선의 색상과 간격을 설정합니다.

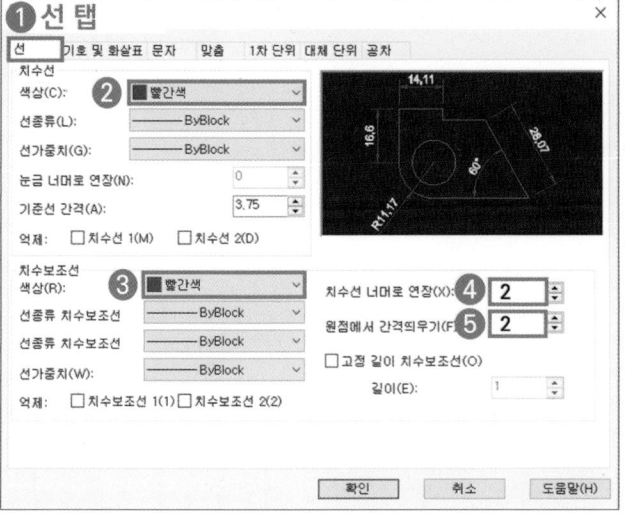

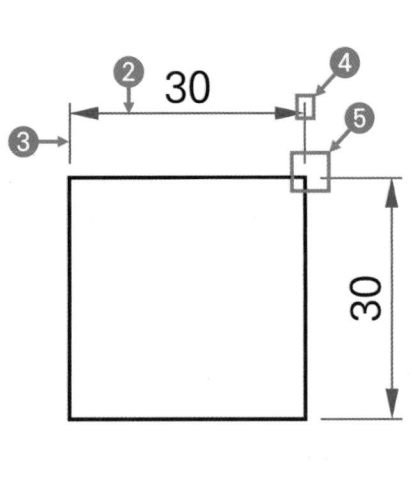

04 기호 및 화살표 탭을 클릭하고 화살표의 크기를 설정합니다.

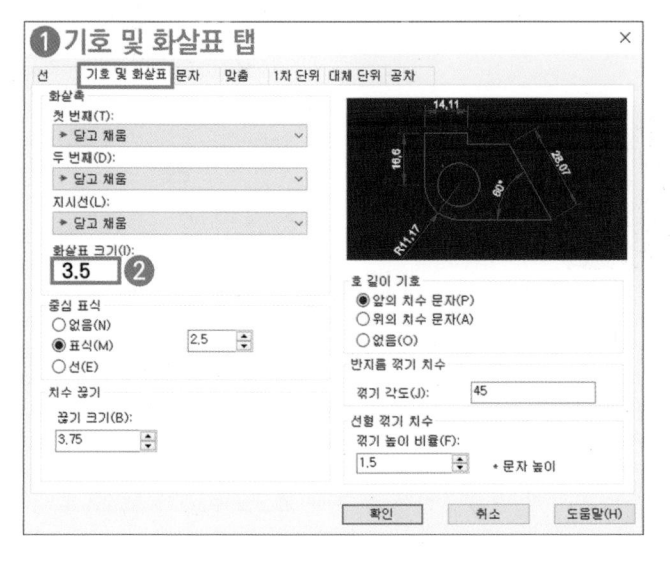

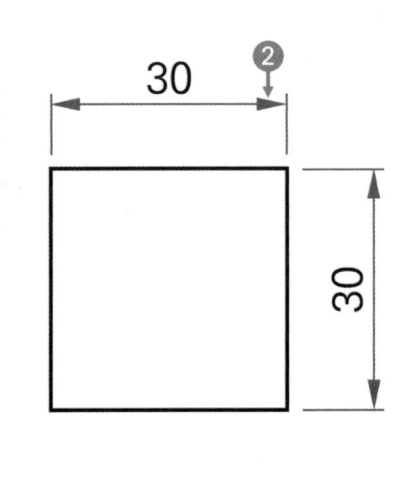

05 문자 탭을 클릭하고 글꼴, 문자의 색상과 높이, 간격을 설정합니다.

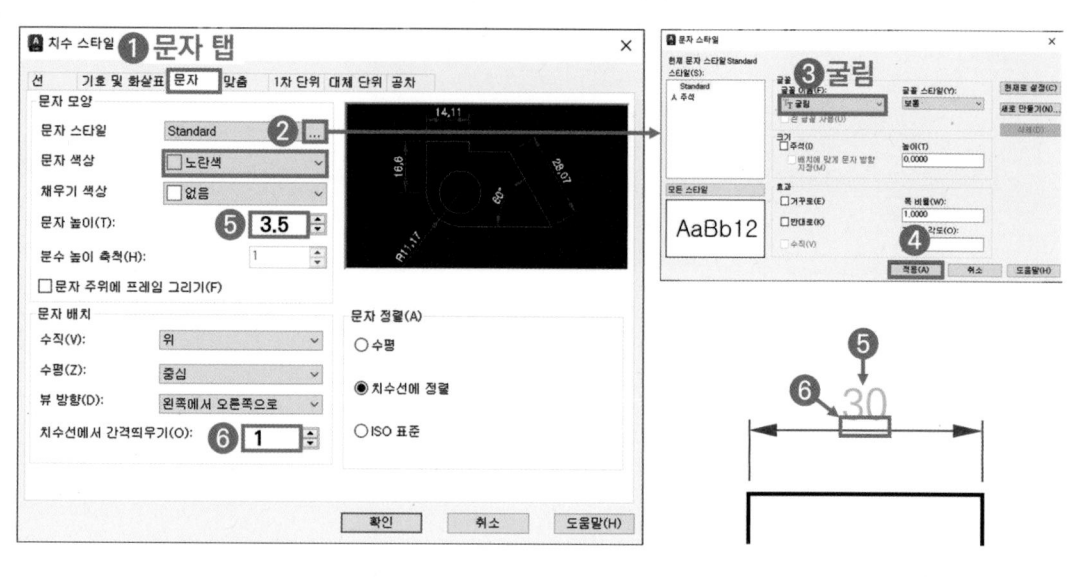

06 1차 단위 탭을 클릭하고 치수의 정밀도, 소수 구분 기호, 0억제를 설정합니다.

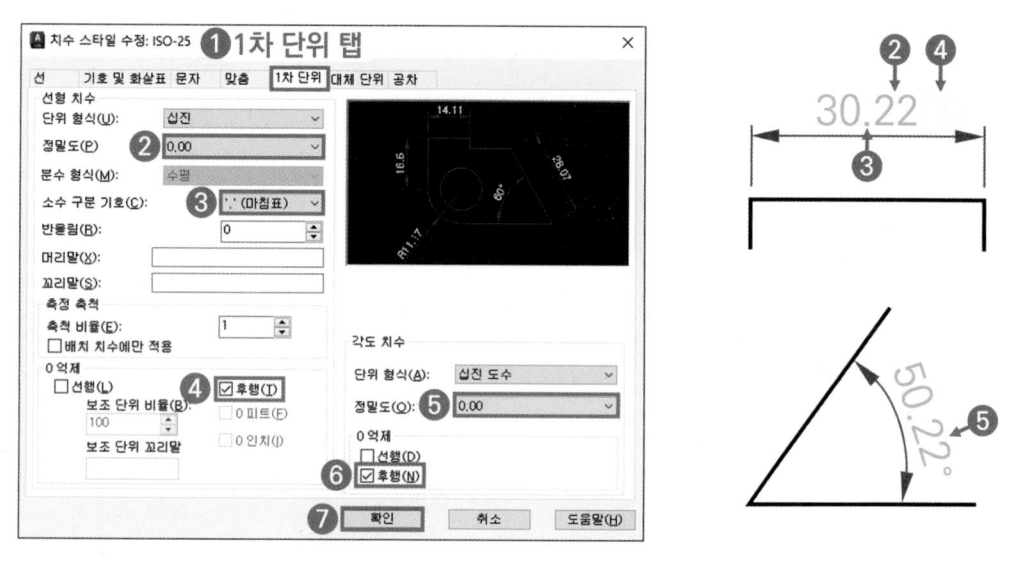

③ 치수 스타일 변경

01 주석 탭의 「ISO-25」 치수 스타일을 선택합니다. 그리고 치수의 도면층을 「7. 치수선」으로 선택합니다. 작업화면에 치수를 기입합니다.

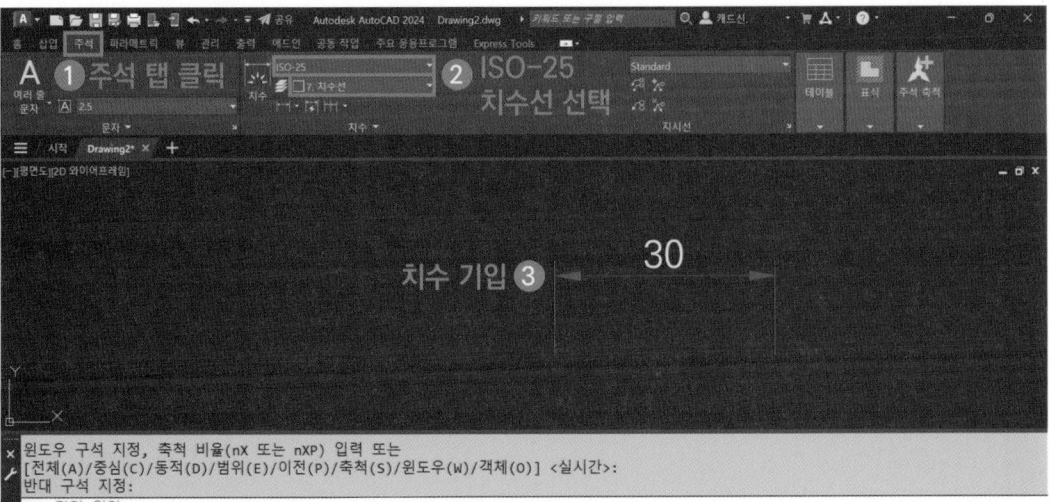

02 작업화면의 치수를 클릭하고 다른 치수 스타일로 변경합니다.

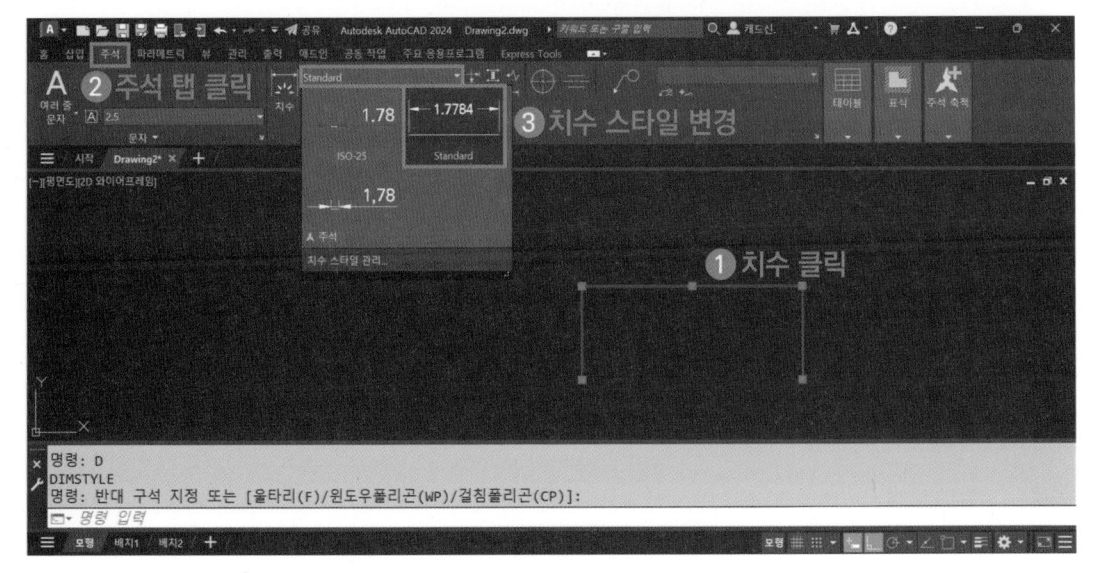

03 치수 스타일 관리자의 「새로 만들기」를 클릭하여 다양한 형태의 치수 스타일을 생성할 수 있습니다. 스타일을 선택하고 우클릭하여 스타일의 이름을 변경하거나 삭제할 수 있습니다.

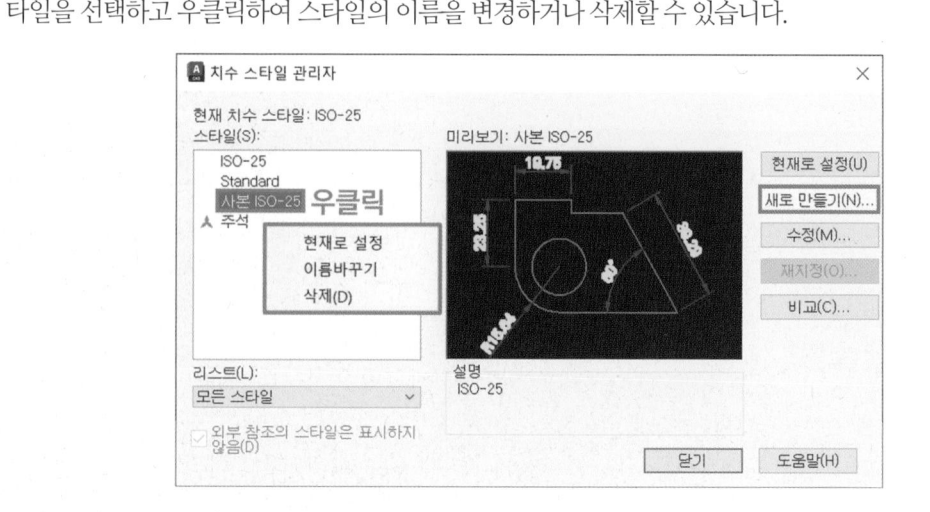

04 작업화면의 치수를 모두 삭제합니다. 지금까지 설정한 치수 스타일을 저장하기 위해 「🅰」 아이콘을 클릭하고 「🅰 도면 템플릿」을 클릭합니다. 기존에 저장했었던 「A3도면양식」 템플릿을 더블 클릭합니다. 「예」를 클릭하여 저장합니다.

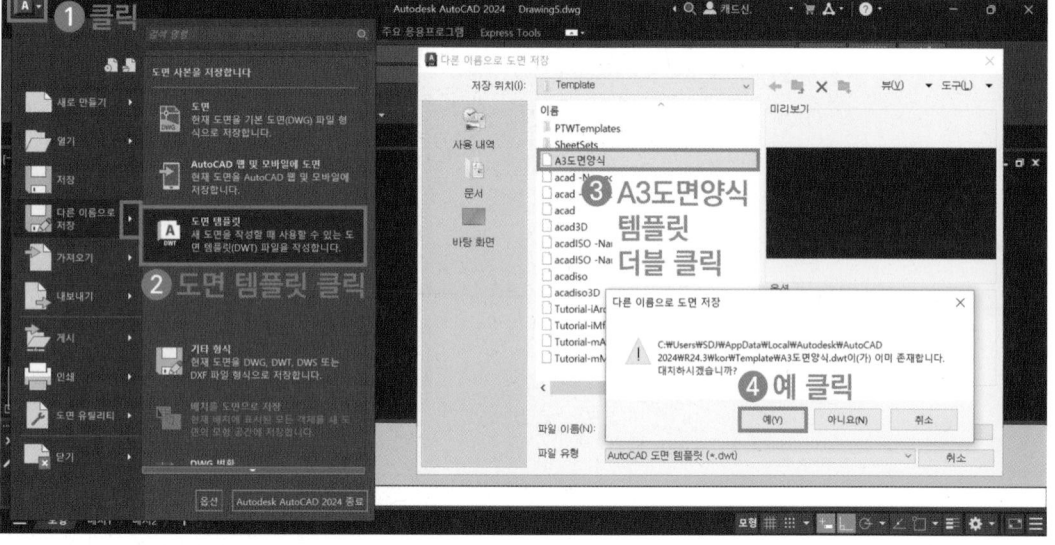

02 도면양식 작성

1 도면양식의 크기

도면에 반드시 마련해야 하는 양식은 윤곽선, 표제란, 중심마크가 있습니다. 도면양식은 회사마다 다르기 때문에 국가기술자격증에서 요구하는 사항에 따라 A3용지의 크기로 작성하겠습니다.

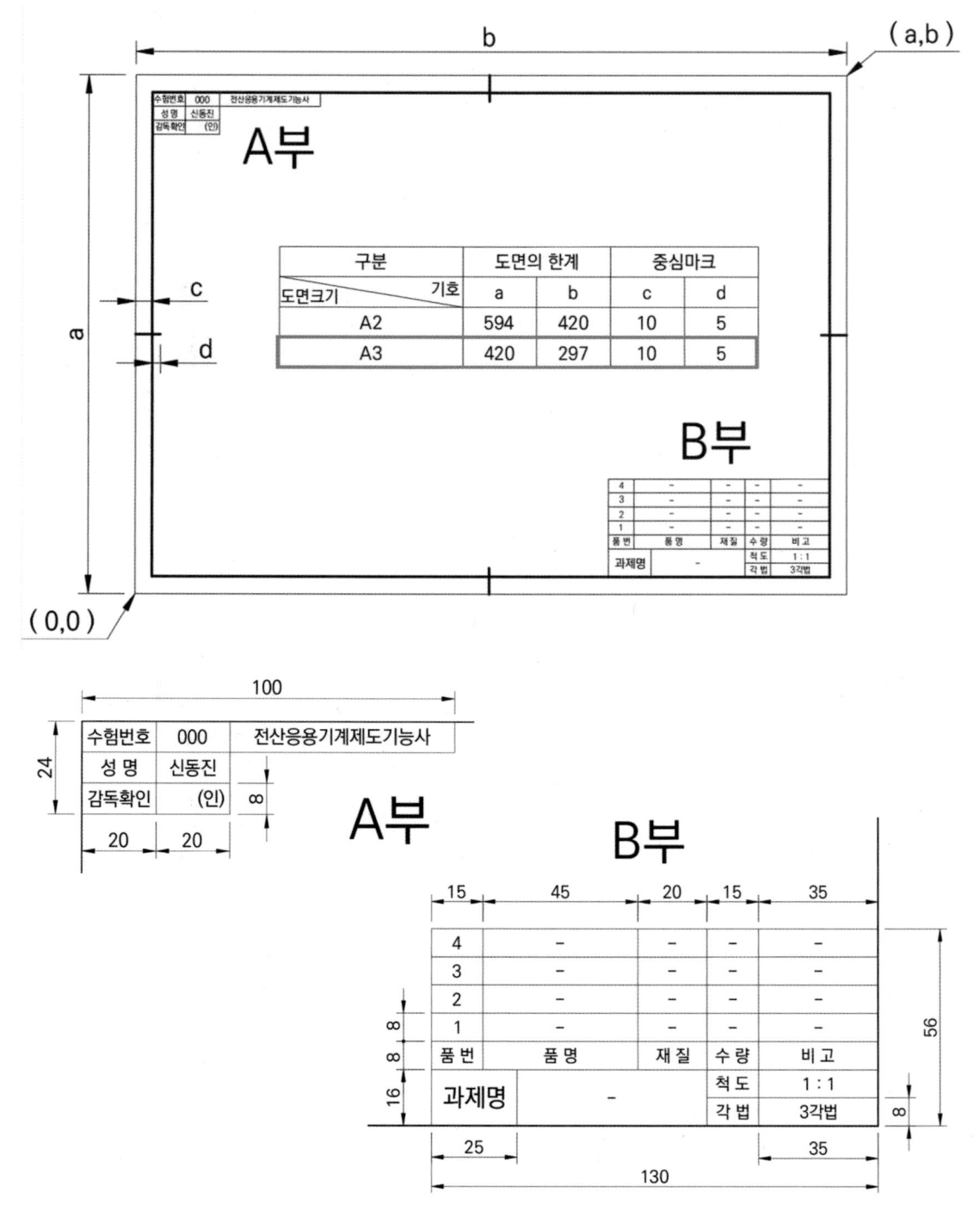

구분 도면크기	기호	도면의 한계		중심마크	
		a	b	c	d
A2		594	420	10	5
A3		420	297	10	5

수험번호	000	전산응용기계제도기능사
성 명	신동진	
감독확인	(인)	

A부

B부

4	–	–	–	–
3	–	–	–	–
2	–	–	–	–
1	–	–	–	–
품번	품 명	재 질	수 량	비 고
과제명	–		척 도	1 : 1
			각 법	3각법

도면양식 작성

01 명령어 창에 [LIMITS]를 입력하고 A3크기(0,0 420,297)로 영역을 설정합니다. 아래 그림처럼 윤곽선을
그립니다.

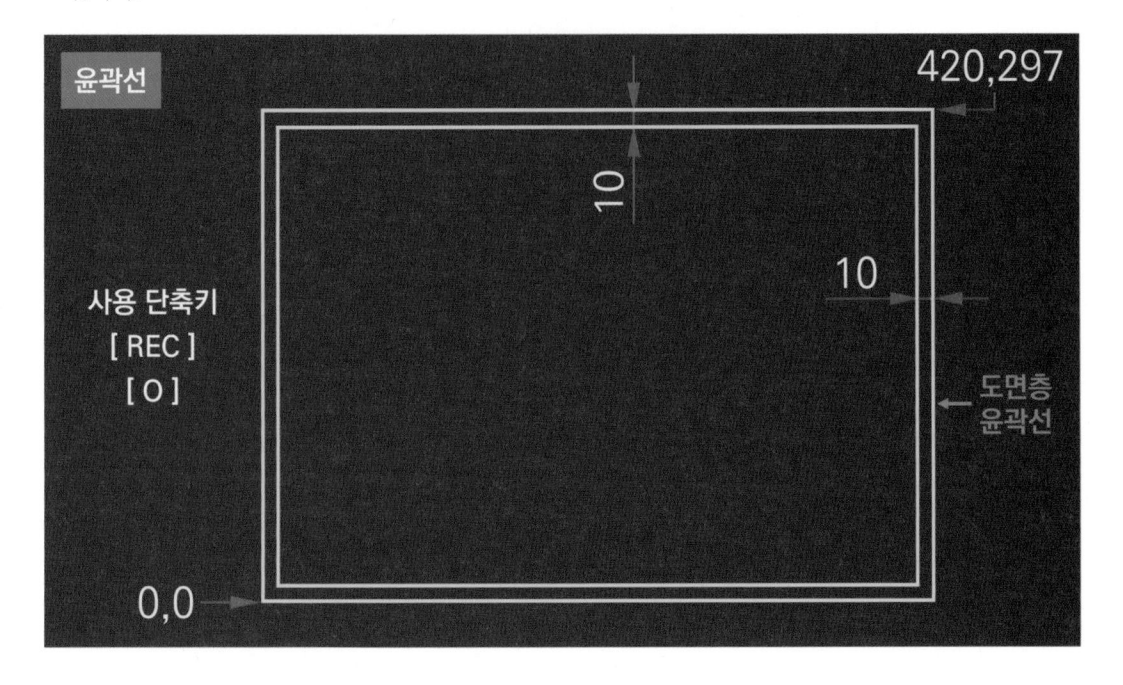

02 4곳에 중심마크를 그립니다.

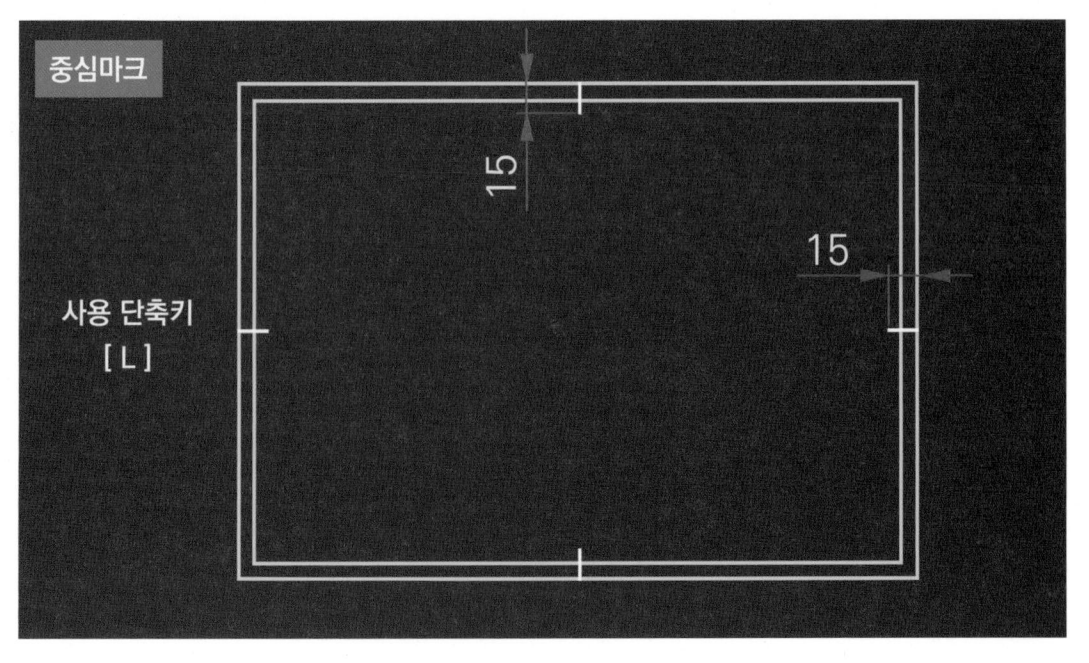

03 바깥 사각형을 삭제하고 A부, B부의 표제란을 그립니다.

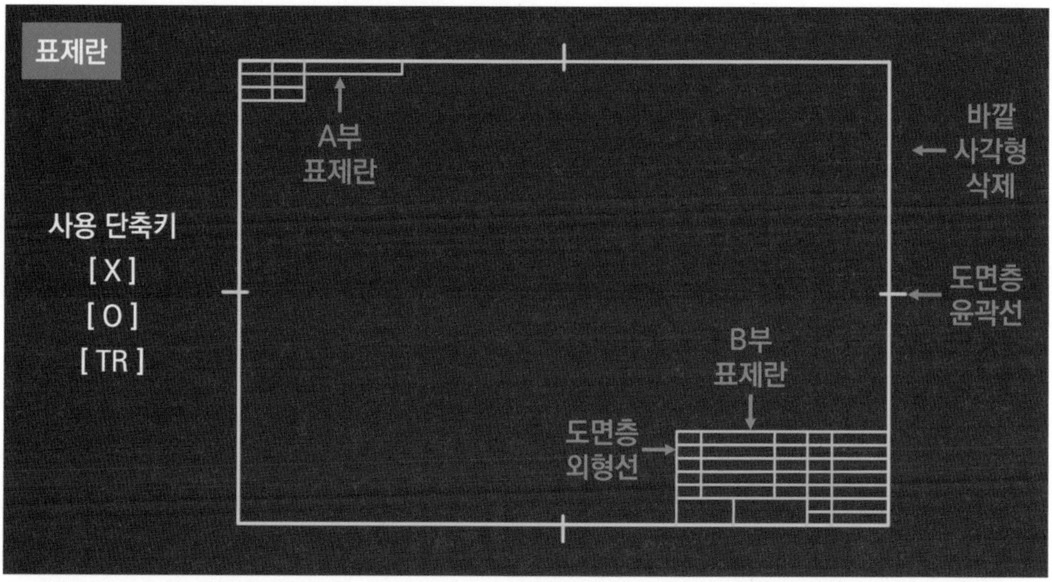

표제란

A부
표제란

바깥
사각형
삭제

사용 단축키
[X]
[O]
[TR]

도면층
윤곽선

B부
표제란

도면층
외형선

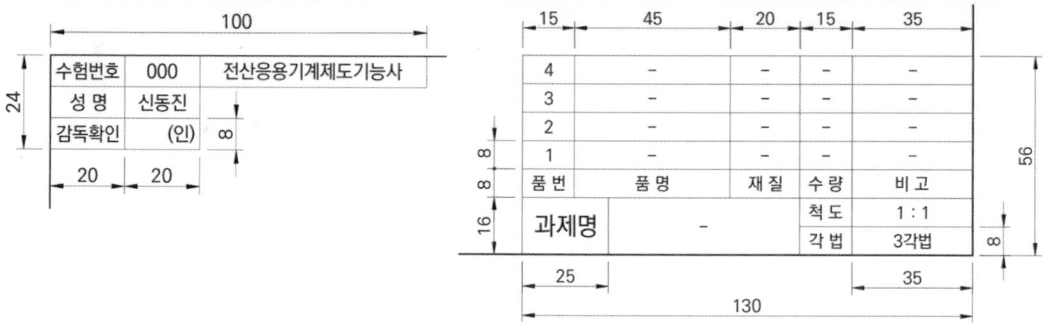

수험번호	000	전산응용기계제도기능사
성 명	신동진	
감독확인	(인)	

100 / 24 / 20 / 20 / 8

15 | 45 | 20 | 15 | 35

4	-	-	-	-
3	-	-	-	-
2	-	-	-	-
1	-	-	-	-
품 번	품 명	재 질	수 량	비 고
과제명	-		척 도	1 : 1
			각 법	3각법

8 / 8 / 16 / 56 / 8 / 25 / 35 / 130

04 표제란에 문자를 입력하고 도면층, 자리맞추기, 열을 설정합니다.

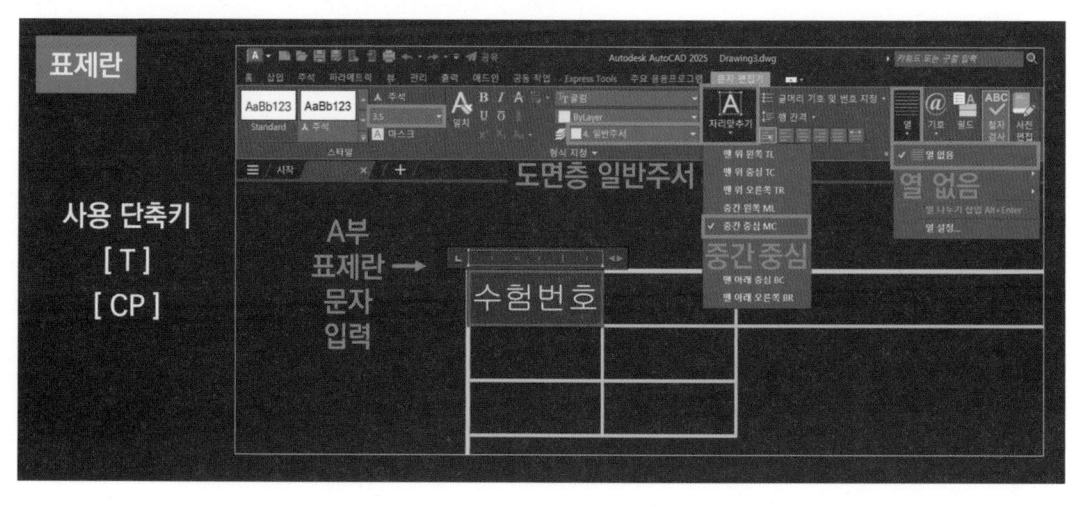

표제란

사용 단축키
[T]
[CP]

A부
표제란
문자
입력

도면층 일반주서

자리맞추기

맨 위 왼쪽 TL
맨 위 중심 TC
맨 위 오른쪽 TR
중간 왼쪽 ML
✓ 중간 중심 MC
맨 아래 중심 BC
맨 아래 오른쪽 BR

중간 중심

열 없음

수험번호

05 문자를 복사하고 그립점의 위치를 조정합니다.

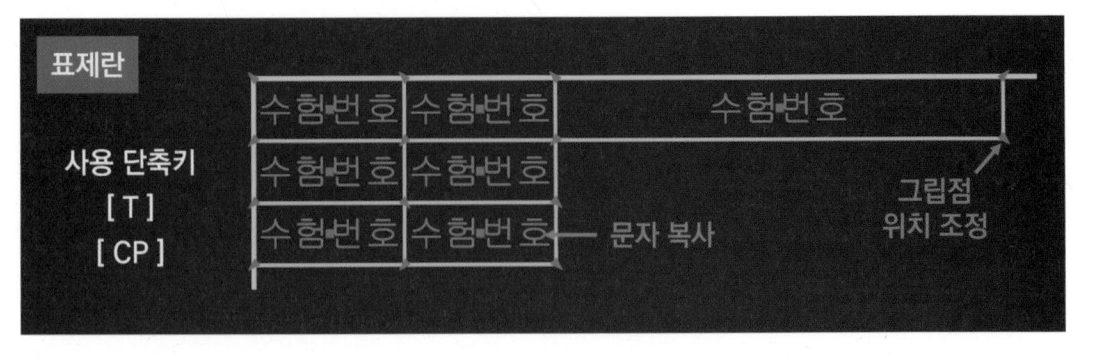

06 문자를 수정하여 A부, B부의 표제란을 완성합니다.

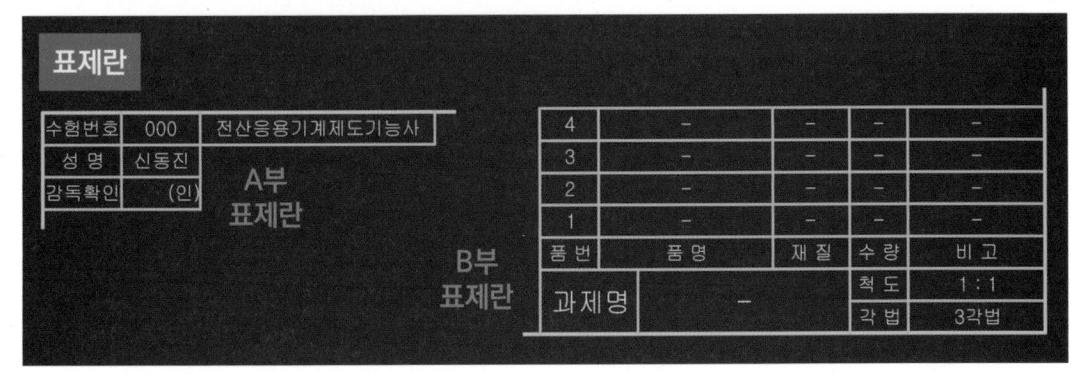

07 틀린 부분이 없는지 검토합니다.

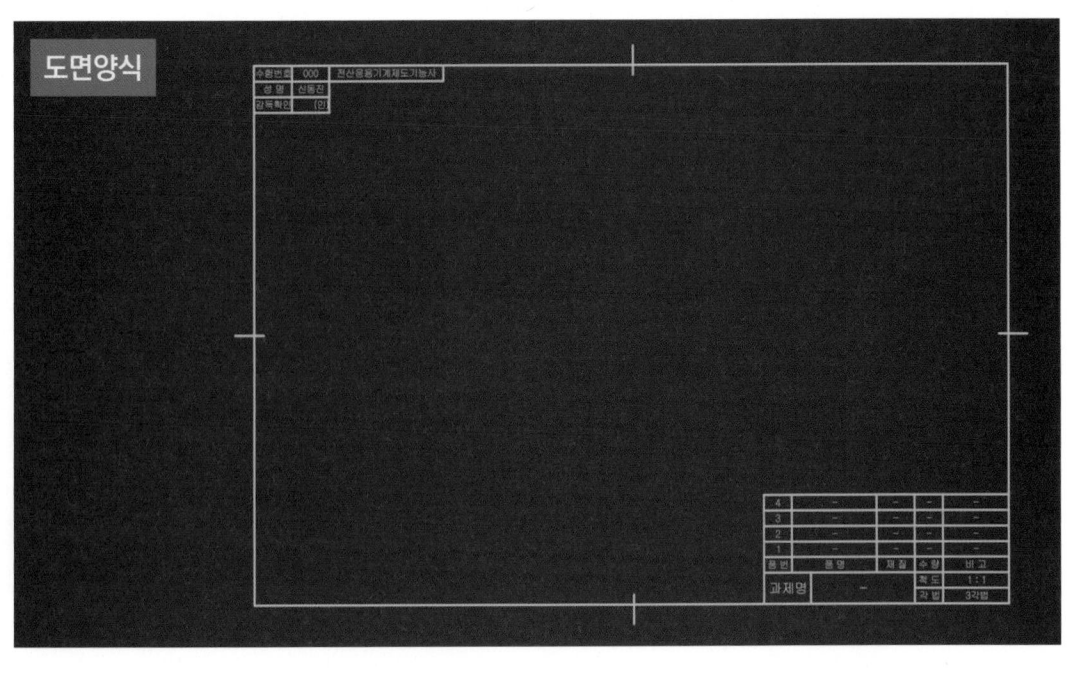

3 템플릿 저장

01 최종적으로 도면층 특성 관리자[LA], 치수 스타일 관리자[D], 도면양식(윤곽선, 중심마크, 표제란)을 검토합니다. 이 3가지를 완벽히 설정하고 작성한 후에 템플릿으로 저장해야합니다.

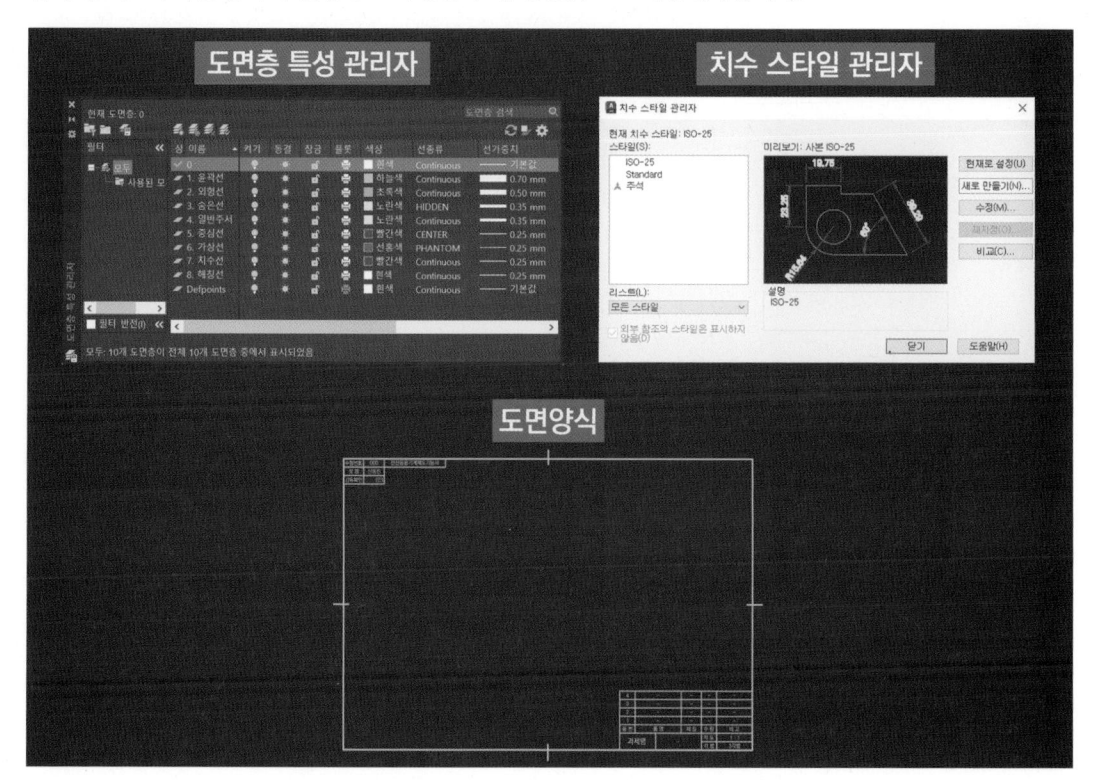

02 「🅰」아이콘을 클릭하고 「🅰 도면 템플릿」을 클릭합니다. 기존에 저장했었던 「A3도면양식」 템플릿을 더블 클릭합니다. 「예」를 클릭하여 저장합니다.

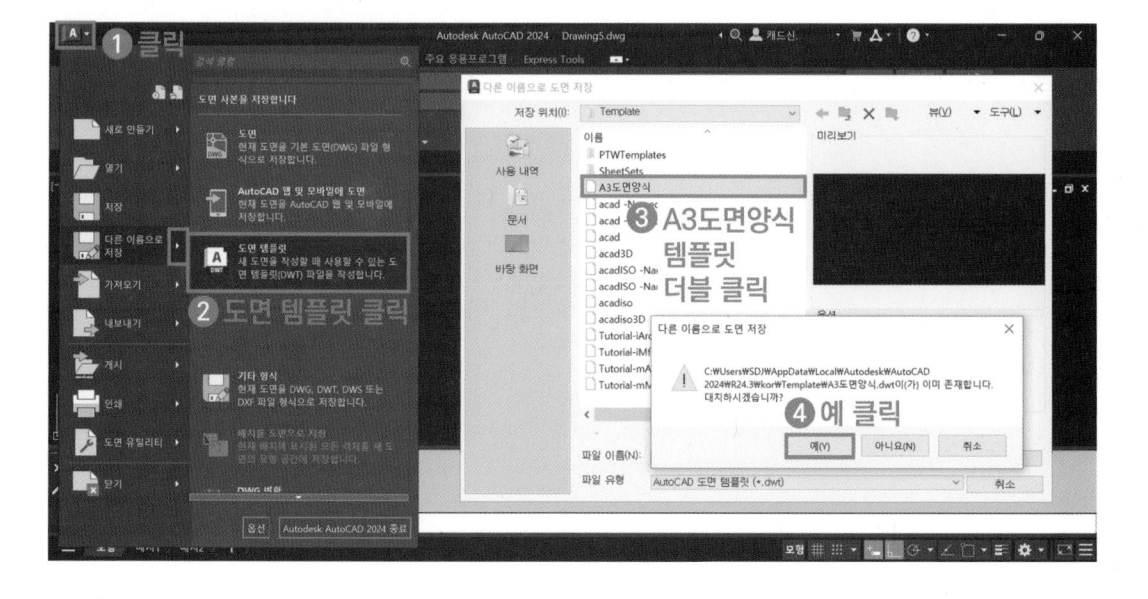

학습목표

1. 선분을 분할하고 도면요소를 조회하여 활용할 수 있다.
2. 자주 사용되는 도면요소를 블록화하여 사용할 수 있다
3. 관련 산업표준을 준수하여 도면을 작도할 수 있다.
4. 요구되는 형상에 대하여 파악하고, 이를 2D CAD 프로그램의 기능을 이용하여 작도할 수 있다.
5. 요구되는 형상과 비교·검토하여 오류를 확인하고, 발견되는 오류를 즉시 수정할 수 있다.

03

도면
수정하기

객체 수정-1

▶ https://cafe.naver.com/dongjinc/4011

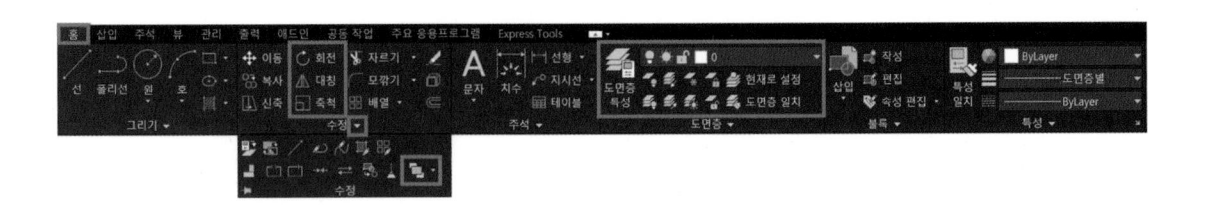

01 객체 수정 명령어

1  대칭 - MIRROR [MI]

선택한 객체를 대칭 복사하거나 대칭 이동하는 기능입니다.

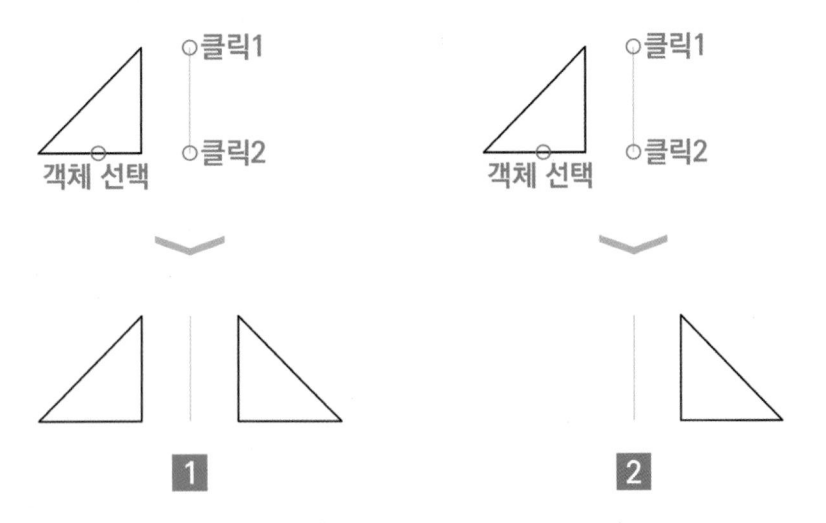

1 대칭 복사

>_ ▼ MI → 스페이스바 → 객체 선택 → 스페이스바 → 클릭1, 클릭2 → 스페이스바

2 대칭 이동(원본 객체 지우기-예(Y))

>_ ▼ MI → 스페이스바 → 객체 선택 → 스페이스바 → 클릭1, 클릭2 → 예(Y) → 스페이스바

2 ⟳ 회전 - ROTATE[RO]

기준점을 중심으로 객체를 반시계 방향으로 회전하는 기능입니다. 원본 객체의 위치가 0˚이며, 각도 앞에 마이너스 기호(-)를 입력하면 시계 방향으로 회전합니다.

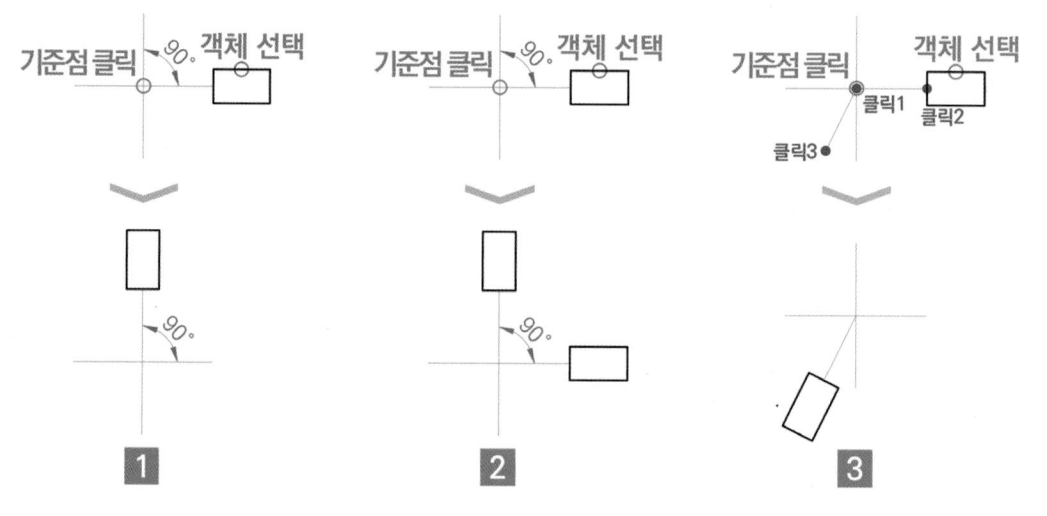

1 반시계 방향 각도 90˚ 회전

>_ ▾ RO → 스페이스바 → 객체 선택 → 스페이스바 → 기준점 클릭 → 90 → 스페이스바

2 복사(C) 회전

>_ ▾ RO → 스페이스바 → 객체 선택 → 스페이스바 → 기준점 클릭 → 복사(C) → 스페이스바 → 90 → 스페이스바

3 참조(R) 회전

>_ ▾ RO → 스페이스바 → 객체 선택 → 스페이스바 → 기준점 클릭 → 참조(R) → 스페이스바 → 클릭1, 클릭2, 클릭3

[회전 주의사항]

선을 그릴 때에는 오른쪽이 0˚이고 반시계 방향으로 각도가 계산됩니다. 객체를 회전할 때에는 객체의 위치가 0˚이고 반시계 방향으로 각도가 계산됩니다.

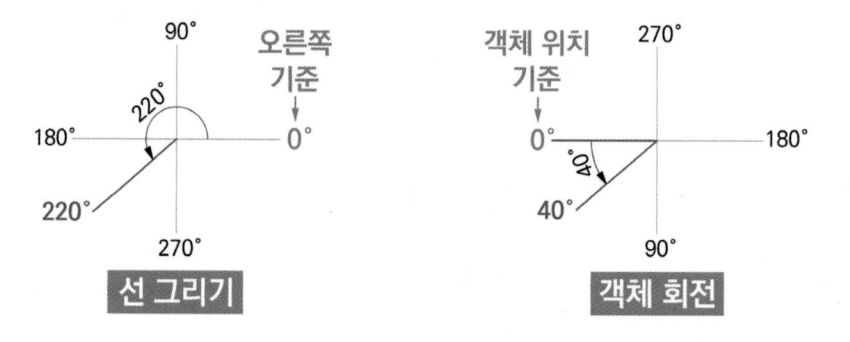

3 축척 - SCALE [SC]

객체의 크기를 지정한 비율로 확대 또는 축소하는 기능입니다. 비율의 기본값은 1이며 2를 입력하면 크기가 2배 만큼 커지게 됩니다. 1/2를 입력하면 0.5배 만큼 작아지게 됩니다.

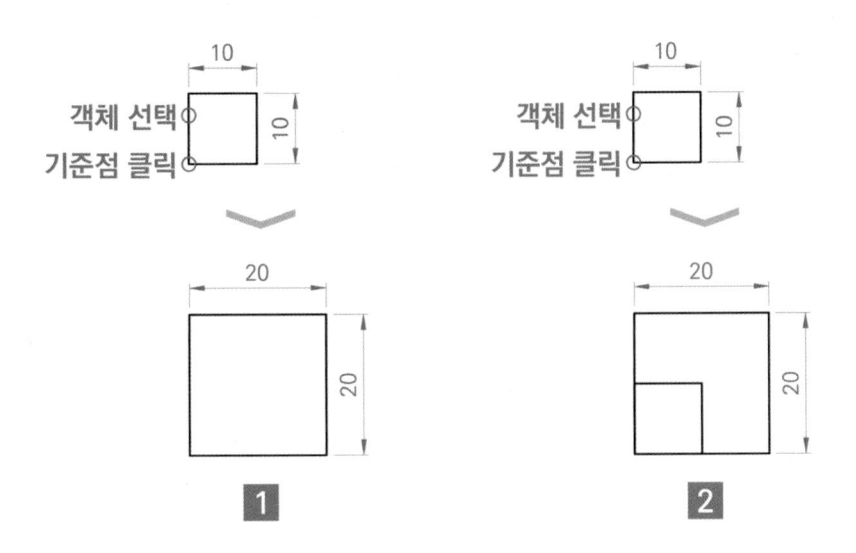

1 비율 입력

`>_` ▾ SC → 스페이스바 → 객체 선택 → 스페이스바 → 기준점 클릭 → 2 → 스페이스바

2 복사(C) 활용

`>_` ▾ SC → 스페이스바 → 객체 선택 → 스페이스바 → 기준점 클릭 → 복사(C) → 스페이스바 → 2 → 스페이스바

[대칭과 회전의 차이]

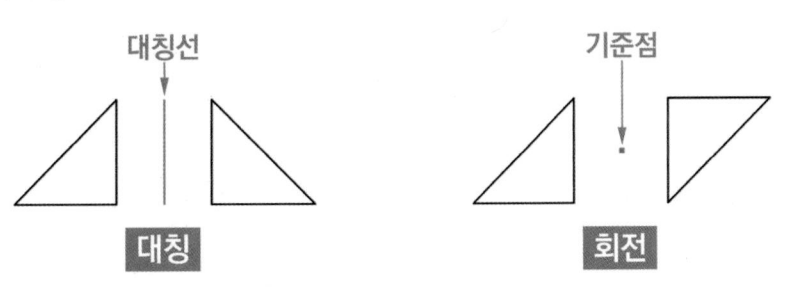

1 도면층 관리 방법 - LAYER [LA]

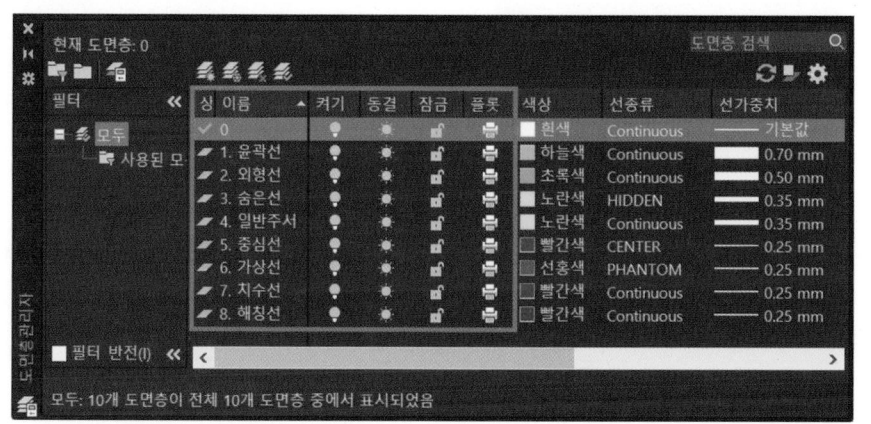

01 외형선 도면층의 「 🔘 켜기 → 🔘 끄기」 아이콘을 클릭합니다. 도면의 모든 외형선이 숨겨지게 됩니다.

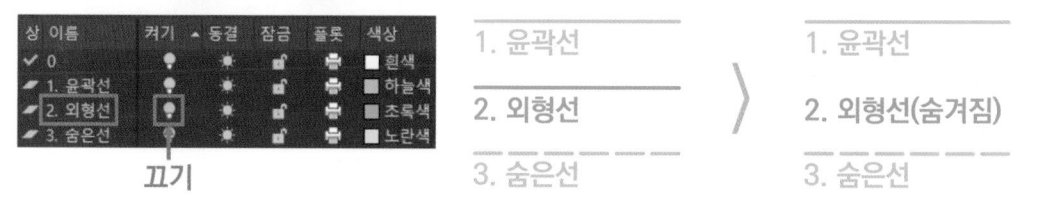

02 외형선 도면층의 「 ☀️ 동결 해제 → ❄️ 동결」 아이콘을 클릭합니다. 도면의 모든 외형선이 동결되며 숨겨지게 됩니다. 복잡한 도면에서 도면층을 동결하여 성능을 향상시키고 재생성 시간을 줄일 수 있습니다. 오랫동안 보이지 않게 하려는 도면층은 동결하고, 자주 켜고 끄는 도면층은 켜기/끄기 기능을 사용하면 됩니다.

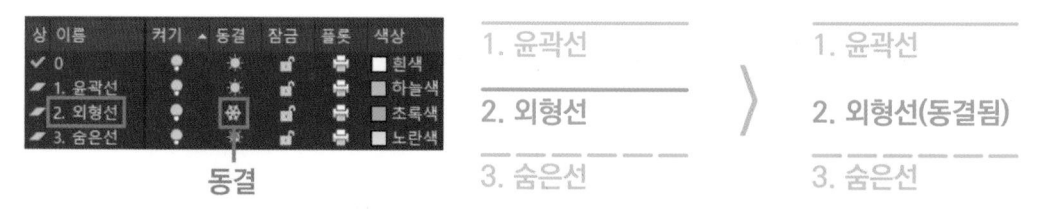

03 외형선 도면층의 「 🔓 잠금 해제 → 🔒 잠금」 아이콘을 클릭합니다. 도면의 모든 외형선이 잠겨지고 수정이 불가능해집니다.

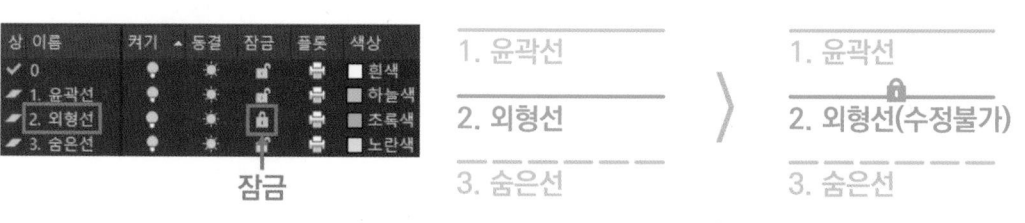

04 외형선 도면층의 「🖨 플롯 → 🖨 플롯 끄기」 아이콘을 클릭합니다. 도면에 외형선이 표시되지만 인쇄 시 외형선은 숨겨진 상태로 인쇄됩니다.

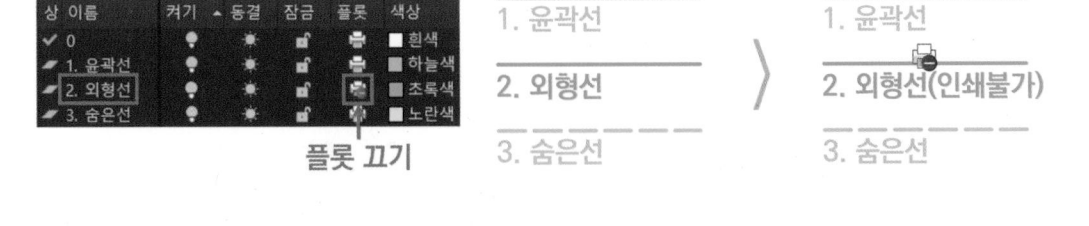

플롯 끄기

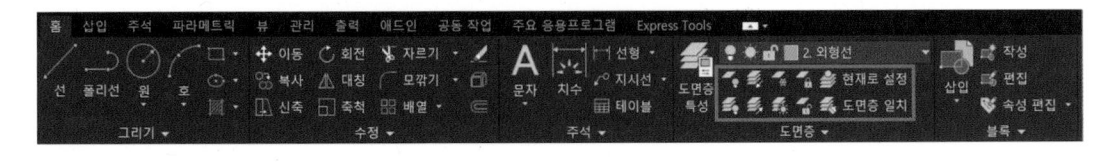

05 「💡 끄기」는 선택한 객체의 도면층을 끄는 기능입니다.

「💡 모든 도면층 켜기」는 꺼져있는 모든 도면층을 켜는 기능입니다.

06 「🔲 분리」는 선택한 객체의 도면층을 제외한 나머지 도면층을 끄거나 잠그는 기능입니다. 기능 실행 후 설정(S) 옵션을 통해 끄거나 잠그는 기능을 변경할 수 있습니다.

「🔲 분리 해제」는 꺼져있거나 잠겨져 있는 모든 도면층을 복원하는 기능입니다.

07 「❄ 동결」은 선택한 객체의 도면층을 동결하는 기능입니다.

「❄ 모든 도면층 동결 해제」는 동결된 모든 도면층을 동결 해제하는 기능입니다.

08 「🔒 잠금」은 선택한 객체의 도면층을 잠그는 기능입니다.

「🔒 잠금 해제」는 선택한 객체의 도면층을 잠금 해제하는 기능입니다.

09 「🗐 현재로 설정」은 선택한 객체의 도면층을 현재 도면층으로 변경하는 기능입니다.

2 🗐 순서 변경 - DRAWORDER [DR]

객체 선택

1 순서 변경

`>_` ▾ DR → 스페이스바 → 객체 선택 → 스페이스바 → 앞으로(F) → 스페이스바

복사[CP], 대칭[MI], 회전[RO] 등을 최대한 활용하여 효율적으로 도면을 작성하시오.

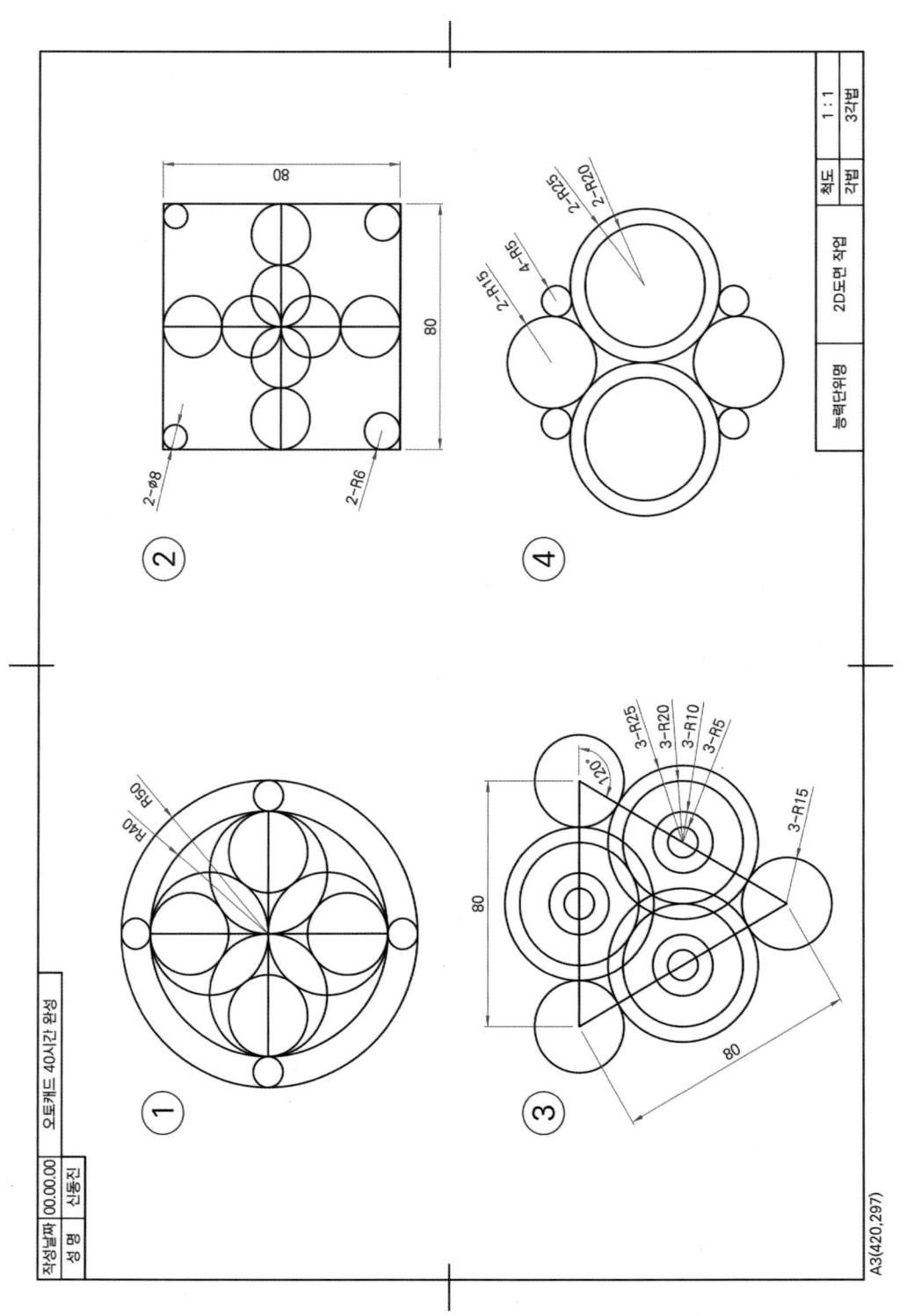

복사[CP], 대칭[MI], 회전[RO] 등을 최대한 활용하여 효율적으로 도면을 작성하시오.

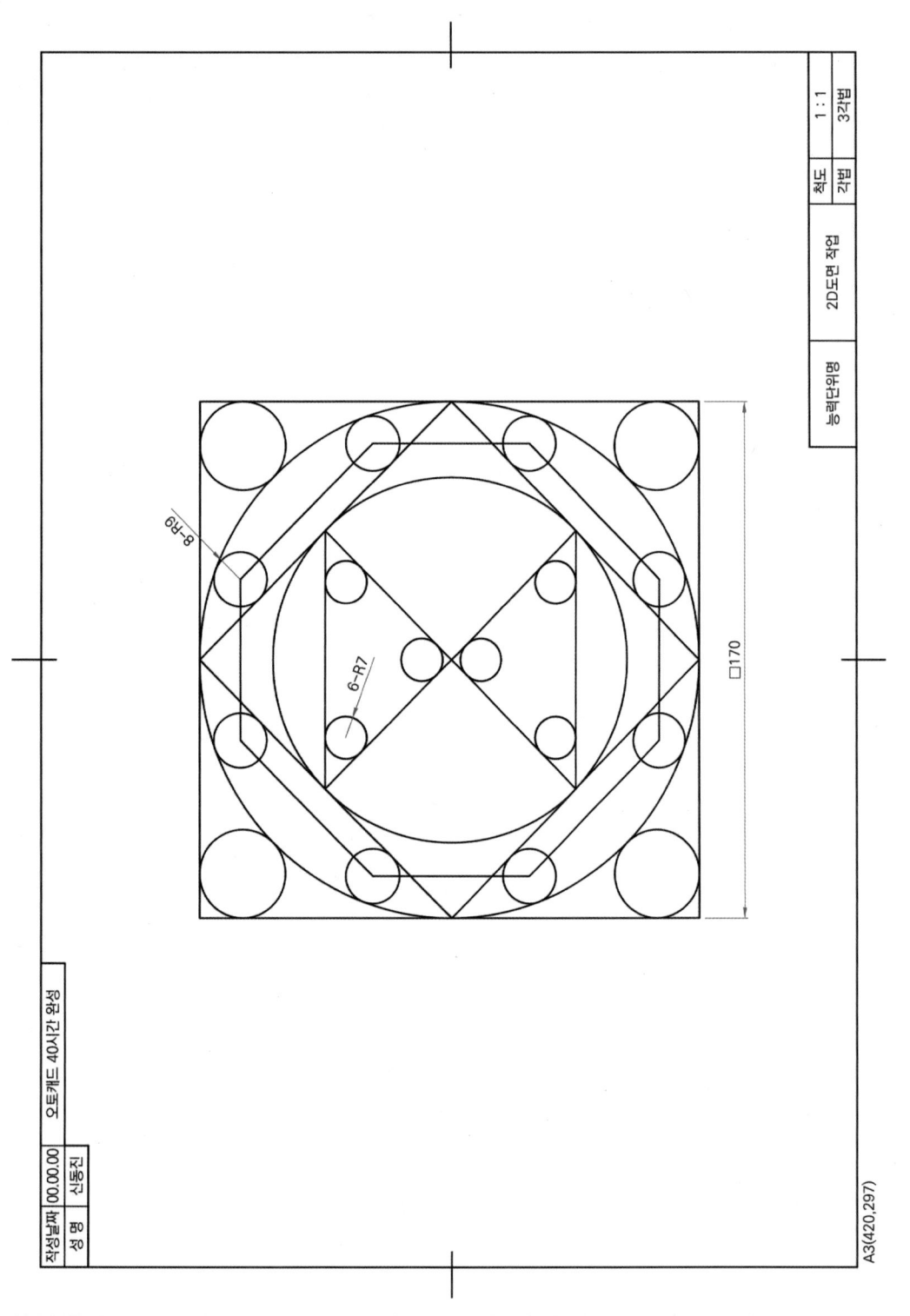

간격띄우기[O], 대칭[MI], 회전[RO] 등을 최대한 활용하여 효율적으로 도면을 작성하시오.

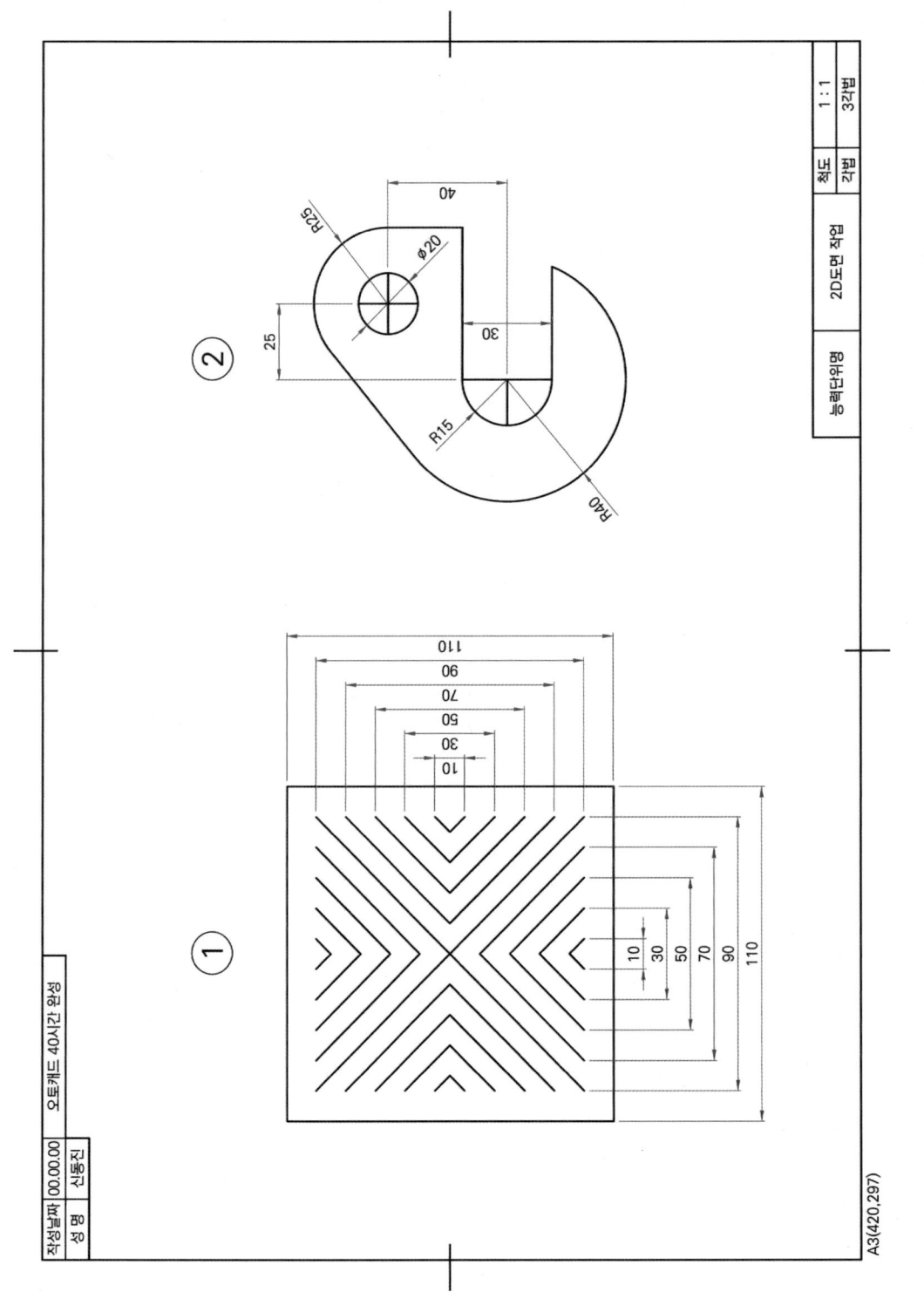

복사[CP], 간격띄우기[O], 회전[RO] 등을 최대한 활용하여 효율적으로 도면을 작성하시오.

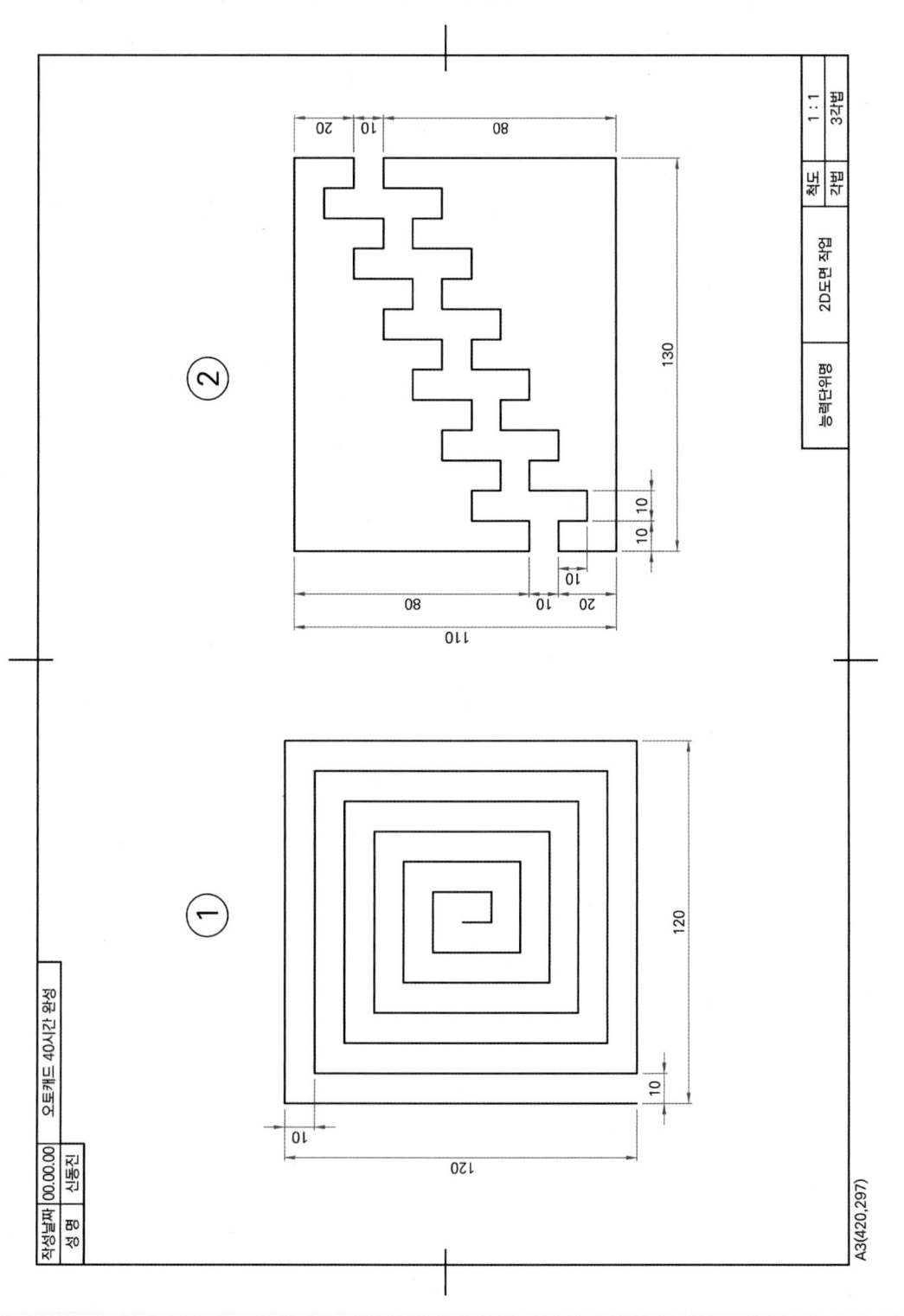

SECTION 12 객체 수정-2

▶ https://cafe.naver.com/dongjinc/4012

01 객체 수정 명령어

1 모따기 - CHAMFER [CHA]

뾰족한 모서리를 45°의 각도로 깎는 기능입니다.

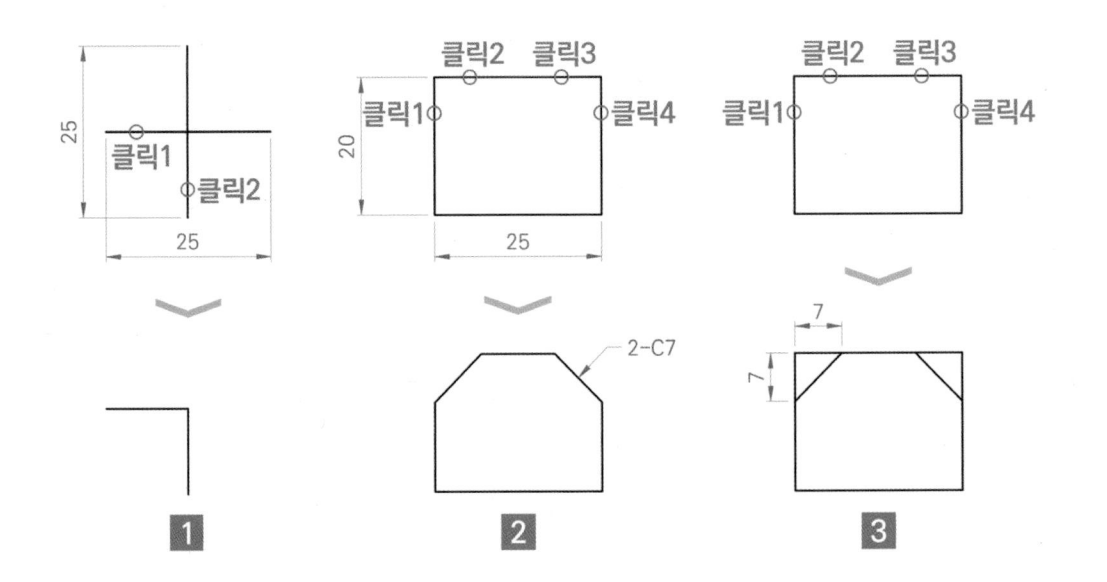

1 **2** **3**

1 C0 모따기, Shift 키 활용

>_ ▼ CHA → 스페이스바 → 거리(D) → 스페이스바 → 0 → 스페이스바 → 0 → 스페이스바 → 클릭1, 클릭2

>_ ▼ CHA → 스페이스바 → Shift + 클릭1, 클릭2

2 C7 모따기

>_ ▼ CHA → **스페이스바** → 거리(D) → **스페이스바** → 7 → **스페이스바** → 7 → **스페이스바** → 다중(M) → **스페이스바** → 클릭1~클릭4

3 자르지 않기(N) 모따기

>_ ▼ CH → **스페이스바** → 다중(M) → **스페이스바** → 자르기(T) → **스페이스바** → 자르지 않기(N) → **스페이스바** → 클릭1~클릭4

2 ⌐ **모깎기 - FILLET [F]**

뾰족한 모서리를 둥글게 깎는 기능입니다.

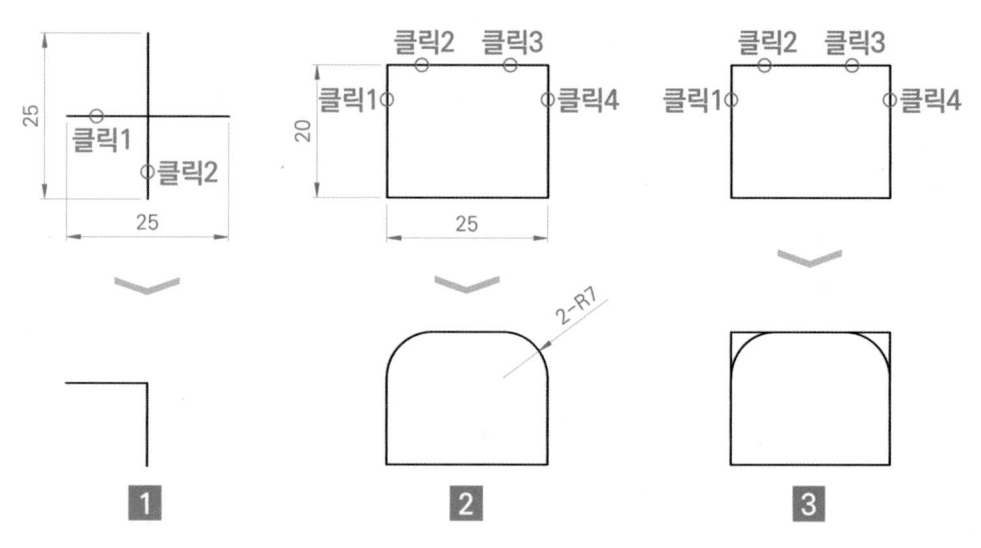

1 R0 모깎기, Shift 키 활용

>_ ▼ F → **스페이스바** → 반지름(R) → **스페이스바** → 0 → **스페이스바** → 클릭1, 클릭2

>_ ▼ F → **스페이스바** → Shift + 클릭1, 클릭2

2 R7 모깎기

>_ ▼ F → **스페이스바** → 반지름(R) → **스페이스바** → 7 → **스페이스바** → 다중(M) → **스페이스바** → 클릭1~클릭4

3 자르지 않기(N) 모깎기

>_ ▼ F → **스페이스바** → 다중(M) → **스페이스바** → 자르기(T) → **스페이스바** → 자르지 않기(N) → **스페이스바** → 클릭1~클릭4

1 선 축척 - LTSCALE[LTS]

모든 선의 축척 비율을 변경하는 기능입니다. 비율의 기본값은 1이며 2를 입력하면 2배만큼 선의 간격이 넓어지게 됩니다. 1/2를 입력하면 0.5배 만큼 좁아지게 됩니다.

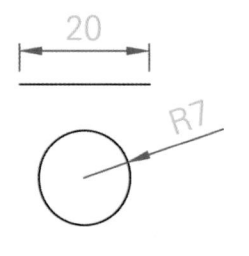

선 축척 0.5 · 선 축척 0.1

1 선 축척 0.5

LTS → 스페이스바 → 0.5 → 스페이스바

2 선 축척 0.1

LTS → 스페이스바 → 0.1 → 스페이스바

2 치수 축척 - DIMSCALE

치수의 크기를 변경하는 기능입니다. 비율의 기본값은 1이며 2를 입력하면 2배만큼 치수의 크기가 커지게 됩니다. 1/2를 입력하면 0.5배 만큼 작아지게 됩니다.

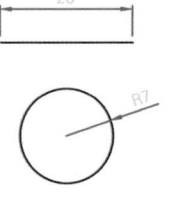

치수 축척 1 · 치수 축척 0.5

1 치수 축척 1

DIMSCALE → 스페이스바 → 1 → 스페이스바 → 치수 기입

2 치수 축척 0.5

DIMSCALE → 스페이스바 → 0.5 → 스페이스바 → 치수 기입

③ 특성 - PROPERTIES - [PR] [Ctrl+1] [CH]

객체의 특성을 확인하거나 변경하는 기능입니다.

01 명령어 창에 [PR]을 입력하거나 키보드의 [Ctrl+1]을 클릭합니다. 특성 창이 표시되고 객체를 선택하면 특성 정보를 확인하거나 변경할 수 있습니다. 아래와 같이 선을 선택하고 특성의「일반 – 선종류 축척」을 변경합니다.

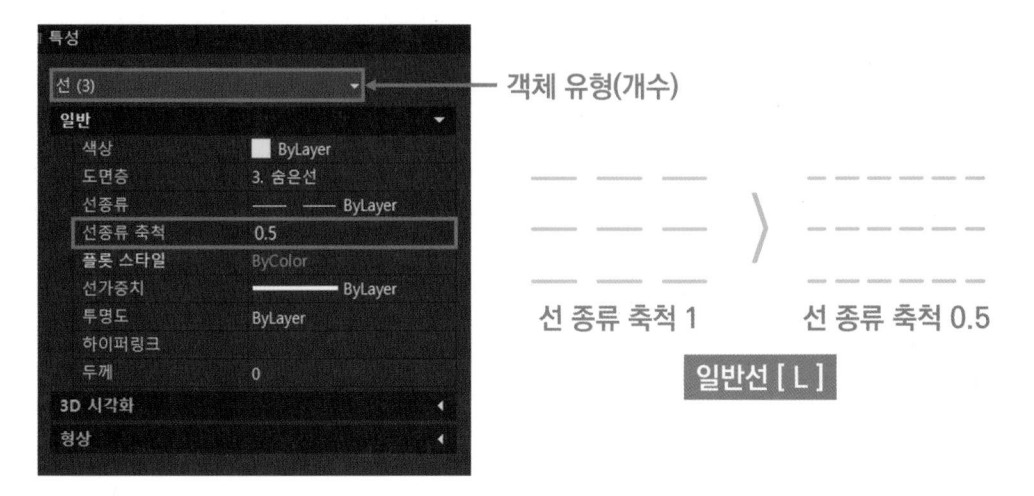

02 여러개의 단일 행 문자를 선택하고 특성의「문자 – 내용」을 변경합니다. 단일 행 문자의 경우 여러개의 문자를 동시에 변경할 수 있지만, 여러 줄 문자는 1개씩 변경할 수 있습니다.

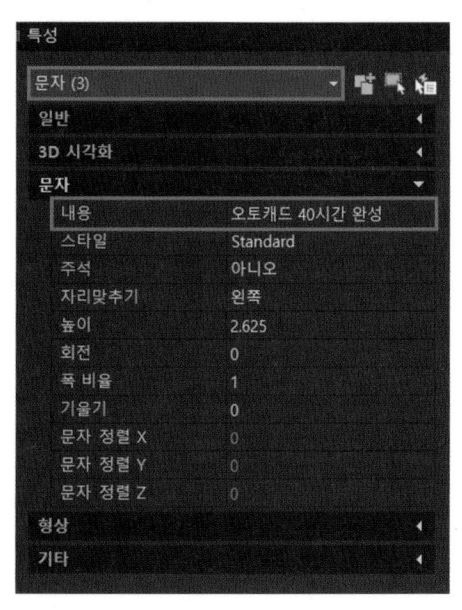

03 선형 치수를 선택하고 특성의「선 및 화살표 – 화살표1, 치수선1, 치수보조선1」을 변경합니다.

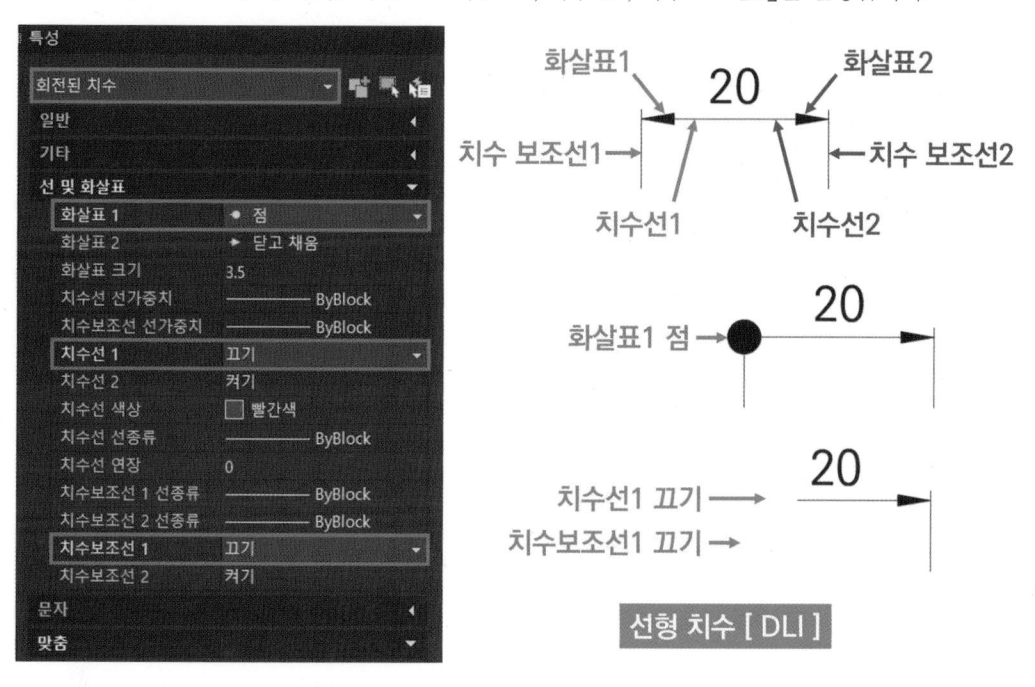

선형 치수 [DLI]

04 선형 치수를 선택하고 특성의「맞춤 – 전체 치수 축척」, 「1차 단위 – 치수 머리말」을 변경합니다.

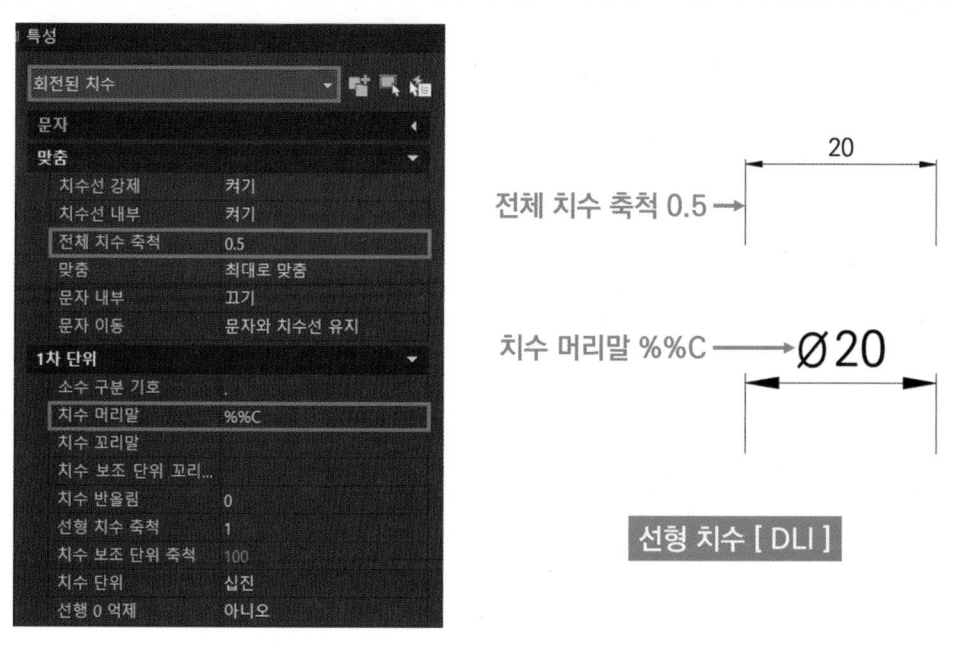

선형 치수 [DLI]

05 선형 치수를 선택하고 특성의 「공차」를 변경합니다. 공차는 4가지의 형태로 표시할 수 있습니다. 「공차 한계 하한」은 기본적으로 −값이 적용됩니다. 0.2를 입력하면 치수에 −0.2로 표시되고, −0.2를 입력하면 치수에 +0.2로 표시됩니다.

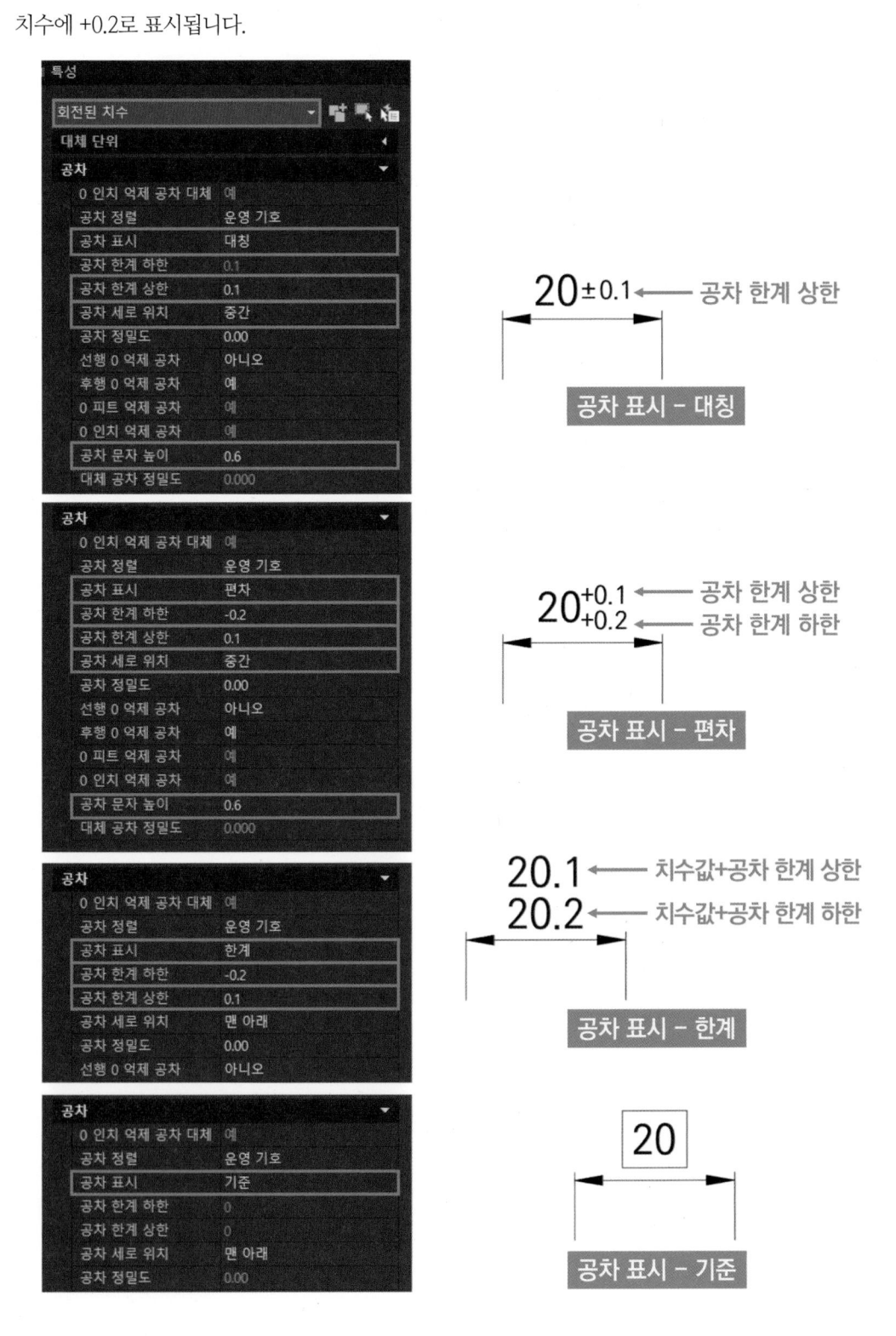

4 **특성 일치 - MATCHPROP [MA]**

선택한 객체의 특성을 다른 객체에 일치시키는 기능입니다.

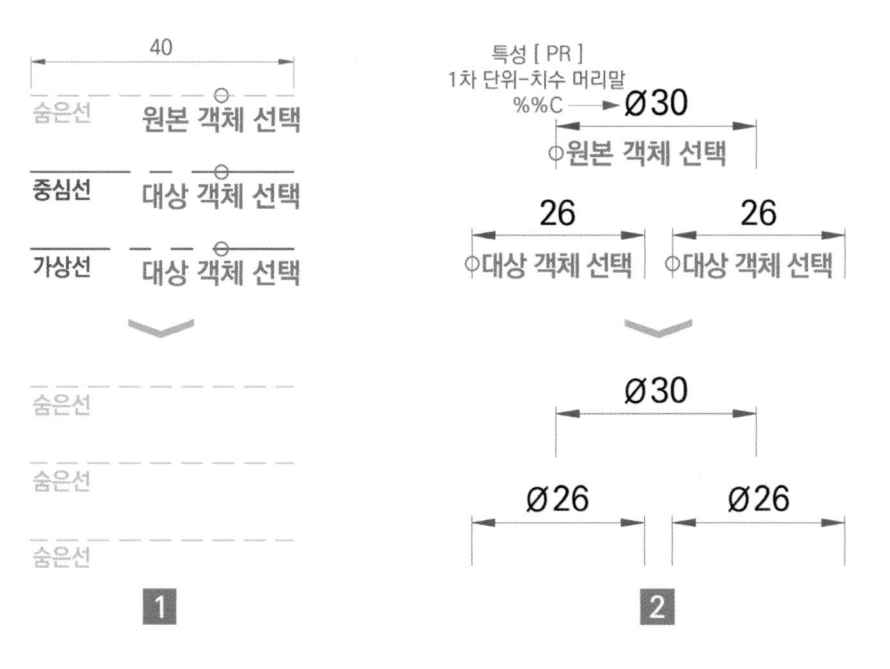

1 선 특성 일치

>_ ▾ MA → **스페이스바** → → 원본 객체 선택 → 대상 객체 선택

2 치수 특성 일치

>_ ▾ MA → **스페이스바** → 치수 선택 → 1차 단위 / 치수 머리말 / %%C 입력

>_ ▾ MA → **스페이스바** → 원본 객체 선택 → 대상 객체 선택

R : 반지름, C : 모따기

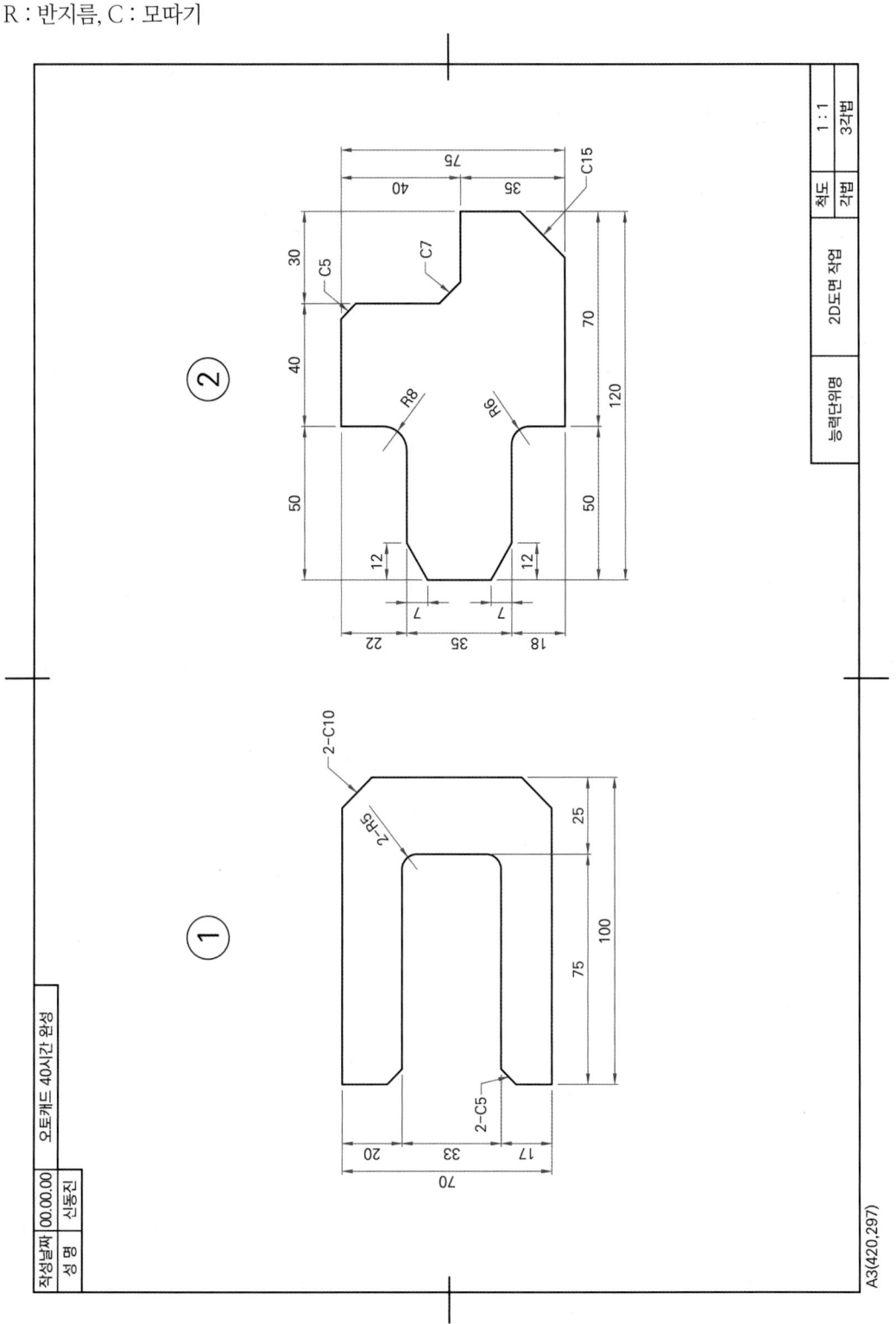

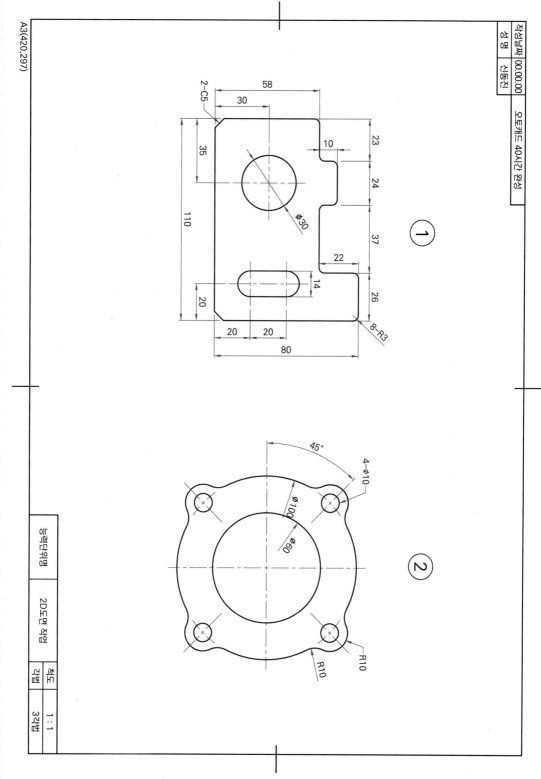

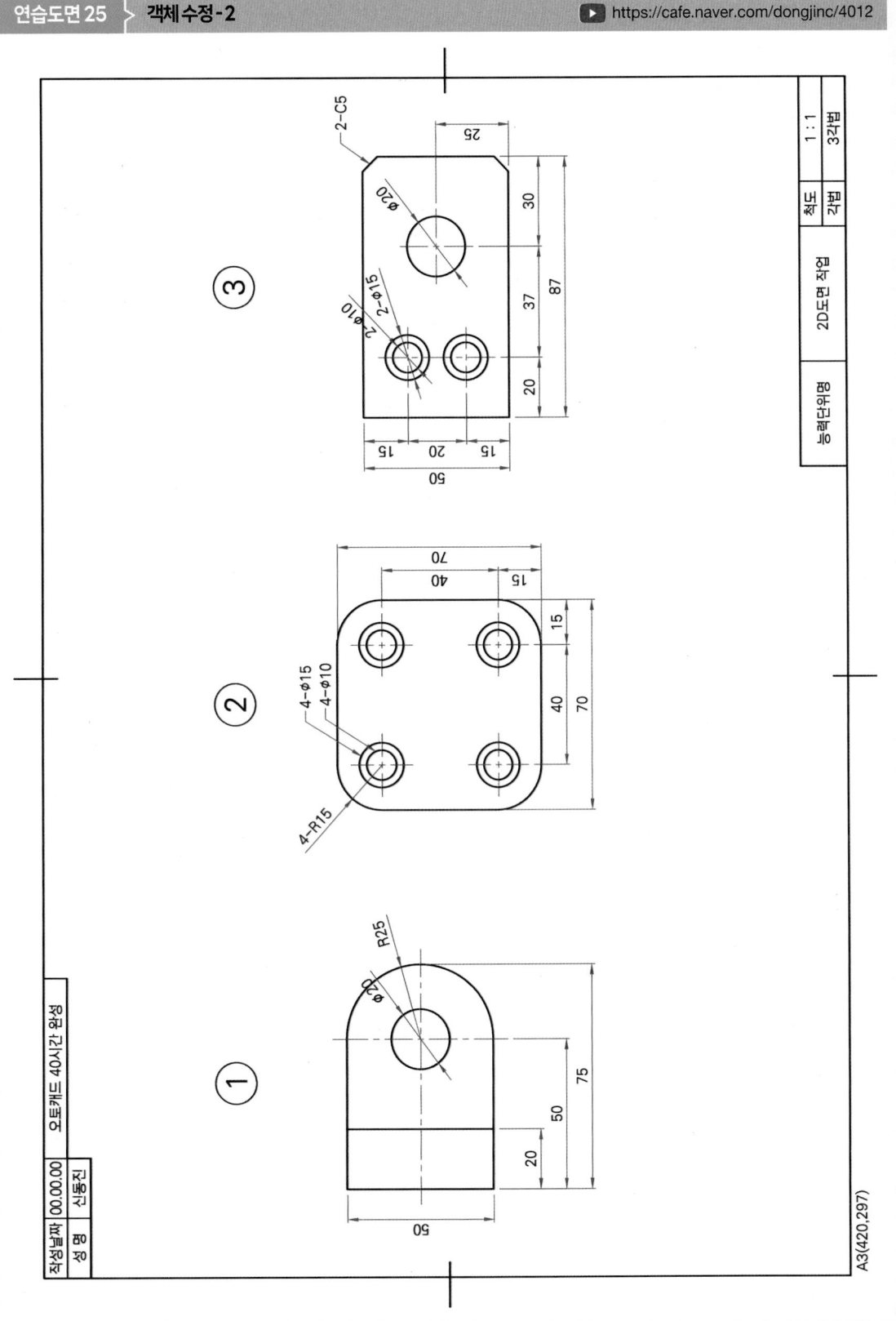

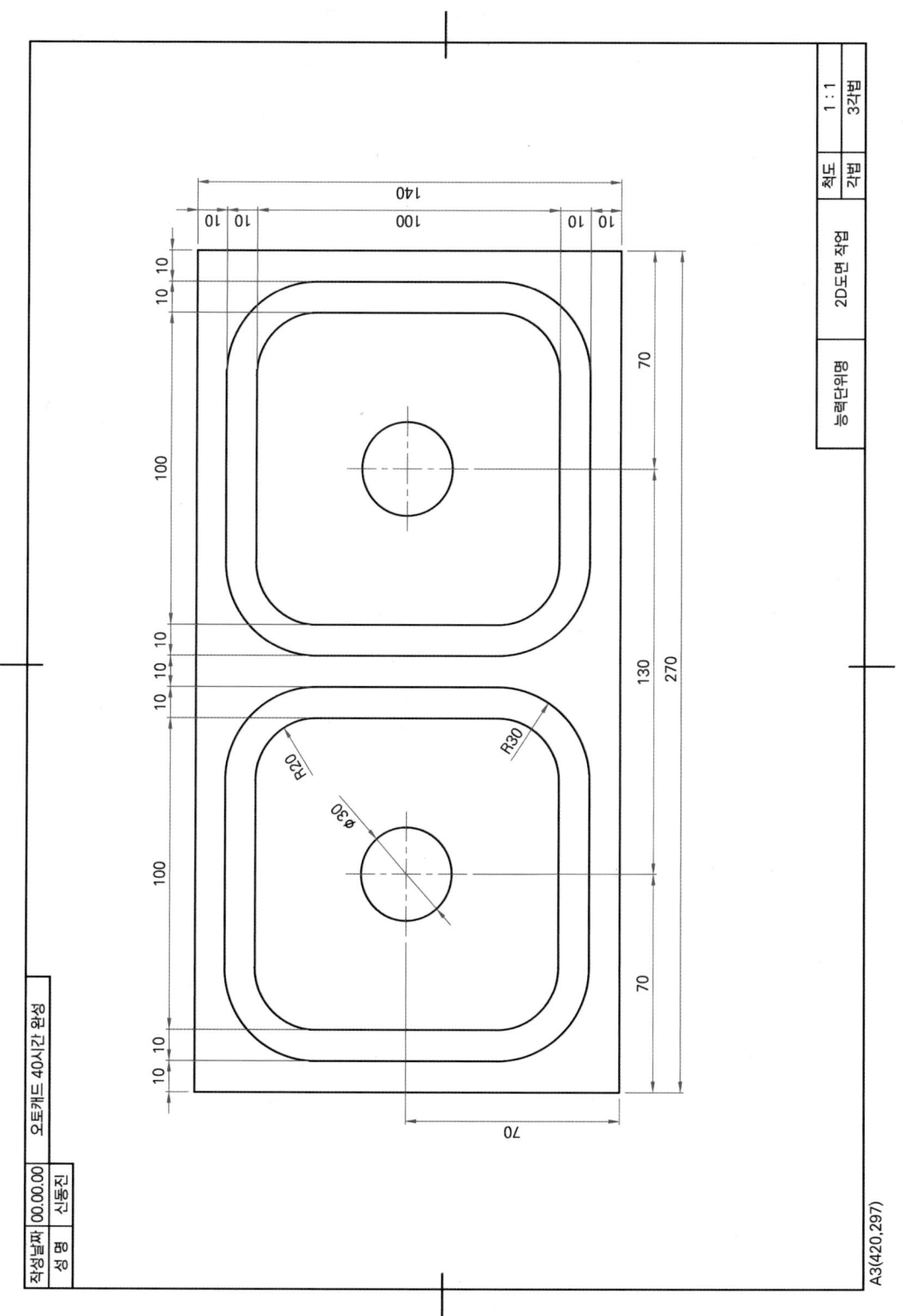

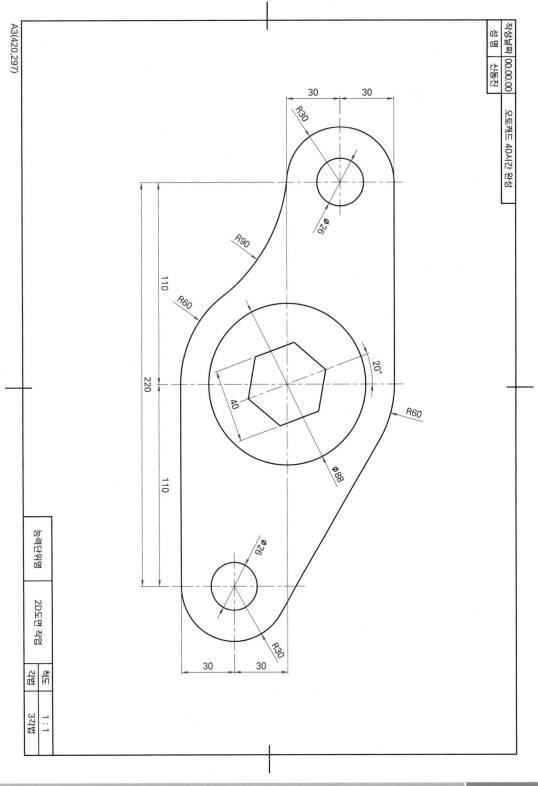

A3(420,297)

작성날짜 00.00.00
성 명 신동진
오토캐드 40시간 완성

30 30

R30

Ø26

R90

110

R60

20°

40

R60

220

110

Ø88

Ø26

R30

30 30

능력단위명 2D도면 작업
척도 1:1 각법 3각법

▶ https://cafe.naver.com/dongjinc/4013

01 객체 수정 명령어

1 길이 조정 - LENGTHEN [LEN]

길이 값을 입력하여 객체를 늘리거나 줄이는 기능입니다. 길이 값에 − 기호를 붙이면 객체는 줄어듭니다.

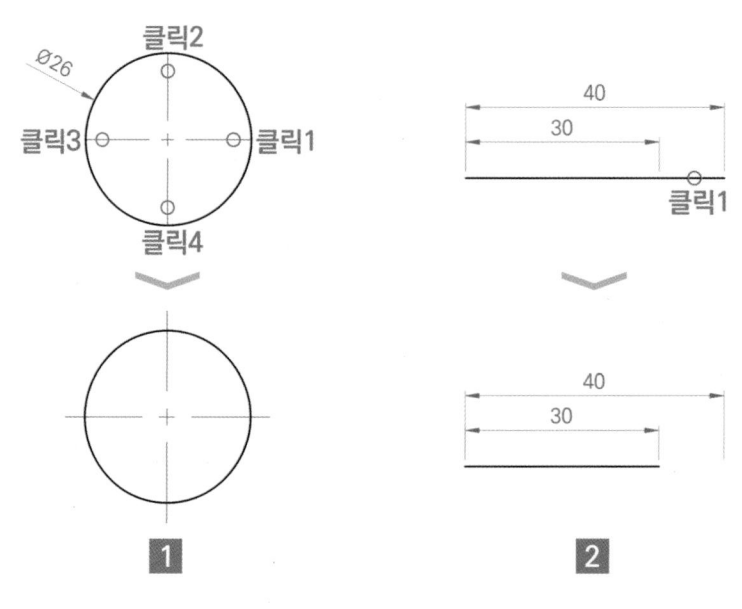

1 증분 길이 3

 ▼ LEN → 스페이스바 → DE → 스페이스바 → 3 → 스페이스바 → 클릭1~클릭4

2 증분 길이 −10

 ▼ LEN → 스페이스바 → DE → 스페이스바 → −10 → 스페이스바 → 클릭1

② 신축 - STRETCH [S]

마우스 커서로 방향을 지정하여 객체를 늘리거나 줄이는 기능입니다. 객체를 선택할 때에는 그립점이 선택되도록 영역을 만들어서 선택해야합니다. 객체의 그립점 일부만 선택될 경우 객체는 늘어나거나 줄어들게 되고, 그립점 전체가 선택될 경우 객체는 이동하게 됩니다.

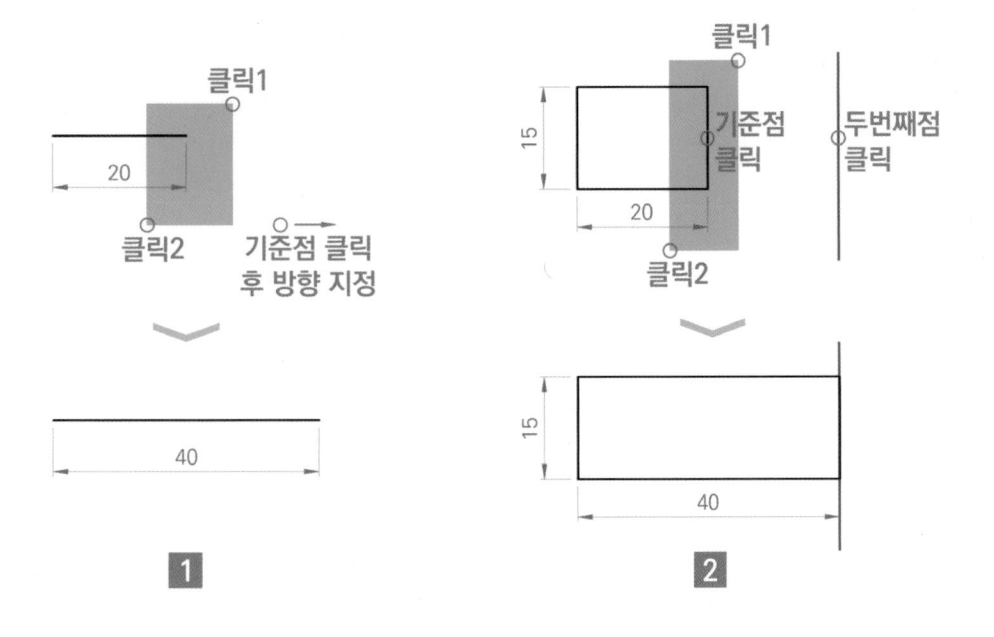

1 신축 길이 20

`>_` ▼ S → **스페이스바** → 클릭1, 클릭2 → **스페이스바** → 기준점 클릭 후 방향 지정 → 20 → **스페이스바**

2 임의의 지점 클릭

`>_` ▼ S → **스페이스바** → 클릭1, 클릭2 → **스페이스바** → 기준점 클릭 → 두번째점 클릭

[신축 기능의 강점]

신축 기능은 복잡한 도면을 수정할 때 주로 사용되며, 수정 작업 시간을 단축 할 수 있는 유용한 기능입니다.

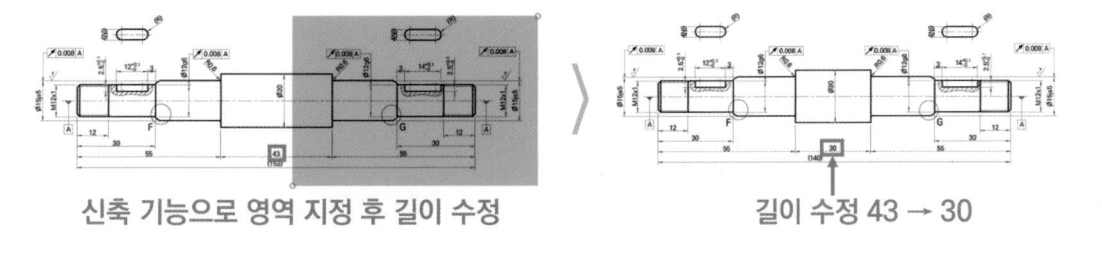

신축 기능으로 영역 지정 후 길이 수정   길이 수정 43 → 30

③ 다중점 - POINT [PO]

점을 그리는 기능입니다. 점이 보이지 않는다면 점 스타일을 변경하여 형태와 크기를 변경하면됩니다.

클릭1　클릭2　클릭3

■ 임의의 지점 클릭

`>_` ▼ PO → 스페이스바 → 클릭1, 클릭2, 클릭3

④ 점 스타일 - PTYPE [PT]

점의 형태와 크기를 변경하는 기능입니다.

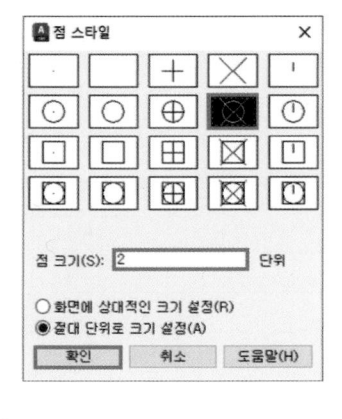

■ 점 스타일 변경

`>_` ▼ PT → 스페이스바 → 점 형태, 크기 변경

02 객체 수정 명령어

① 등분할 - DIVIDE [DIV]

수량을 입력하여 동일한 간격으로 객체에 점을 생성하는 기능입니다.

객체 선택

■ 분할 개수 3

`>_` ▼ DIV → 스페이스바 → 객체 선택 → 3 → 스페이스바

2 길이분할 - MEASURE [ME]

길이를 입력하여 동일한 길이로 객체에 점을 생성하는 기능입니다.

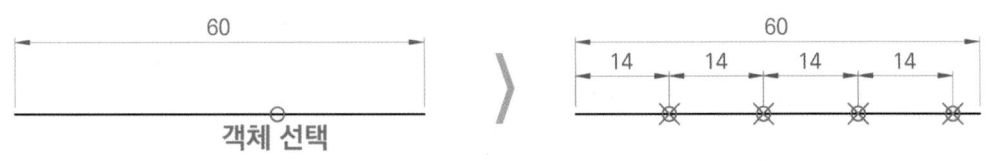

1 분할 길이 14

`>_` ▾ ME → 스페이스바 → 객체 선택 → 14 → 스페이스바

3 끊기 - BREAK [BR]

두 점을 클릭하여 객체를 끊는 기능입니다. 원은 반시계 방향으로 끊어집니다.

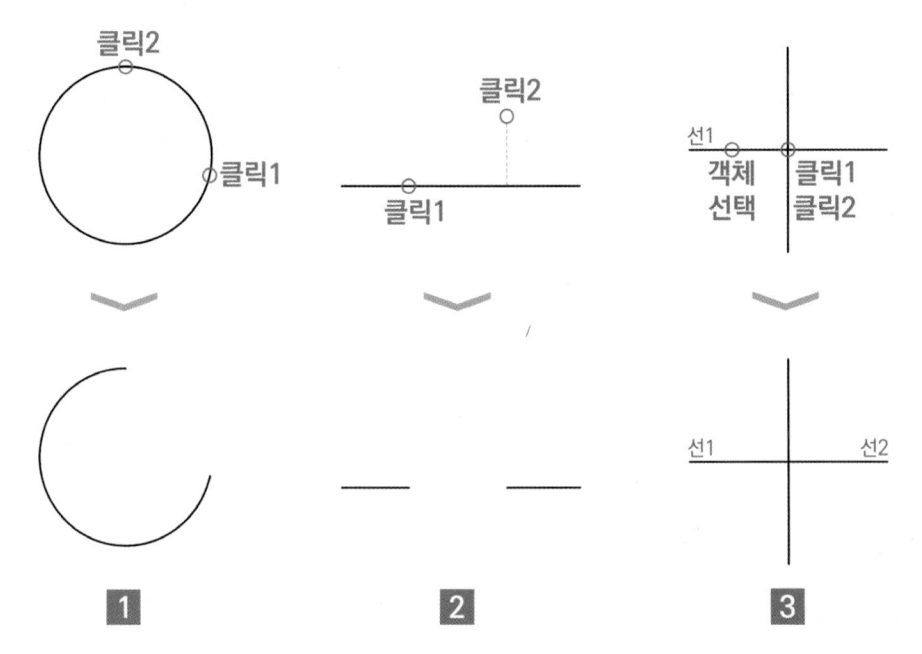

1 임의의 지점 끊기(원은 반시계 방향으로 끊김)

`>_` ▾ BR → 스페이스바 → 클릭1, 클릭2

2 임의의 지점 끊기

`>_` ▾ BR → 스페이스바 → 클릭1, 클릭2

3 첫 번째점(F) 활용하여 객체 끊기

`>_` ▾ BR → 스페이스바 → 객체 선택 → 첫 번째점(F) → 스페이스바 → 클릭1, 클릭2

4 ┄ 결합 - JOIN [J]

객체의 끝점을 결합하여 단일 객체를 작성하는 기능입니다. 동일 선상에 있는 두 선은 하나의 선으로 결합됩니다. 끊기지 않고 이어져있는 일반선은 하나의 폴리선으로 결합됩니다. 폴리선 편집 [PE] 기능보다 더 편리하게 일반선을 폴리선으로 변환할 수 있습니다.

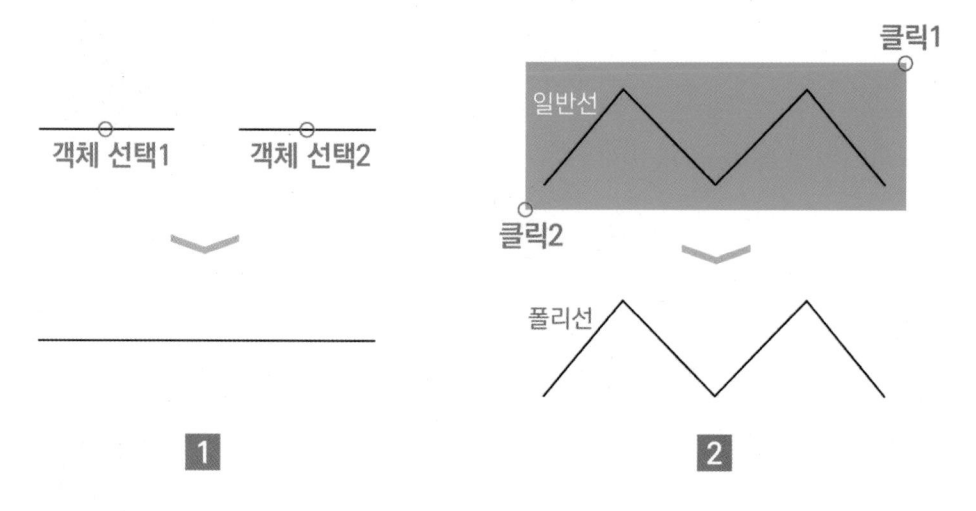

■ 동일 선상의 객체 결합

>_ ▼ J → 스페이스바 → 객체 선택1, 객체 선택2 → 스페이스바

■ 일반선 결합

>_ ▼ J → 스페이스바 → 클릭1, 클릭2 → 스페이스바

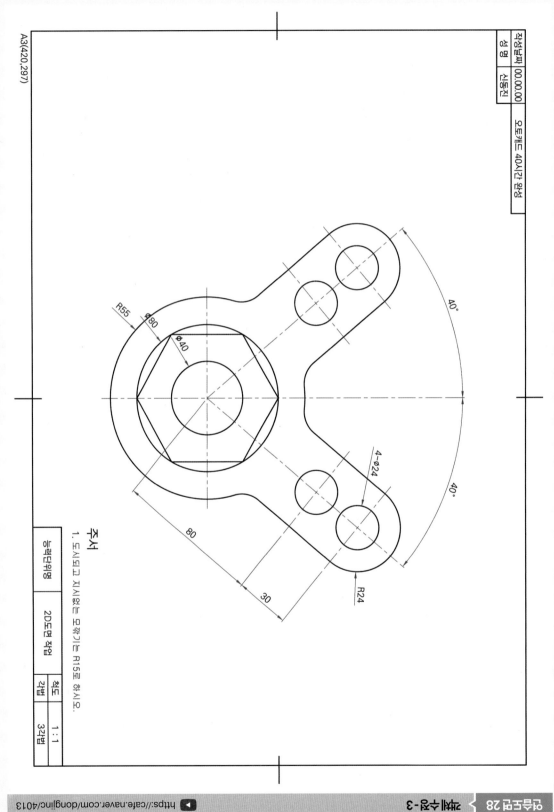

주서
1. 도시되고 지시없는 모깎기는 R15로 하시오.

능력단위명	2D도면 작업	척도	1:1
		각법	3각법

R55
Ø80
Ø40
40°
40°
4-Ø24
R24
80
30

| 작성날짜 | 00.00.00 | 오토캐드 40시간 완성 |
| 성 명 | 신동진 | |

A3(420,297)

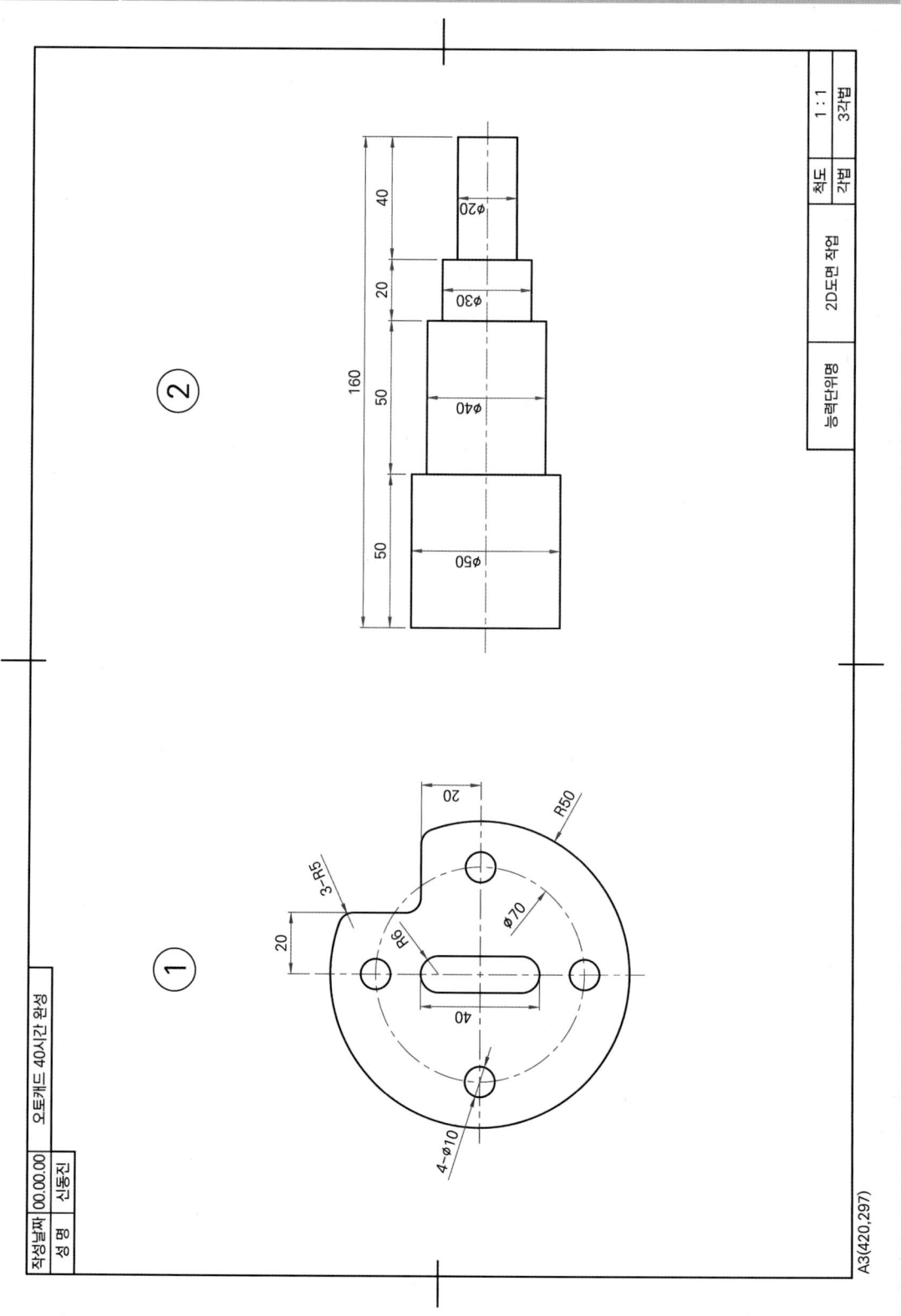

A3(420,297)

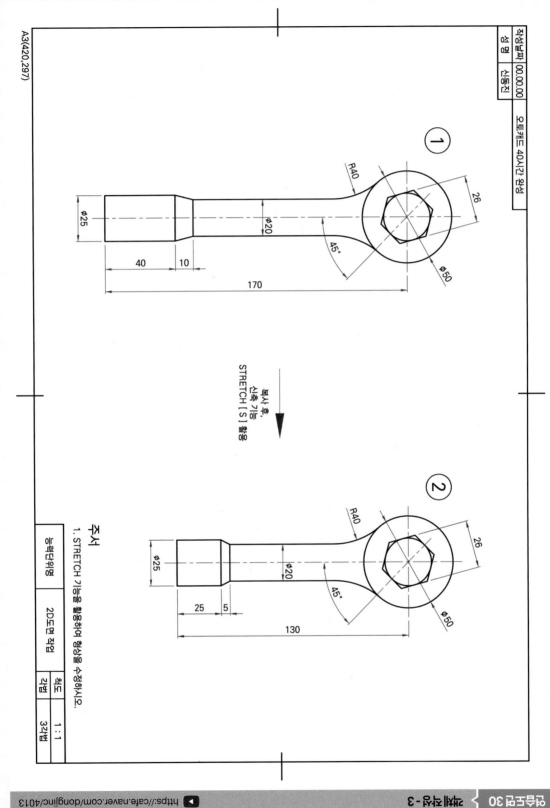

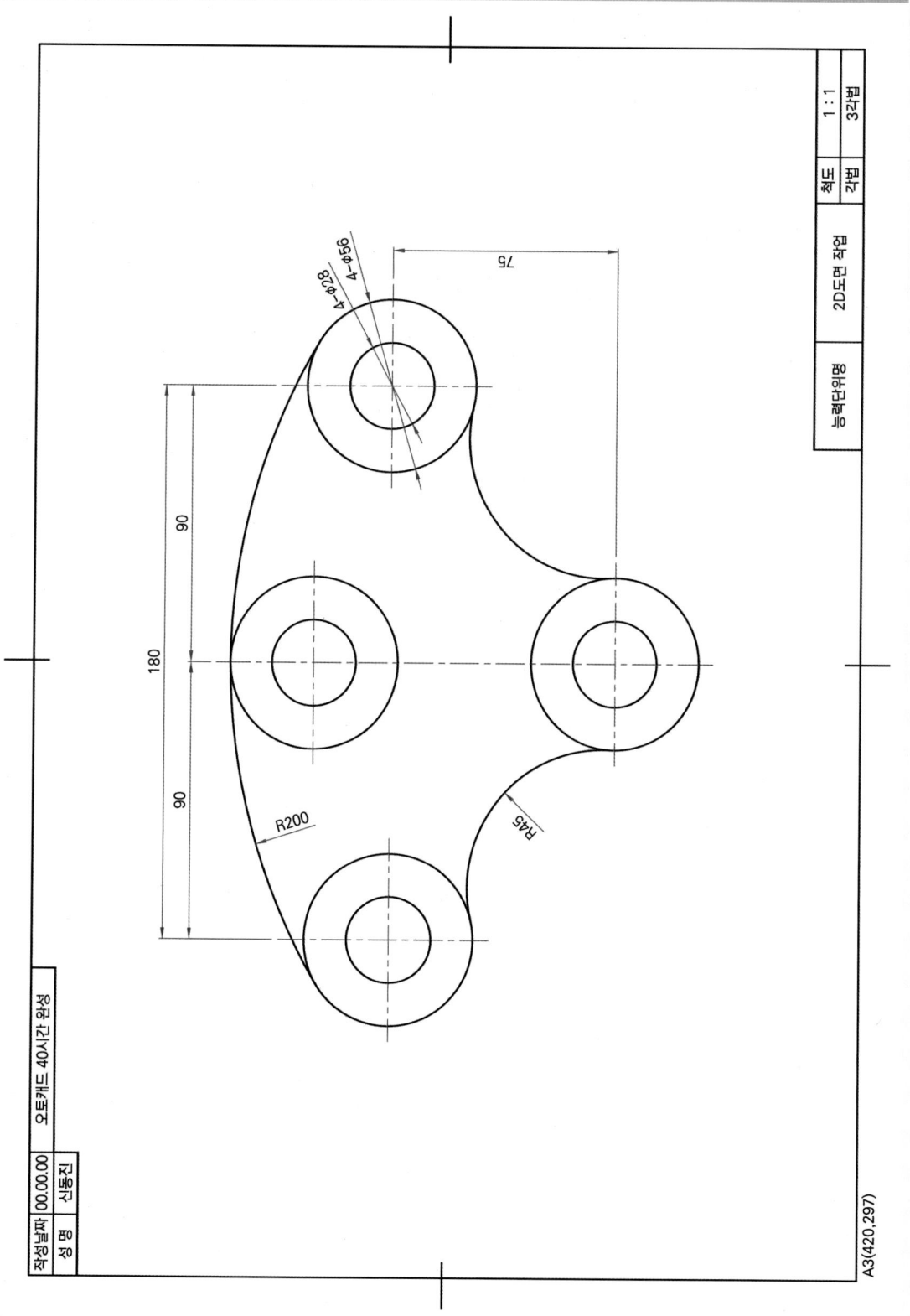

SECTION

14 객체 수정-4

▶ https://cafe.naver.com/dongjinc/4014

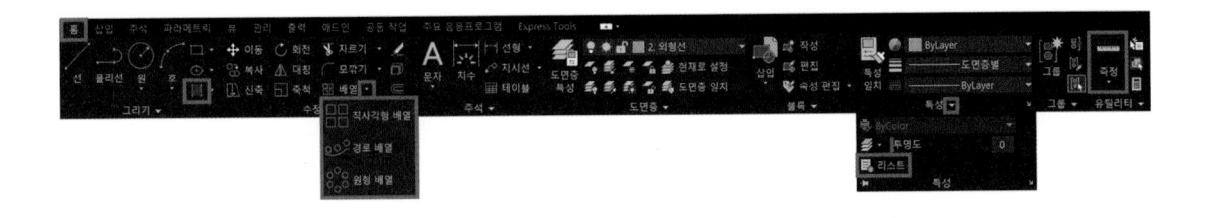

01 객체 수정 명령어

1 **직사각형 배열** **경로 배열** **원형 배열 - ARRAY [AR]**

객체의 복사본을 직사각형, 경로, 원형으로 배열하는 기능입니다.

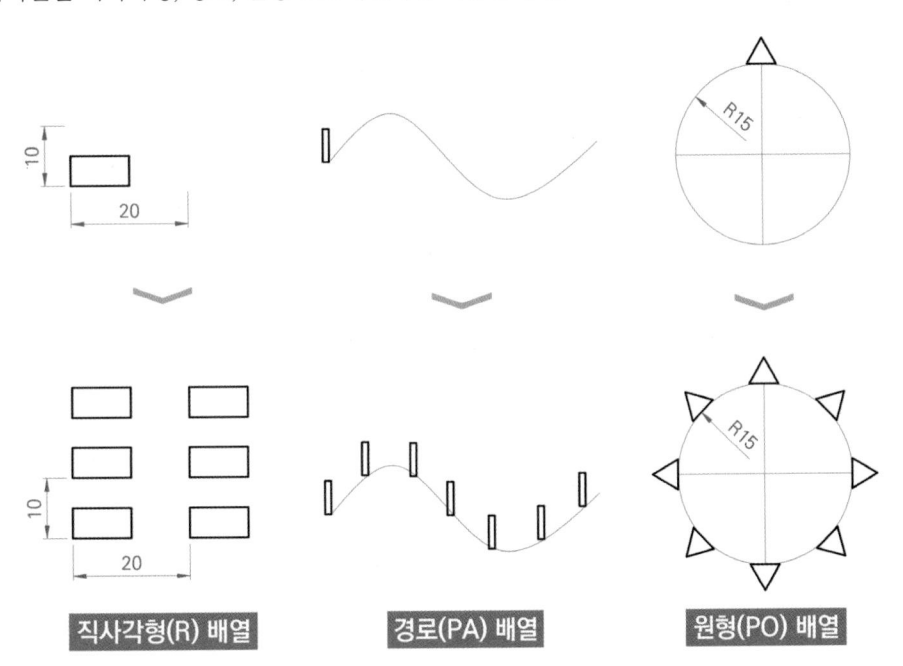

직사각형(R) 배열   경로(PA) 배열   원형(PO) 배열

1 직사각형(R) 배열

`>_` ▼ AR → **스페이스바** → 객체 선택 → **스페이스바** → 직사각형(R) → **스페이스바** → 열, 행, 사이 연관 설정

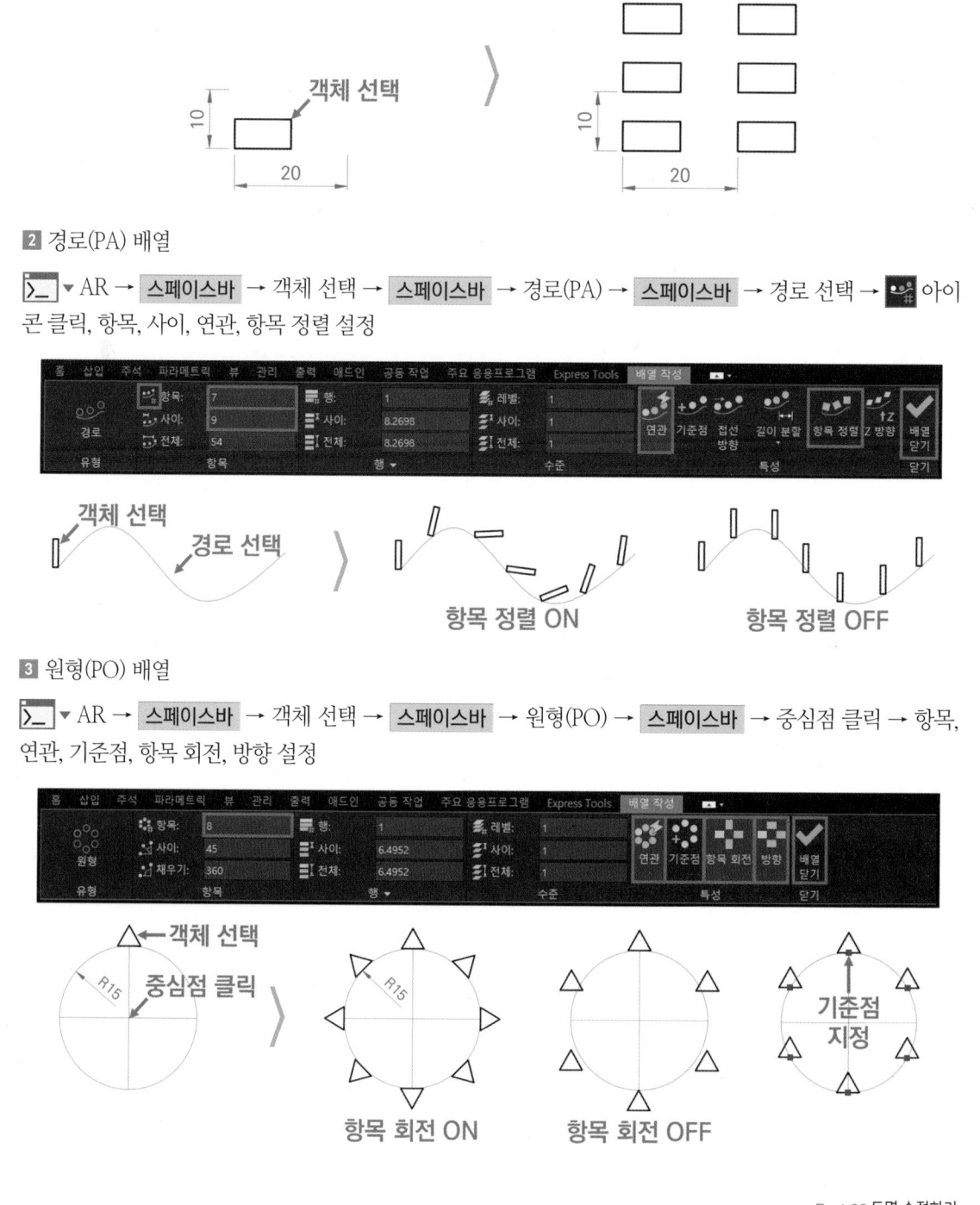

2 경로(PA) 배열

`>_` ▼ AR → **스페이스바** → 객체 선택 → **스페이스바** → 경로(PA) → **스페이스바** → 경로 선택 → 아이콘 클릭, 항목, 사이, 연관, 항목 정렬 설정

3 원형(PO) 배열

`>_` ▼ AR → **스페이스바** → 객체 선택 → **스페이스바** → 원형(PO) → **스페이스바** → 중심점 클릭 → 항목, 연관, 기준점, 항목 회전, 방향 설정

2 배열 대화상자 - ARRAYCLASSIC

AutoCAD 2011 이하의 버전에서 사용하는 배열 기능입니다. 직사각형, 원형 배열만 사용할 수 있습니다.

1 직사각형 배열

▶ ARRAYCLASSIC → **스페이스바** → 직사각형 배열 → 객체 선택 → 행·열의 수 입력 → 행·열 간격 띄우기 입력 → 확인

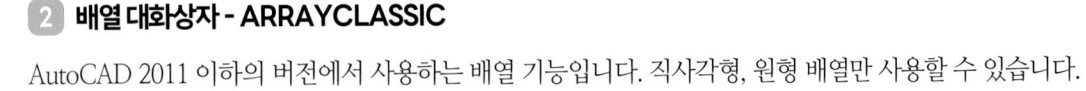

2 원형 배열

▶ ARRAYCLASSIC → **스페이스바** → 원형 배열 → 객체 선택 → 중심점 클릭 → 항목 수, 각도 입력 → 확인

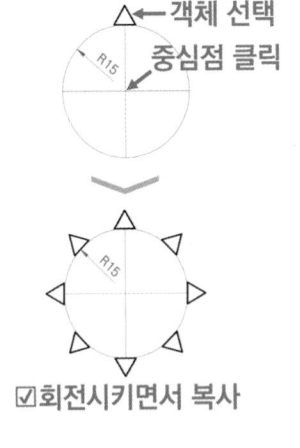

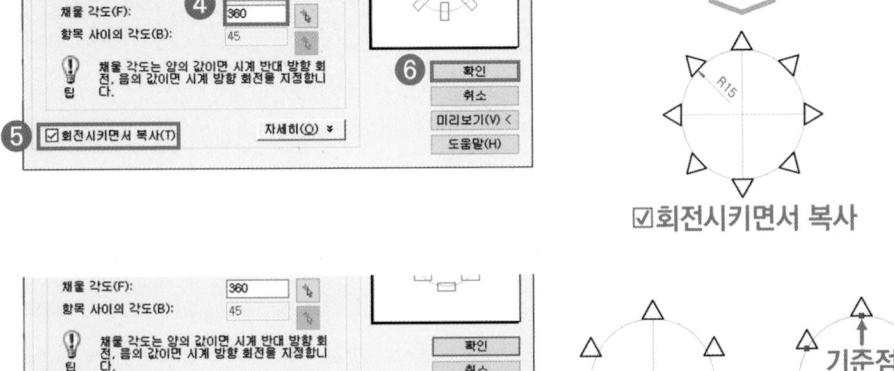

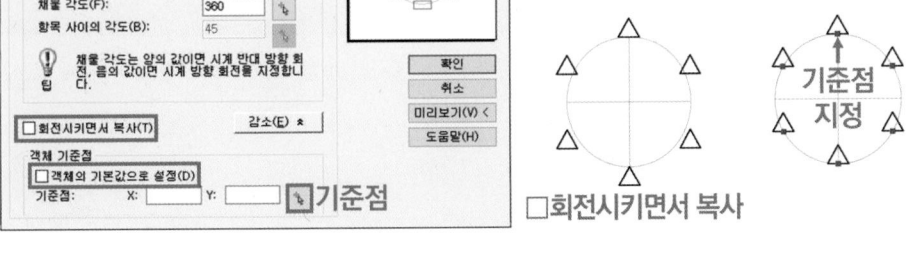

3 ▦ 해치 - HATCH [H]

닫힌 영역이나 선택한 객체 내에 패턴을 채우는 기능입니다.

■ 객체 선택(S)

>_ ▼ H → 스페이스바 → 객체 선택(S) → 스페이스바 → 객체 선택 → 패턴, 각도, 축척, 연관 설정

※ 객체 선택 해제 : Shift + 객체 선택

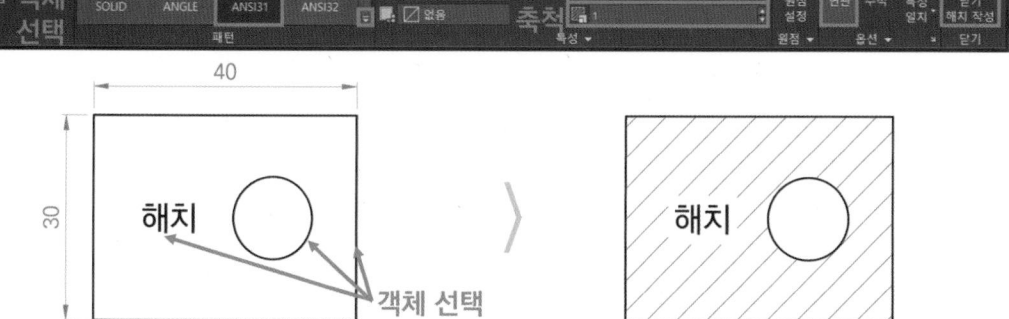

② 내부 점 선택(K)

>_ ▼ H → 스페이스바 → 내부 점 선택(K) → 스페이스바 → 점 선택 → 패턴, 각도, 축척, 연관 설정

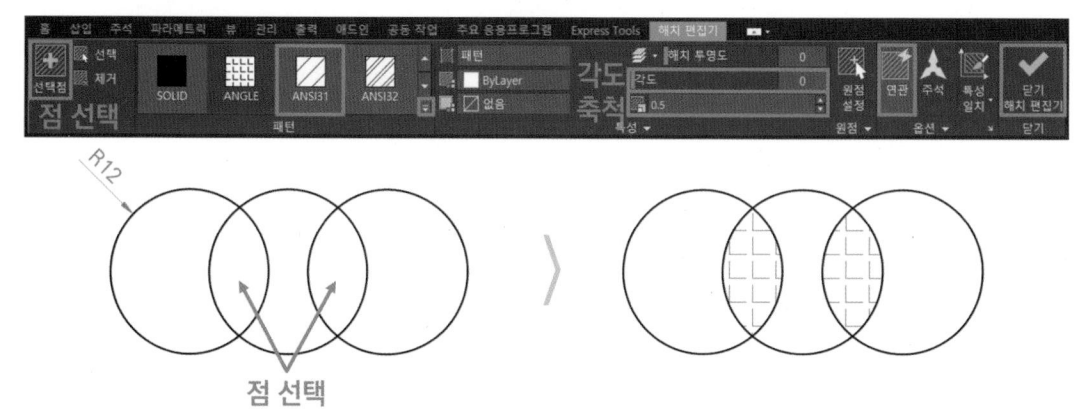

③ 해치 대화상자

>_ ▼ H → 스페이스바 → 설정(T) → 스페이스바 → 추가:점 선택 또는 추가:객체 선택 → 견본, 각도, 축척 설정

1  **정보 - LIST [LI]**

선택한 객체의 특성 정보(도면층, 폭, 면적, 둘레 등)를 표시합니다.

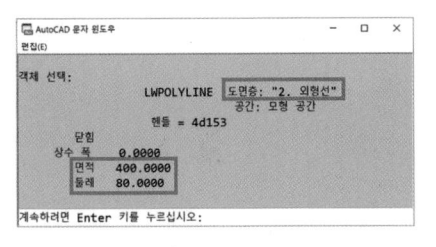

1 객체 정보

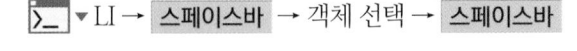

> ▼ LI → 스페이스바 → 객체 선택 → 스페이스바

2 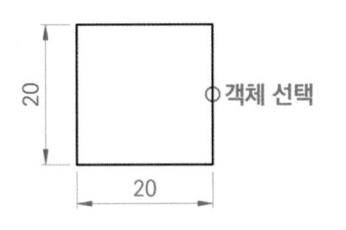 **측정 - MEASUREGEOM [MEA]**

선택한 객체의 길이, 각도, 반지름, 면적, 둘레 등을 측정하는 기능입니다. AutoCAD 2020 이상의 버전에서 사용가능합니다.

길이, 각도 측정   둘레, 면적 측정   측정 불가

1 길이, 각도, 둘레, 면적 측정

 ▼ MEA → 스페이스바 → 빠른 작업(Q) → 스페이스바 → 객체 위에 마우스 커서를 올려놓고 길이 및 각도 확인, 내부 영역을 클릭하여 둘레 및 면적 확인

측정 기능으로는 스플라인의 길이를 측정할 수 없습니다. 정보 [LI] 기능을 사용하면 스플라인의 길이를 확인할 수 있습니다.

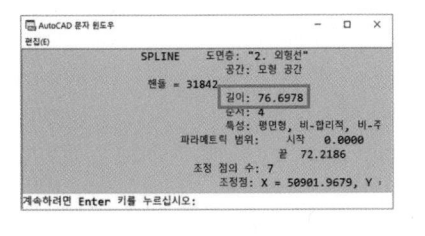

정보 [LI]

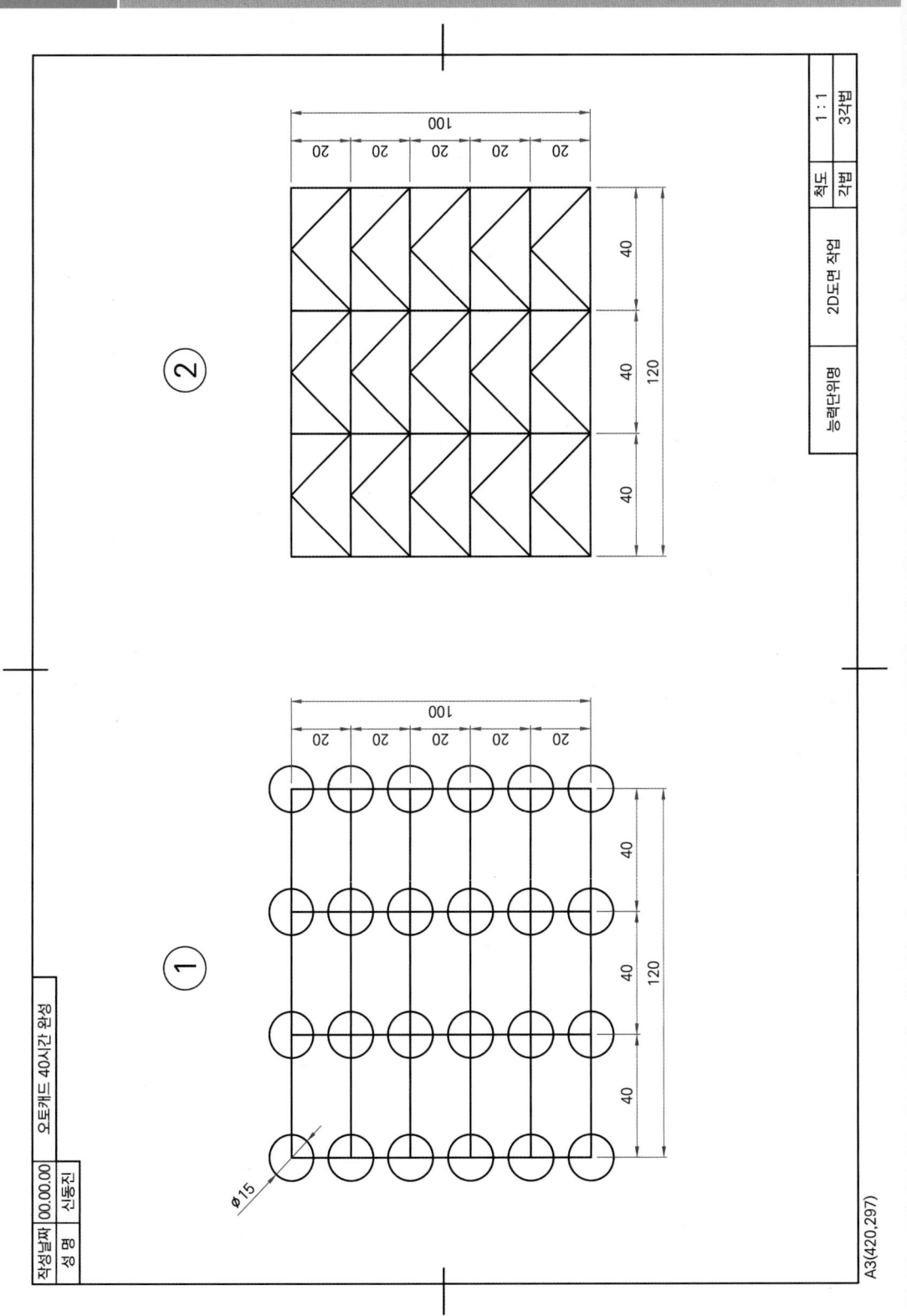

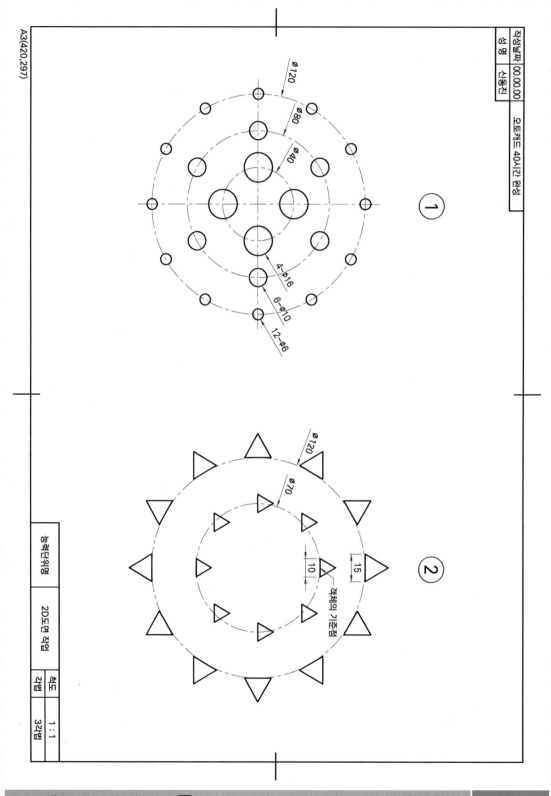

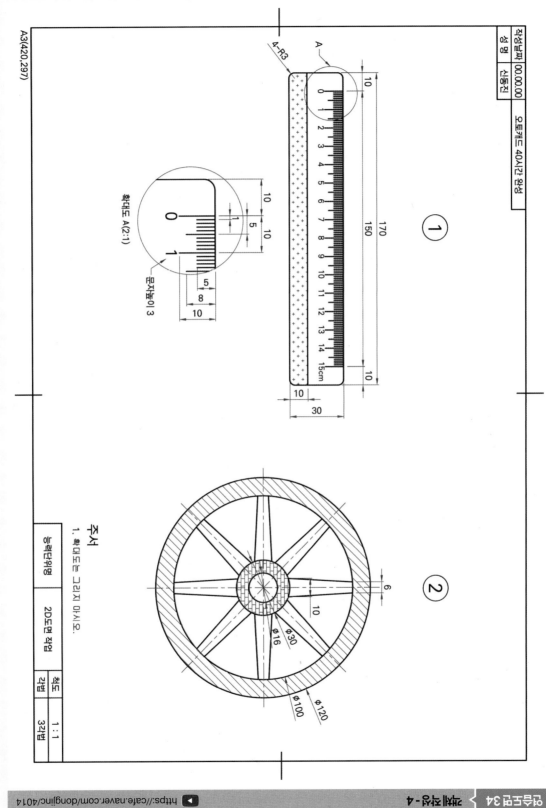

A3(420,297)

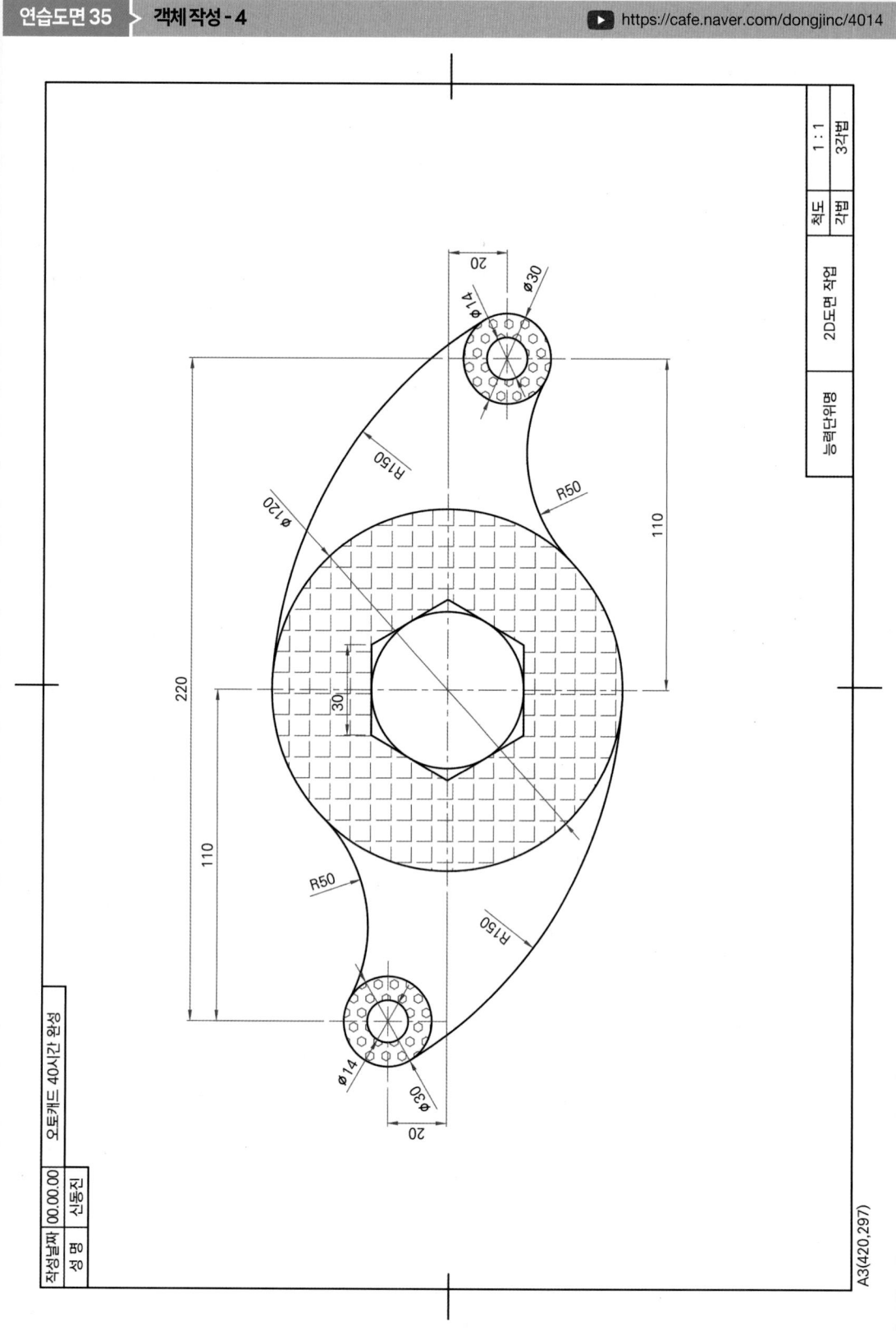

능력단위명	2D도면 작업	척도 1:1
		각법 3각법

작성날짜	00.00.00	오토캐드 40시간 완성
성 명	신동진	

A3(420,297)

객체 작성-5

https://cafe.naver.com/dongjinc/4015

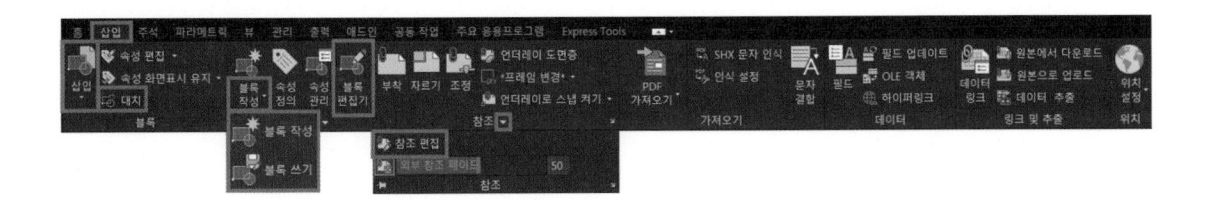

01 객체 블록 명령어

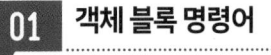 **블록 작성 - BLOCK [B]**

여러개의 객체를 하나의 단일 객체로 만드는 기능입니다. 블록을 수정할 경우 도면의 모든 블록이 함께 수정됩니다. 자주 사용하는 기호, 규격품, 도면양식 등을 블록으로 만들면 수정 및 관리가 편리해집니다.

01 삽입 탭의 「🞲 블록 작성」을 클릭하고 블록의 이름을 「블록1」로 지정합니다. 아래 그림과 같이 「선택점」과 「객체를 선택」하여 블록을 작성합니다. 「블록으로 변환」을 체크하지 않을 경우 선택한 객체는 블록으로 변환되지 않습니다. 「분해 허용」을 체크하지 않을 경우 삽입한 블록을 분해할 수 없게 됩니다. 따라서 두 옵션은 모두 체크하는 것이 좋습니다.

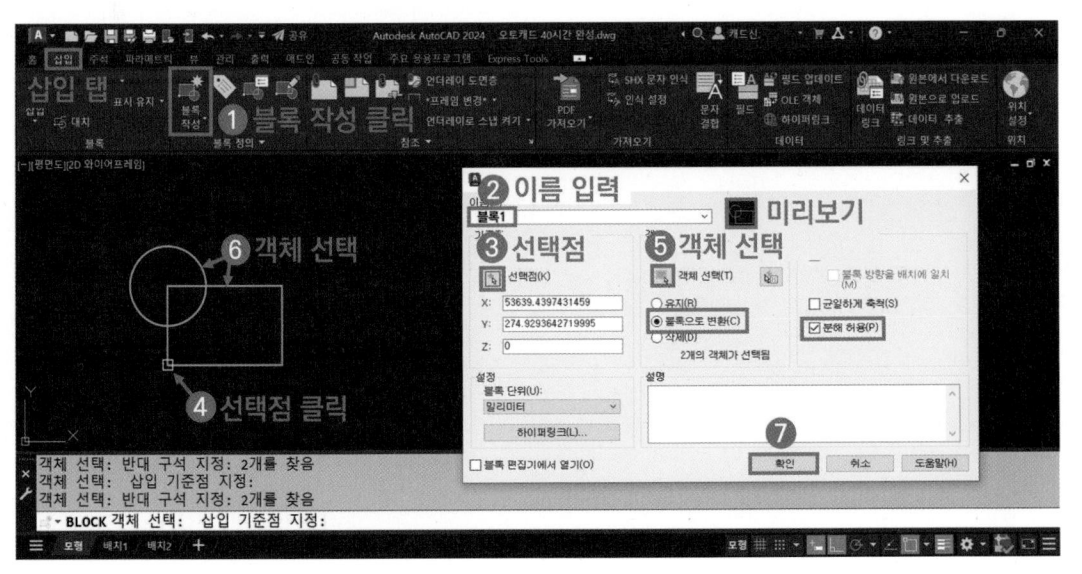

블록 삽입 - INSERT [I]

01 「 삽입」을 클릭하여 블록을 삽입합니다. 명령어 창에 삽입[I]를 입력하고 블록 팔레트에서 블록을
선택하여 삽입합니다. 블록 팔레트를 사용할 경우 블록의 축척, 회전 등의 옵션을 설정할 수 있습니다.

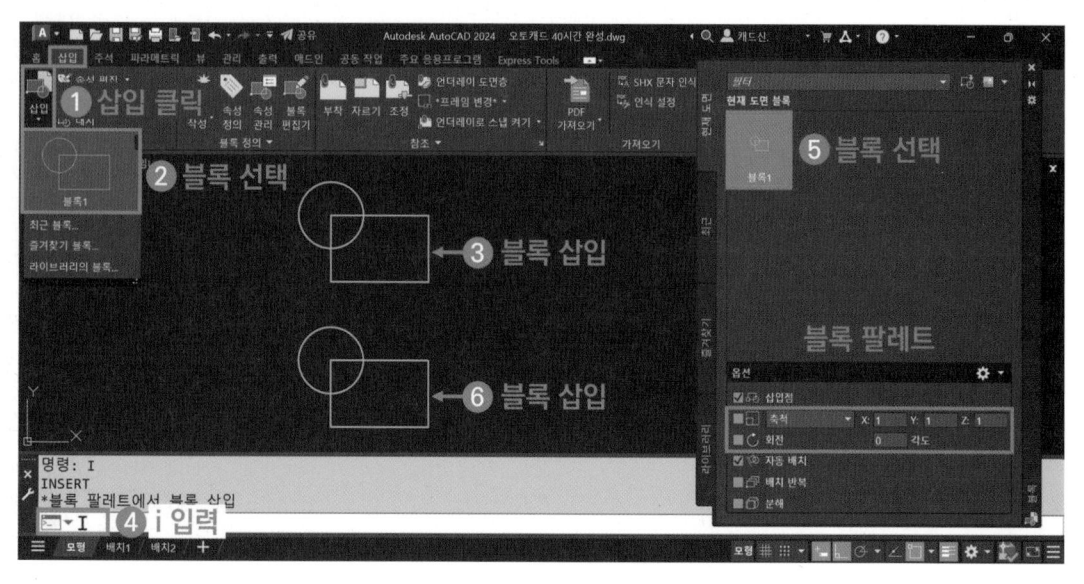

3 블록 편집기 - BEDIT [BE]

01 여러 개의 블록을 추가로 삽입합니다. 블록 한 개를 선택한 후 분해[X]합니다. 블록을 분해하면 블록의
특성을 잃게 됩니다.

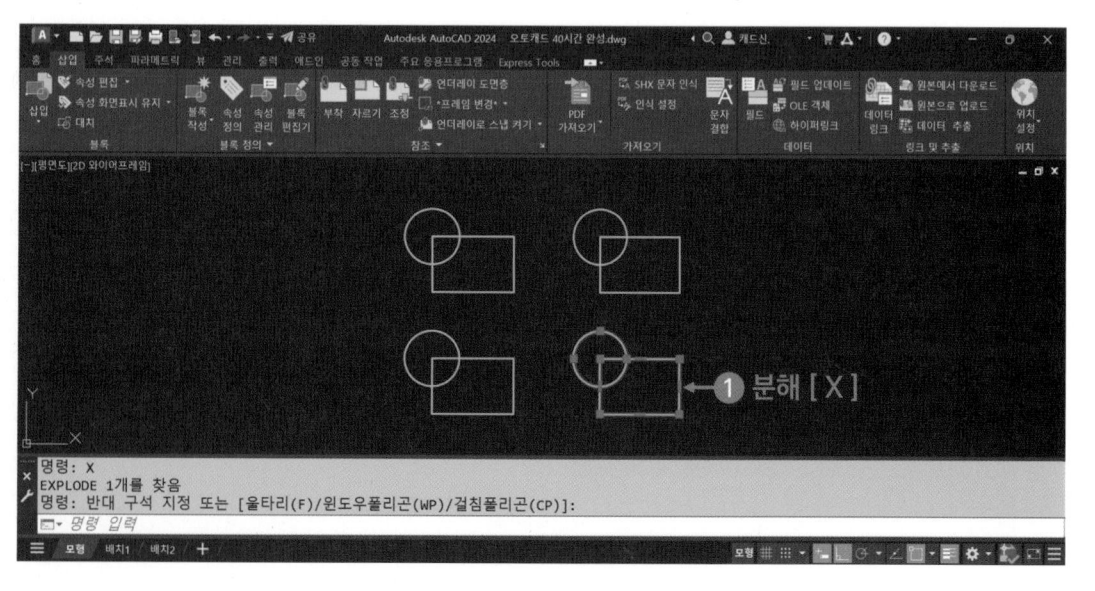

02 「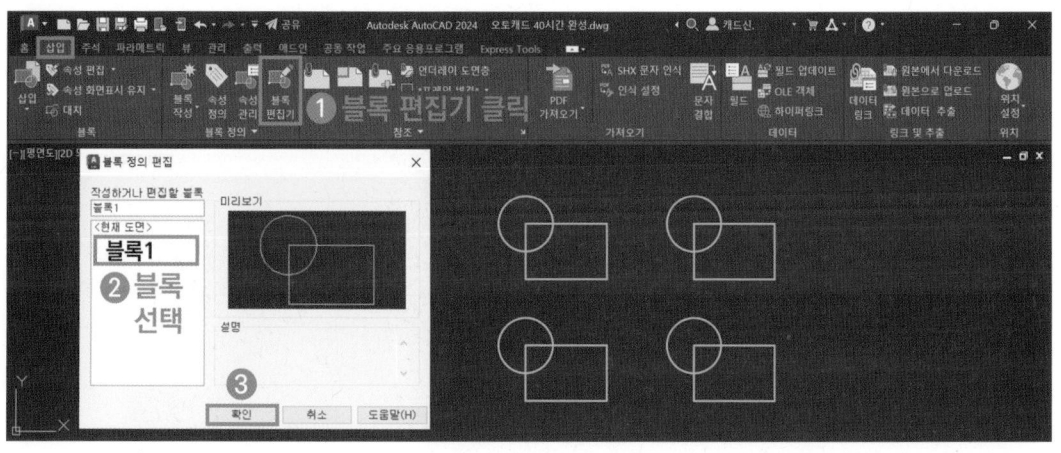 블록 편집기」를 클릭하고 블록을 선택합니다.

03 블록에 객체를 추가하고 닫습니다.

04 수정된 블록을 확인합니다. 도면에 있는 블록은 함께 수정되지만, 분해된 블록은 수정되지 않습니다.

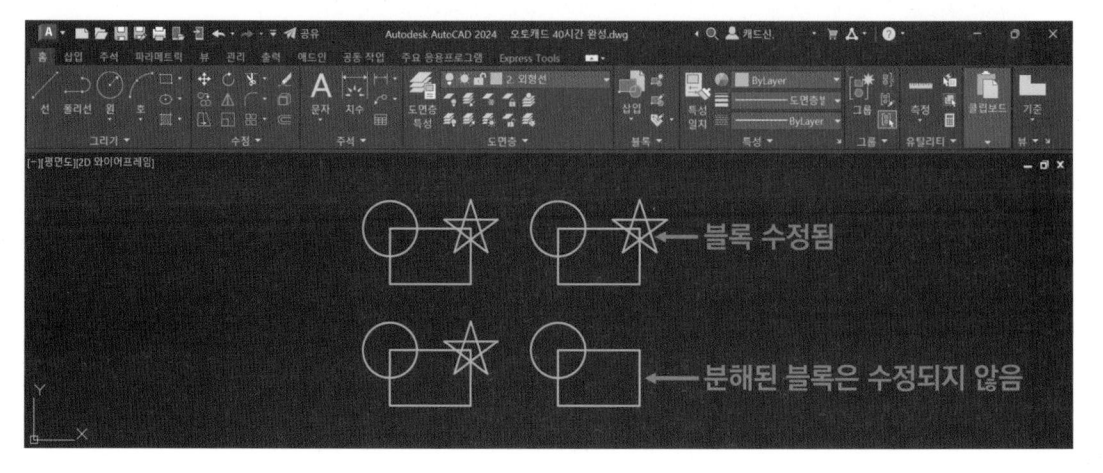

블록 편집기를 실행하지 않고 작업 화면에서 블록 편집하는 기능입니다.

01 「 참조 편집」을 클릭하고 블록을 선택합니다.

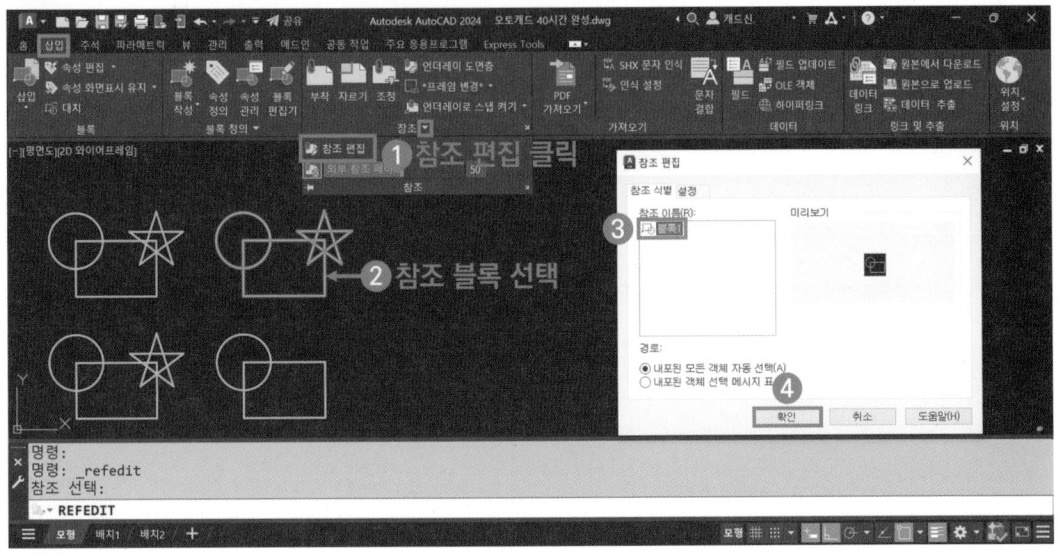

02 참조 편집이 실행되면 선택한 블록을 제외한 나머지 객체는 흐리게 표시됩니다. 참조 편집 기능을 사용하면 나머지 객체를 확인하여 블록을 편집할 수 있습니다. 블록에 객체를 추가하고 「변경 사항 저장」을 클릭합니다.

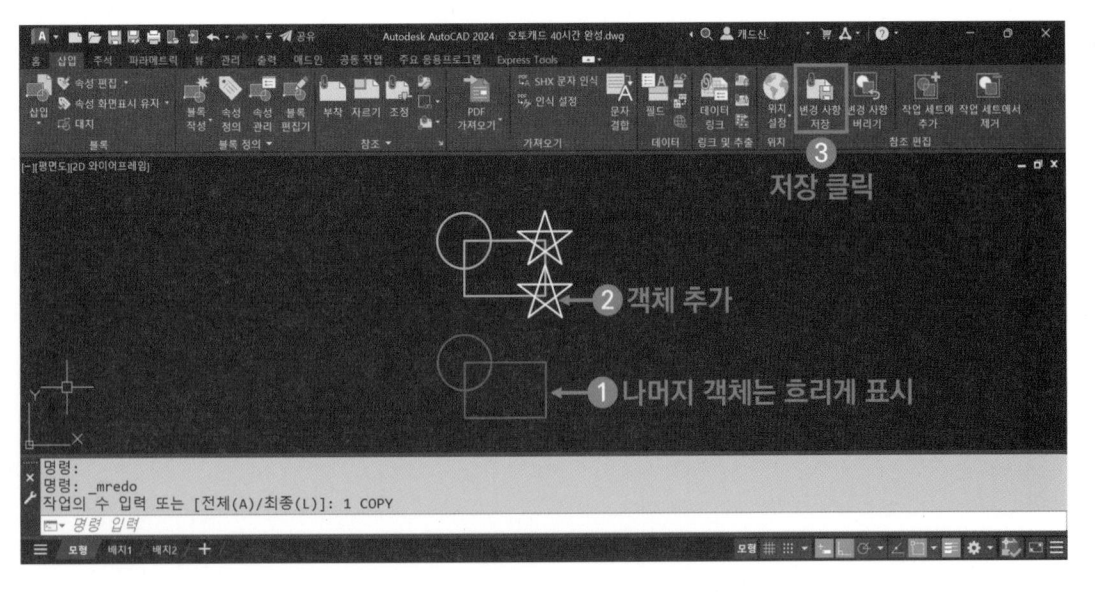

5 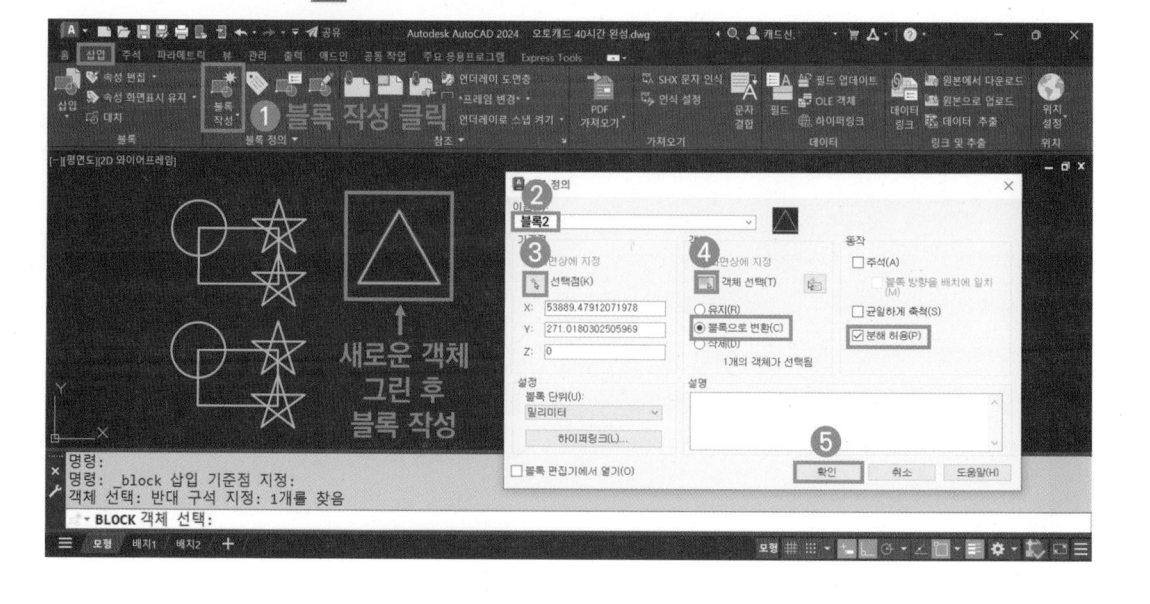 **대치 - BREPLACE**

선택한 블록을 다른 블록으로 대치하는 기능입니다.

01 새로운 객체를 그립니다. 「 블록 작성」을 클릭하고 이름을 「블록2」로 지정하여 블록을 작성합니다.

02 「 대치」를 클릭합니다. 대치할 「블록1」을 선택하고 블록 팔레트에서 「블록2」를 선택합니다.

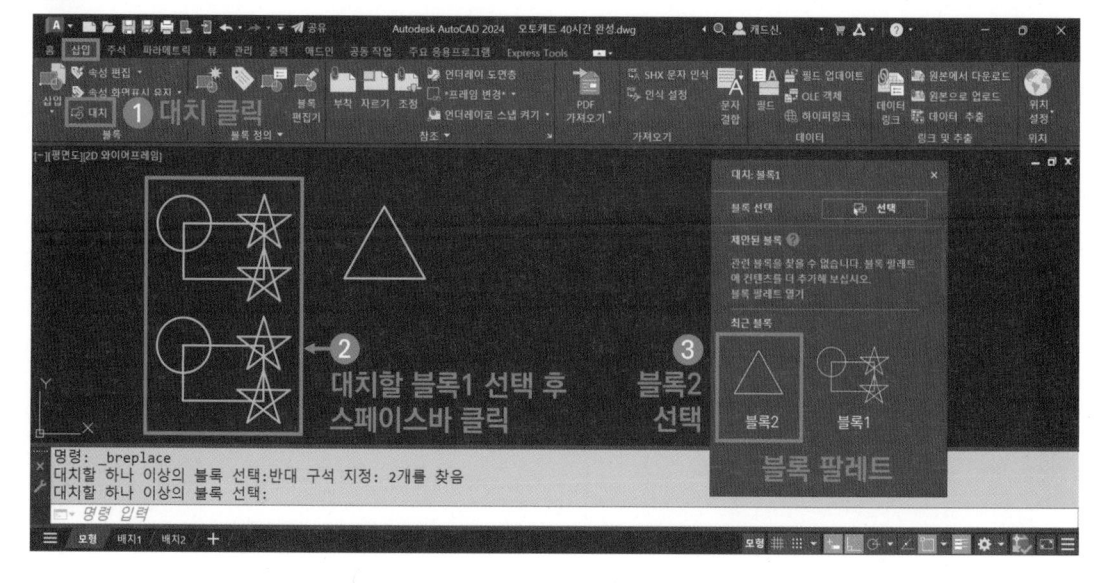

03 「블록 재정의」를 클릭합니다. 대치된 블록을 확인합니다.

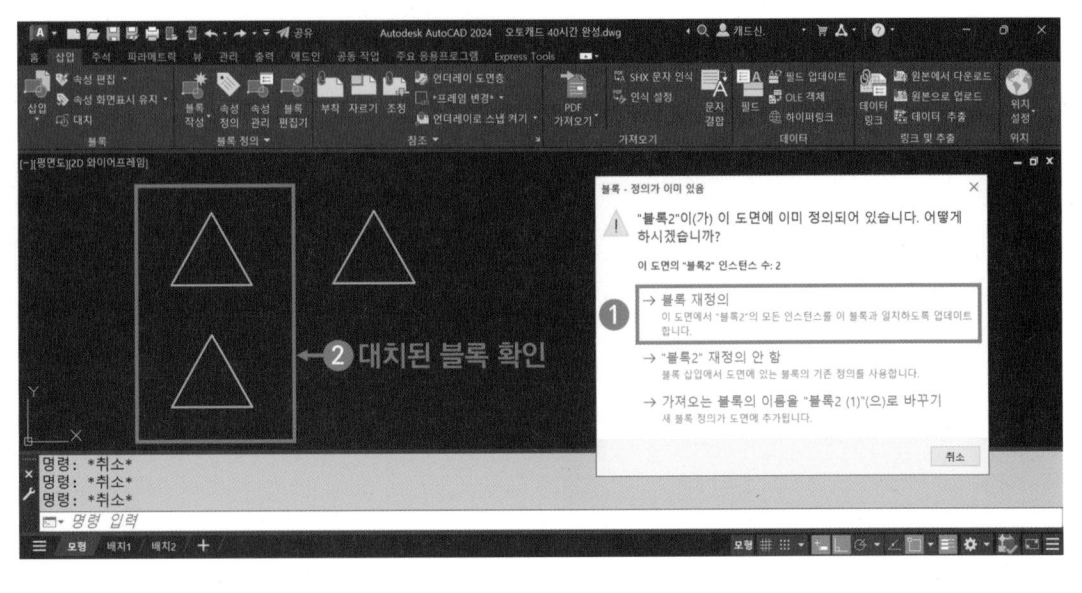

 **블록 쓰기 - WBLOCK [W]**

선택한 객체 또는 블록을 dwg파일로 저장하는 기능입니다.

01 「블록 쓰기」를 클릭합니다. 파일로 저장할 블록을 선택합니다. 위치 및 파일 이름을 지정하고 저장합니다. 객체(O) 옵션을 체크할 경우 객체를 선택하여 파일로 저장할 수 있습니다.

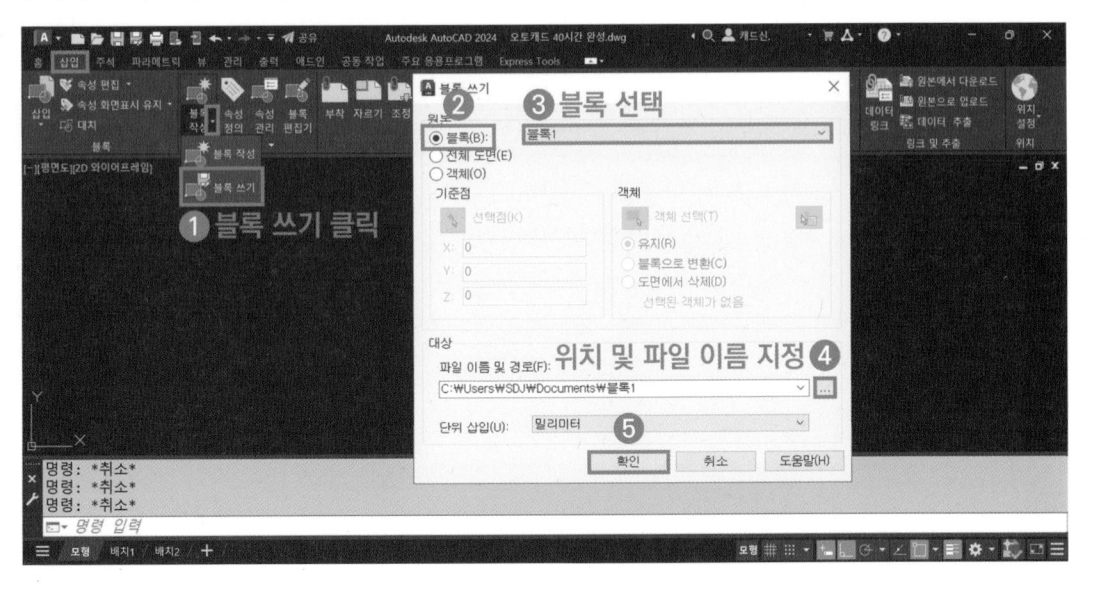

클립보드 관련 기능

01 객체 선택 후 「클립보드 복사 [Ctrl+C]」를 입력합니다. 「➕ 새 도면」을 클릭합니다.

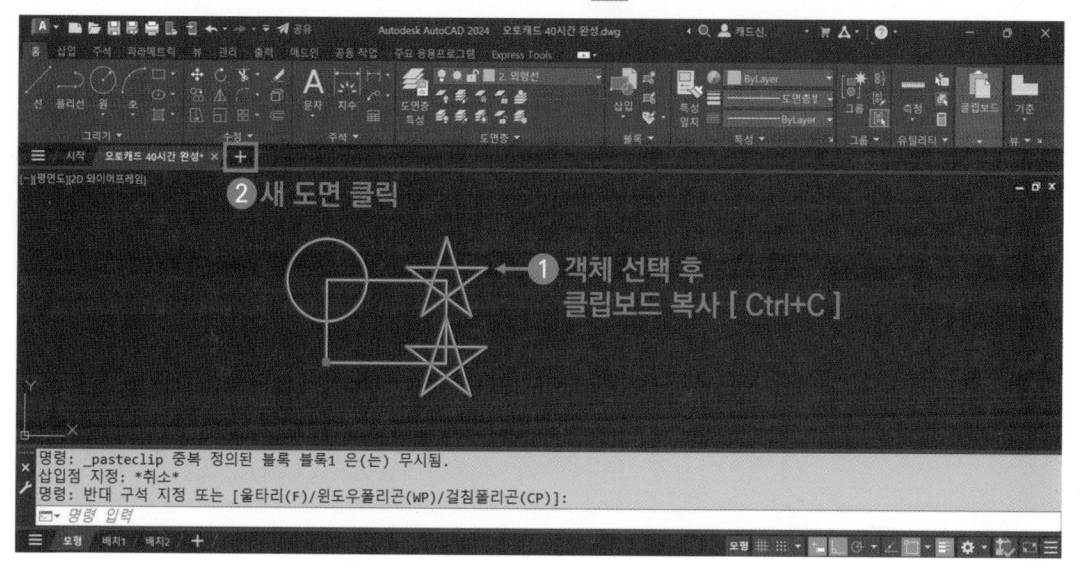

02 새 도면에 「클립보드 붙여넣기 [Ctrl+V]」를 입력합니다. 클립보드 복사를 사용하면 다른 도면파일에 객체, 블록 등을 삽입할 수 있습니다.

03 새로운 객체를 추가합니다. 객체를 선택하고 「클립보드 기준점 복사 [Ctrl+Shift+C]」를 입력합니다. 클립보드 기준점 복사를 사용하면 기준점을 지정하여 객체를 복사할 수 있습니다.

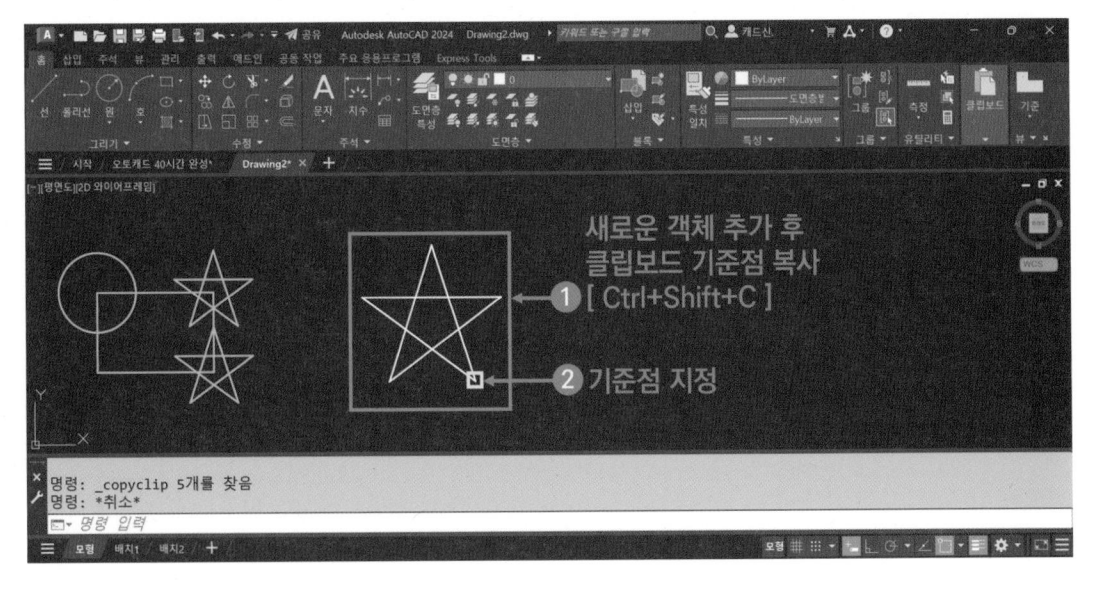

04 「클립보드 블록으로 붙여넣기 [Ctrl+Shift+V]」를 입력합니다. 클립보드 블록으로 붙여넣기를 사용하면 객체를 붙여넣으면서 블록으로 작성할 수 있습니다.

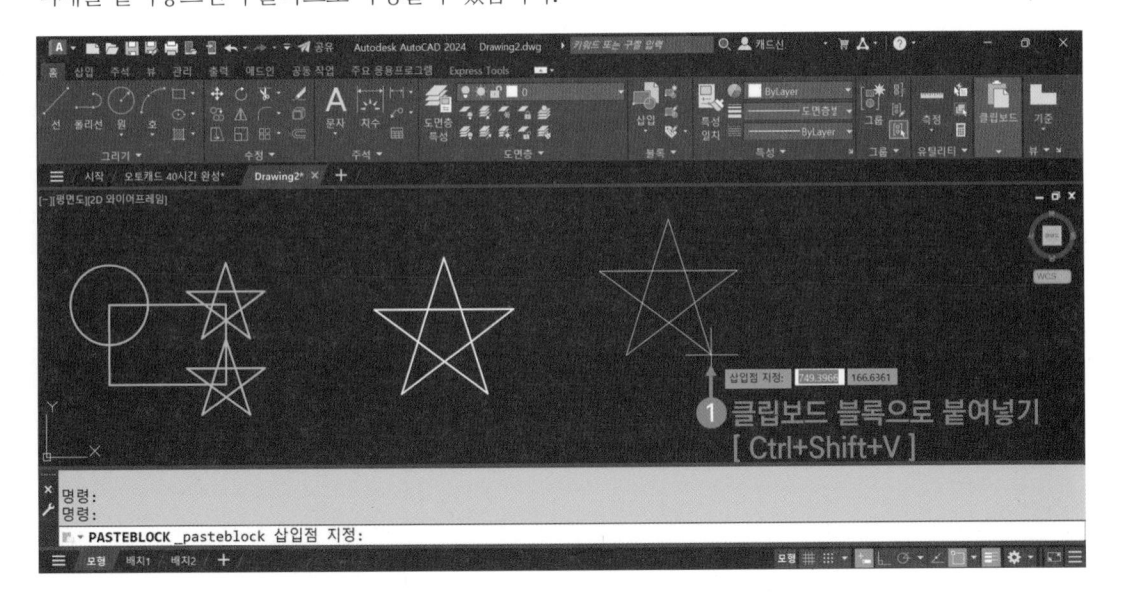

05 명령어 창에 삽입[I]를 입력하고 블록 팔레트에 작성된 블록을 확인합니다. 클립보드 블록으로 붙여넣기로 작성된 블록의 이름은 임의로 지정됩니다.

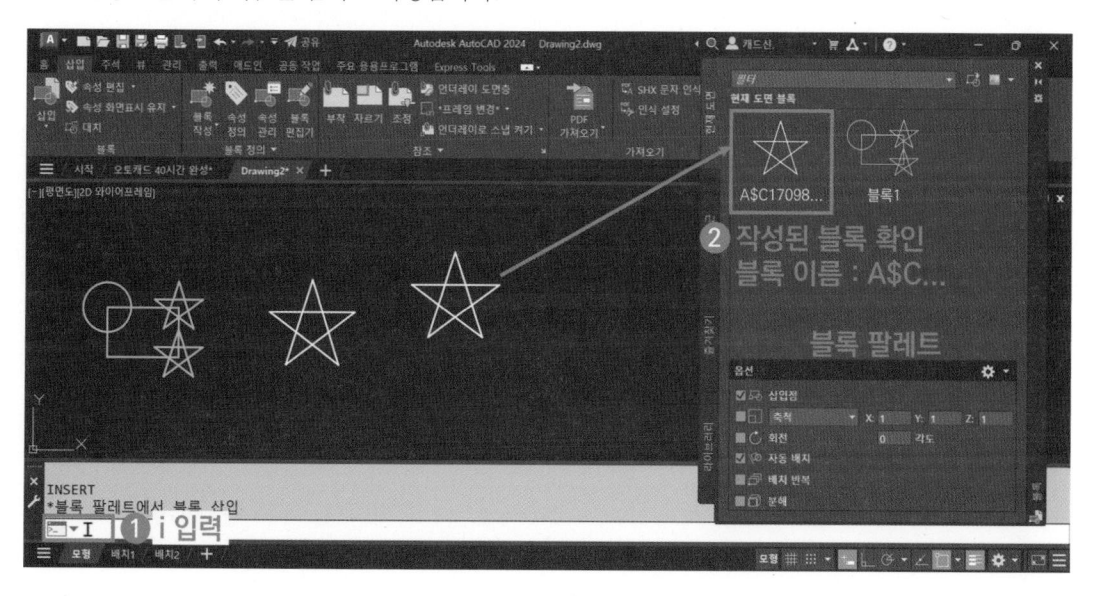

06 명령어 창에 이름바꾸기 [REN]을 입력합니다. A$C블록을 선택하고 변경할 블록의 이름을 입력합니다. 이름 변경 후 명령어 창에 블록 삽입[I]를 입력하여 변경된 이름을 확인합니다.

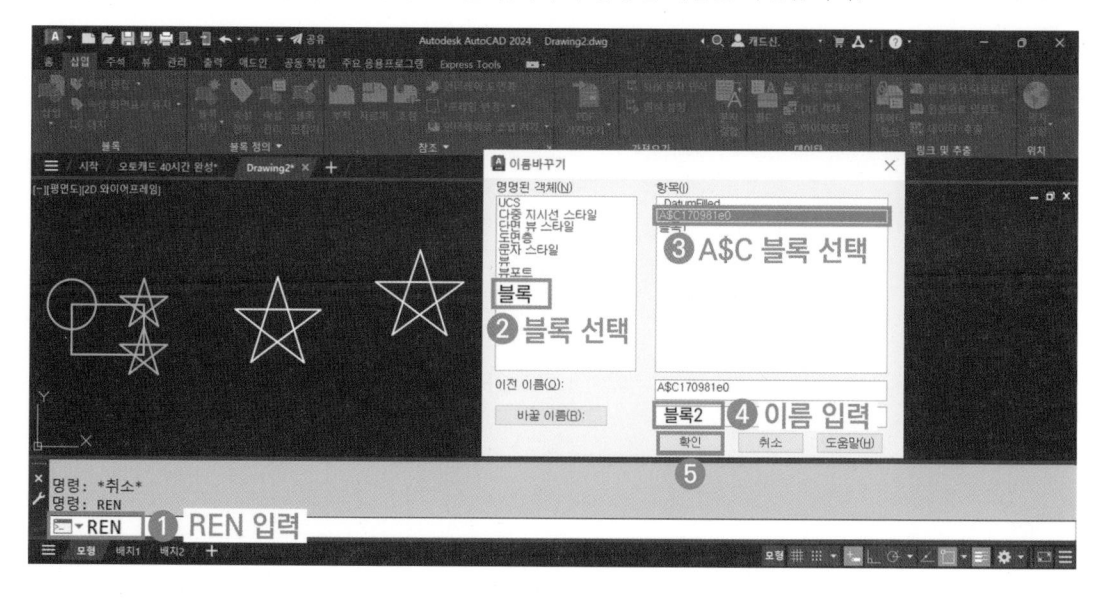

8 그룹 - GROUP [G]

여러개의 객체를 하나의 그룹으로 묶는 기능입니다.

01 아래 그림과 같이 객체를 작성합니다. 홈 탭의 「 그룹」을 클릭하고 객체를 모두 선택합니다.

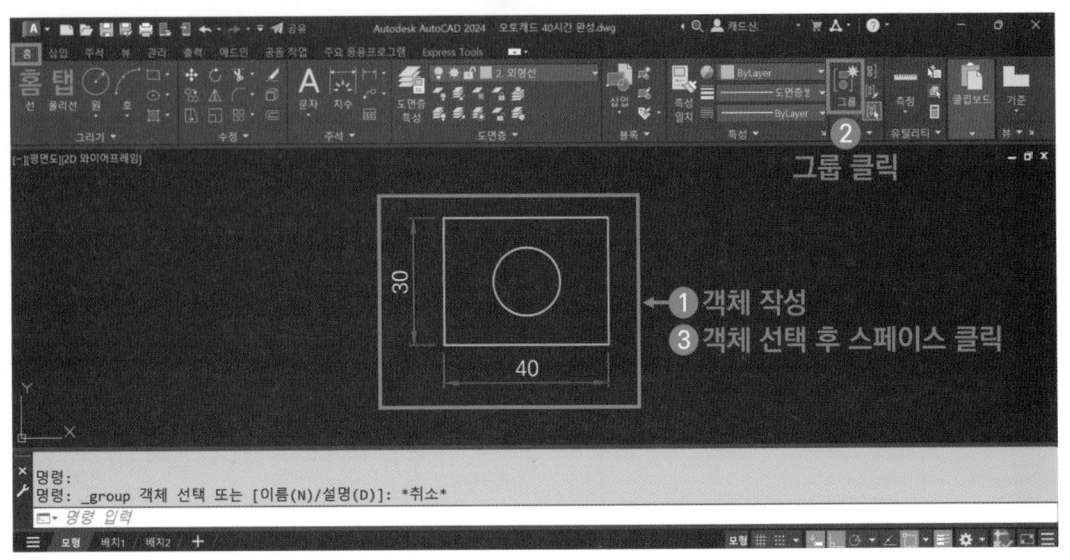

02 여러개의 객체가 하나의 그룹으로 만들어진 것을 확인합니다.

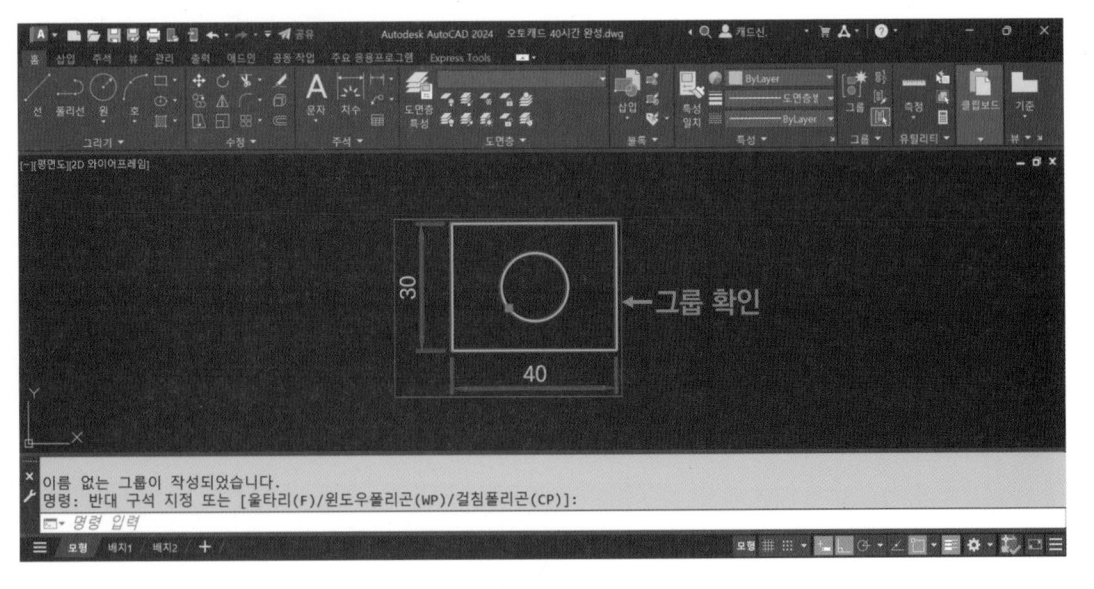

선택한 그룹에서 객체를 추가 및 삭제하는 기능입니다.

01 「 그룹 편집」을 클릭하고 그룹을 선택합니다. 객체 추가(A) 옵션을 입력하고 추가할 객체를 선택합니다.

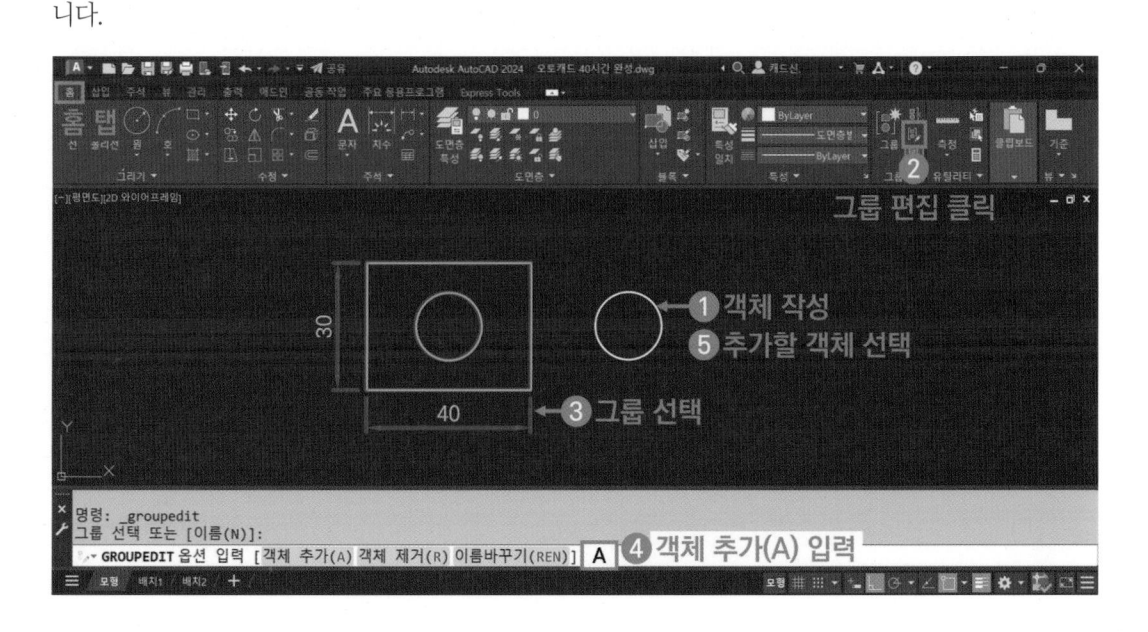

02 그룹에 객체가 추가된 것을 확인합니다.

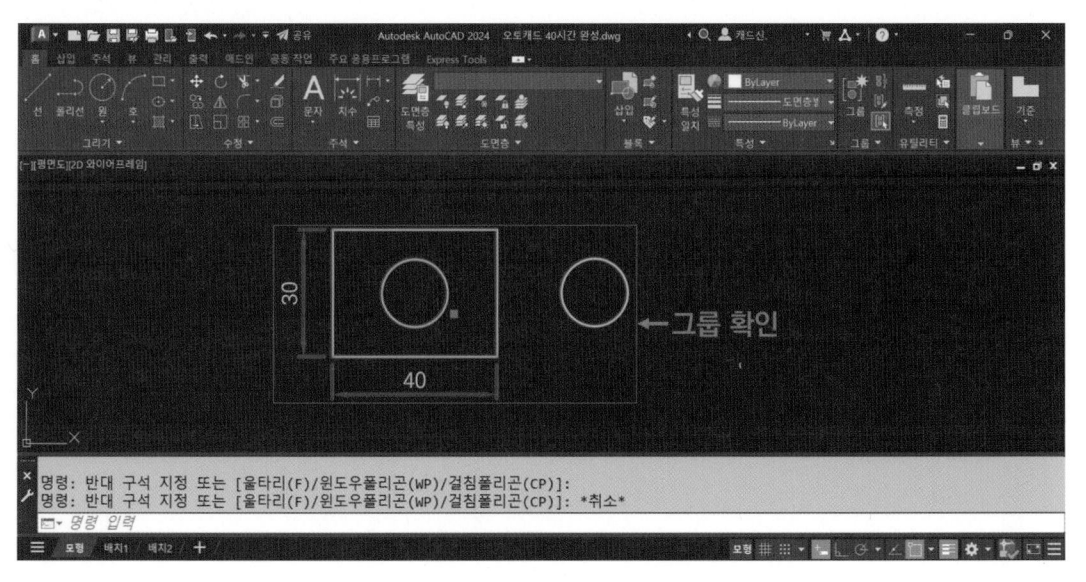

10 🔲 **그룹 선택 켜기/끄기 - PICKSTYLE [Ctrl+Shift+A]**

하나로 묶여있는 그룹 표시를 켜고 끄는 기능입니다.

01 「🔲 그룹 선택 끄기」를 클릭합니다. 객체를 클릭했을 때 그룹이 아닌 객체가 선택되는 것을 확인 할 수 있습니다. 그룹 선택 끄기로 설정되어 있을 경우 그룹 여부를 파악하기 어렵습니다.

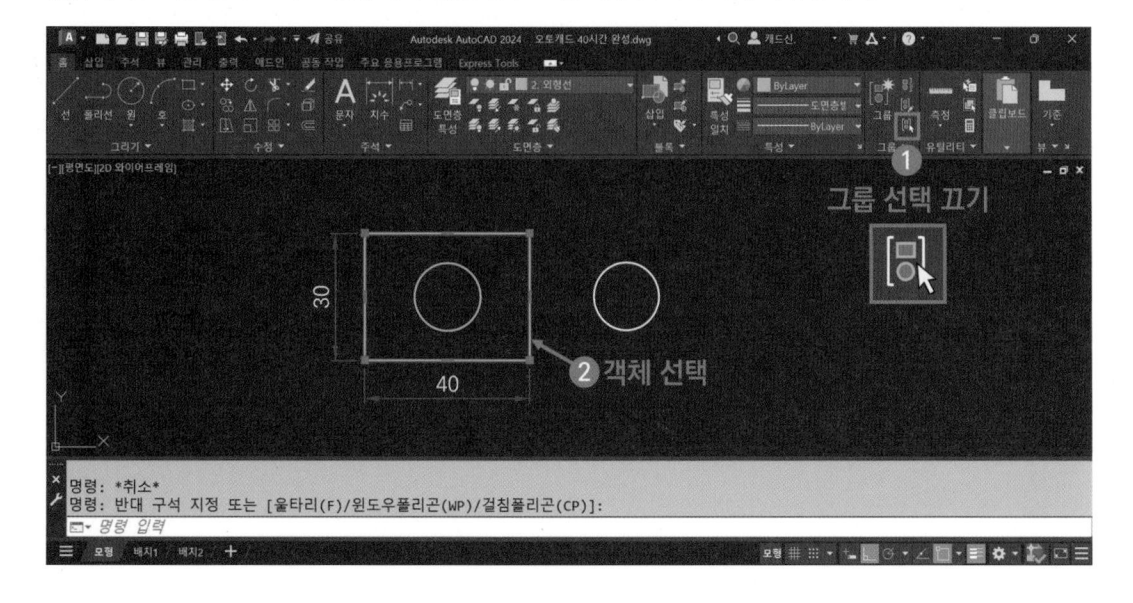

02 「🔲 그룹 선택 켜기」를 클릭합니다. 객체를 클릭했을 때 그룹이 선택되는 것을 확인 할 수 있습니다.

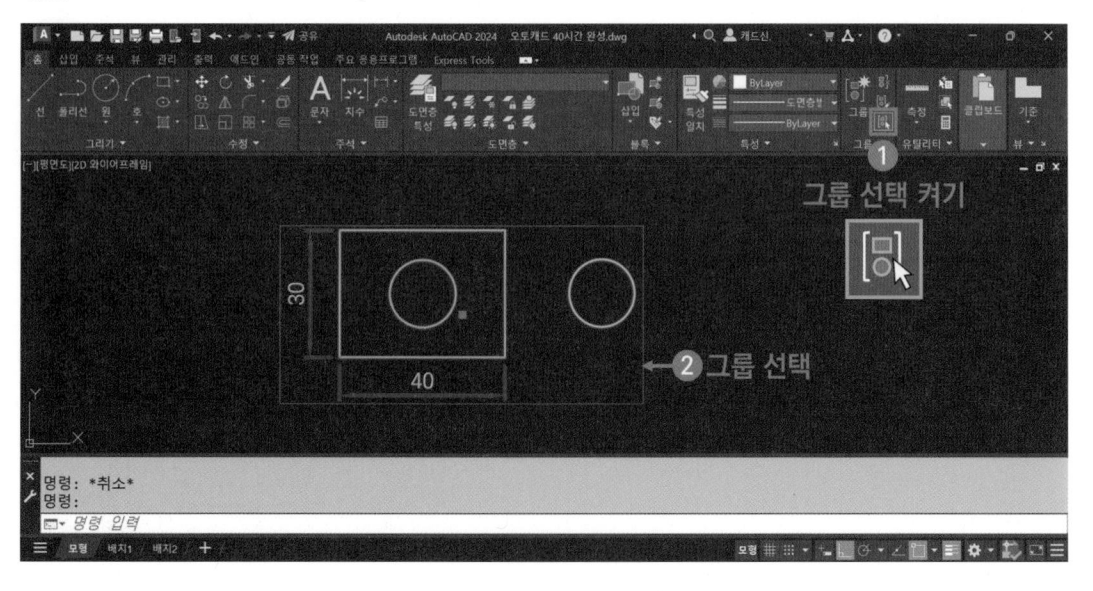

11 그룹 해제 - UNGROUP

그룹을 해제하는 기능입니다.

01 「⊞ 그룹 해제」를 클릭합니다. 해제할 그룹을 선택합니다.

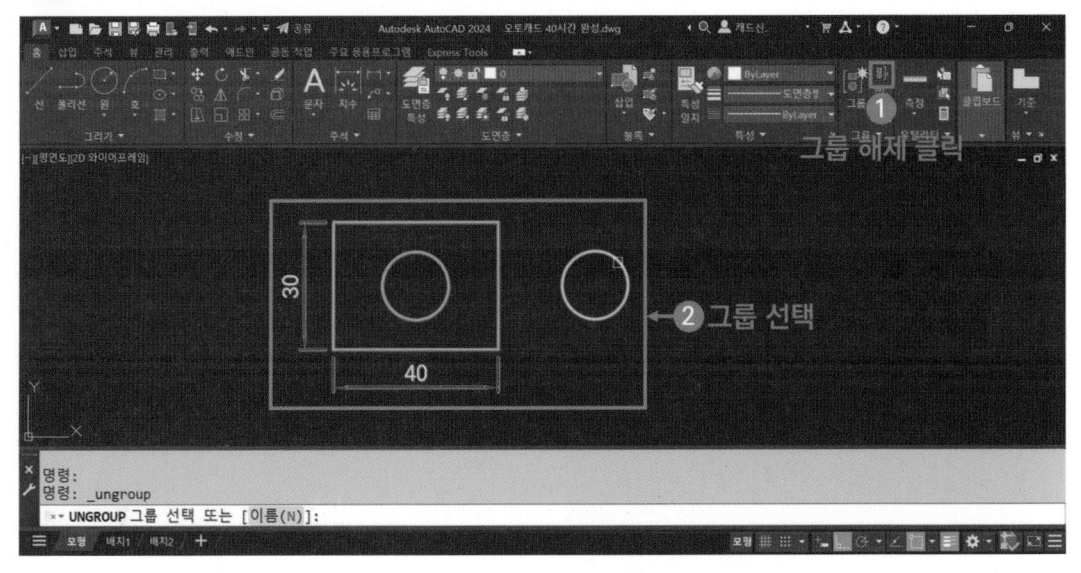

분해[X] 기능으로 그룹을 해제할 수 있지만, 그룹 내에 치수가 있을 경우 치수가 분해되기 때문에 분해 기능은 사용하지 않는 것이 좋습니다.

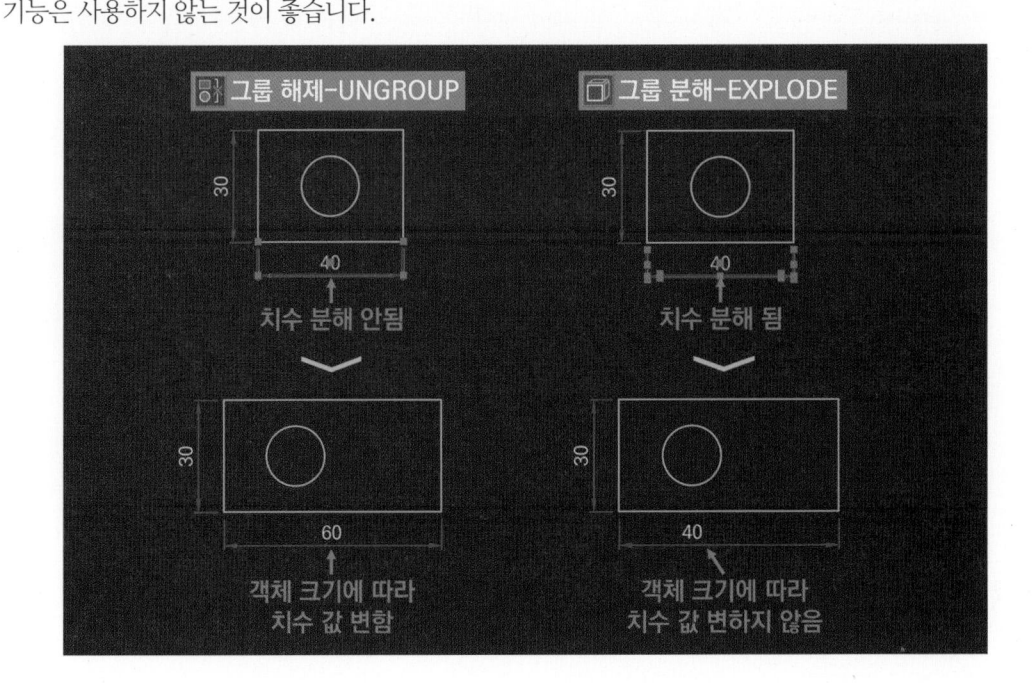

02 객체 삭제 명령어

1 🪤 소거 - PURGE [PU]

블록 및 도면층 등을 도면에서 제거하는 기능입니다.

01 관리 탭의 「🪤 소거」를 클릭합니다. 「소거 불가능한 항목 찾기」를 클릭합니다. 현재 도면에 삽입되어 사용하고 있는 '블록2'는 소거할 수 없습니다.

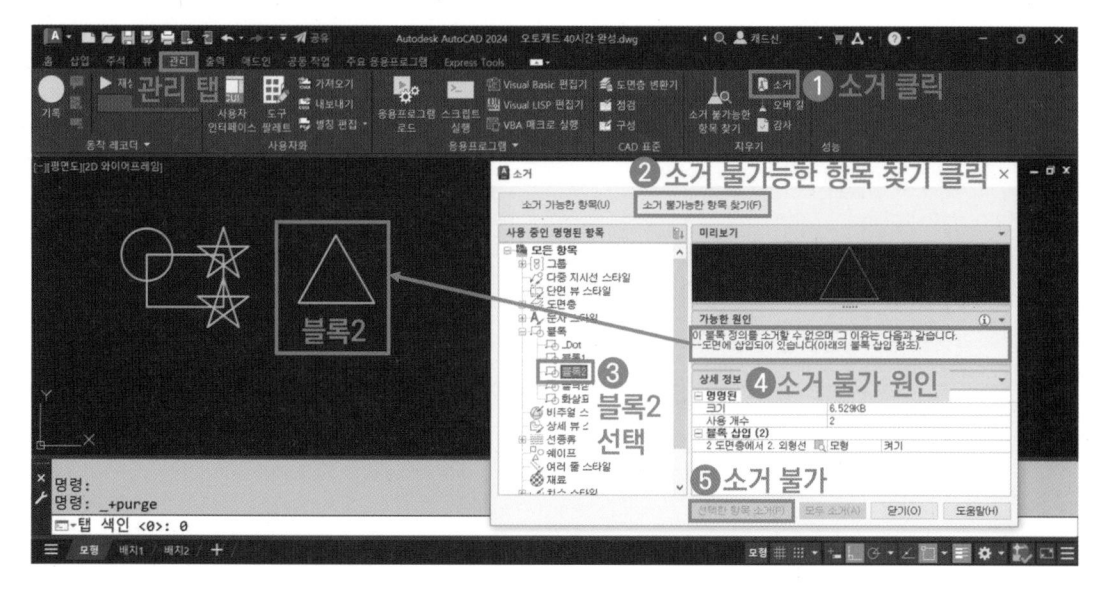

02 도면에 있는 '블록2'를 모두 삭제합니다. 「🪤 소거」를 클릭하고 「소거 가능한 항목」을 클릭합니다. 현재 도면에는 '블록2'가 삭제되어 사용되고 있지 않기 때문에 '블록2'를 체크하여 소거할 수 있습니다.

중복 객체 삭제(오버킬) - OVERKILL

중복되거나 겹치는 객체를 제거하는 기능입니다. 또한 동일한 각도의 부분적으로 겹치는 선은 하나의 선으로 결합됩니다. 객체가 중복될 경우 객체 수정이 어려우며 가공 경로가 잘못 만들어질 수 있습니다.

01 아래 그림과 같이 동일한 선상에 중복된 객체를 그립니다. 관리 탭의 「 오버 킬」을 클릭합니다. 공차 값이 0이면 중복된 객체가 삭제됩니다. 만약 '□색상(C)'옵션이 체크 해제되어 있다면 동일한 선 상에 객체가 중복되어 있더라도 색상이 서로 다를 경우 중복된 객체가 삭제되지 않습니다. 아래와 같이 옵션을 모두 체크하고 확인을 클릭합니다.

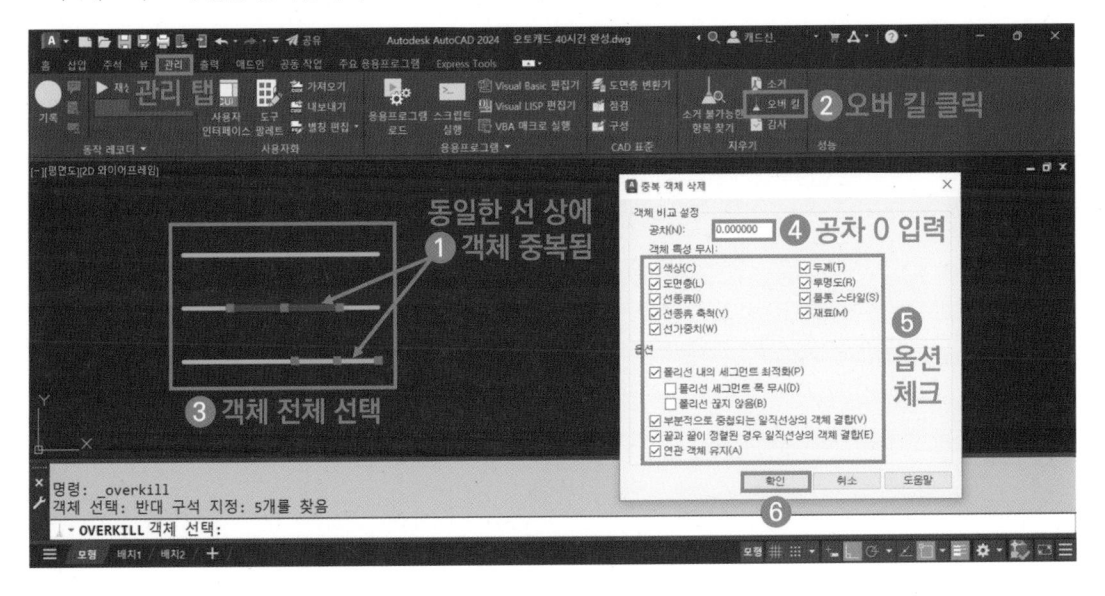

02 중복된 객체가 삭제된 것을 확인합니다.

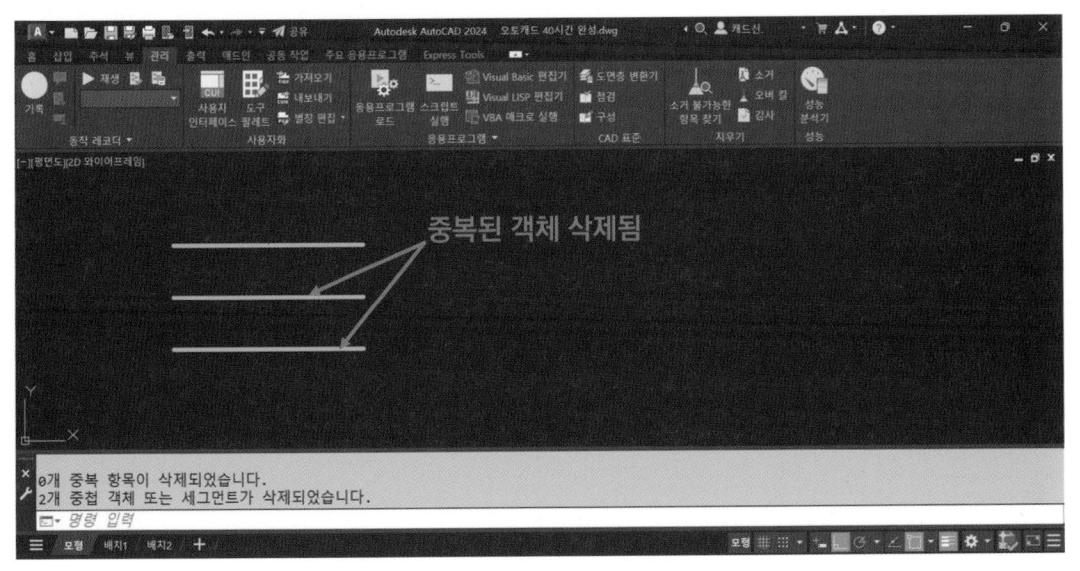

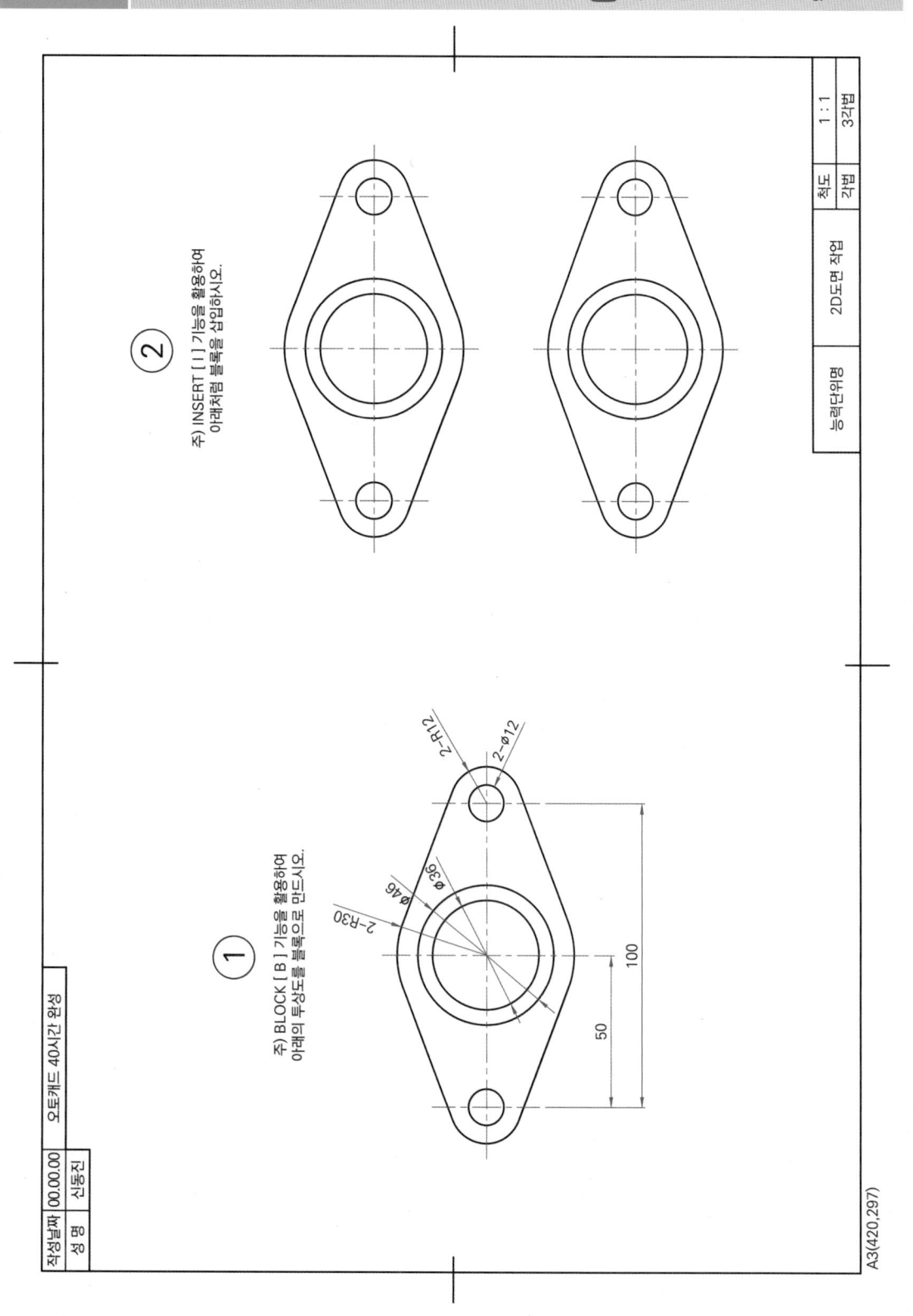

주) INSERT [I] 기능을 활용하여
아래처럼 블록을 삽입하시오.

②

주) BLOCK [B] 기능을 활용하여
아래의 투상도를 블록으로 만드시오.

①

2-R12
2-Ø12
Ø36
Ø46
2-R30

100
50

	척도	1 : 1
	각법	3각법

능력단위명	2D도면 작업

작성날짜	00.00.00
성 명	신동진

오토캐드 40시간 완성

A3(420,297)

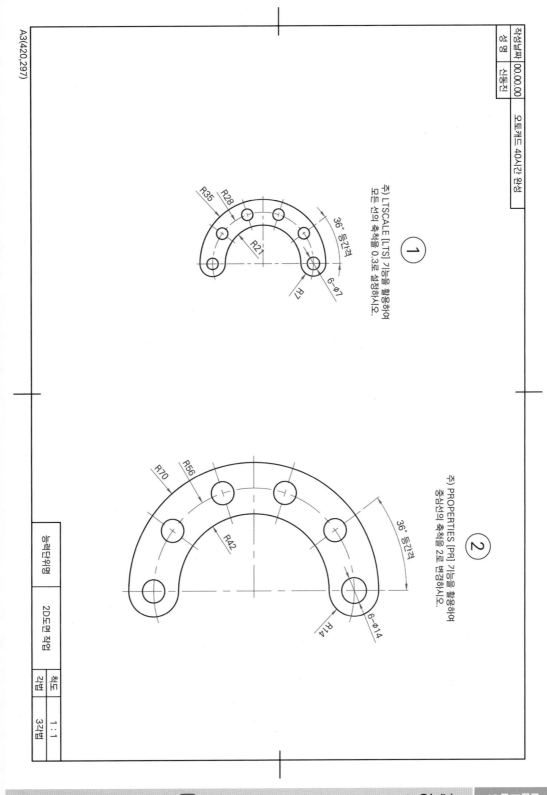

주) LTSCALE [LTS] 기능을 활용하여
모든 선의 축척을 0.3로 설정하시오.

①

R35
R28
R21
R7
6-∅7
36° 등간격

주) PROPERTIES [PR] 기능을 활용하여
중심선의 축척을 2로 변경하시오.

②

R70
R56
R42
R14
6-∅14
36° 등간격

작성날짜	00.00.00	오토캐드 40시간 완성		
성 명	신동진			
능력단위명	2D도면 작업	척도	1:1	2급
				32번

A3(420,297)

https://cafe.naver.com/dongjinc/4015

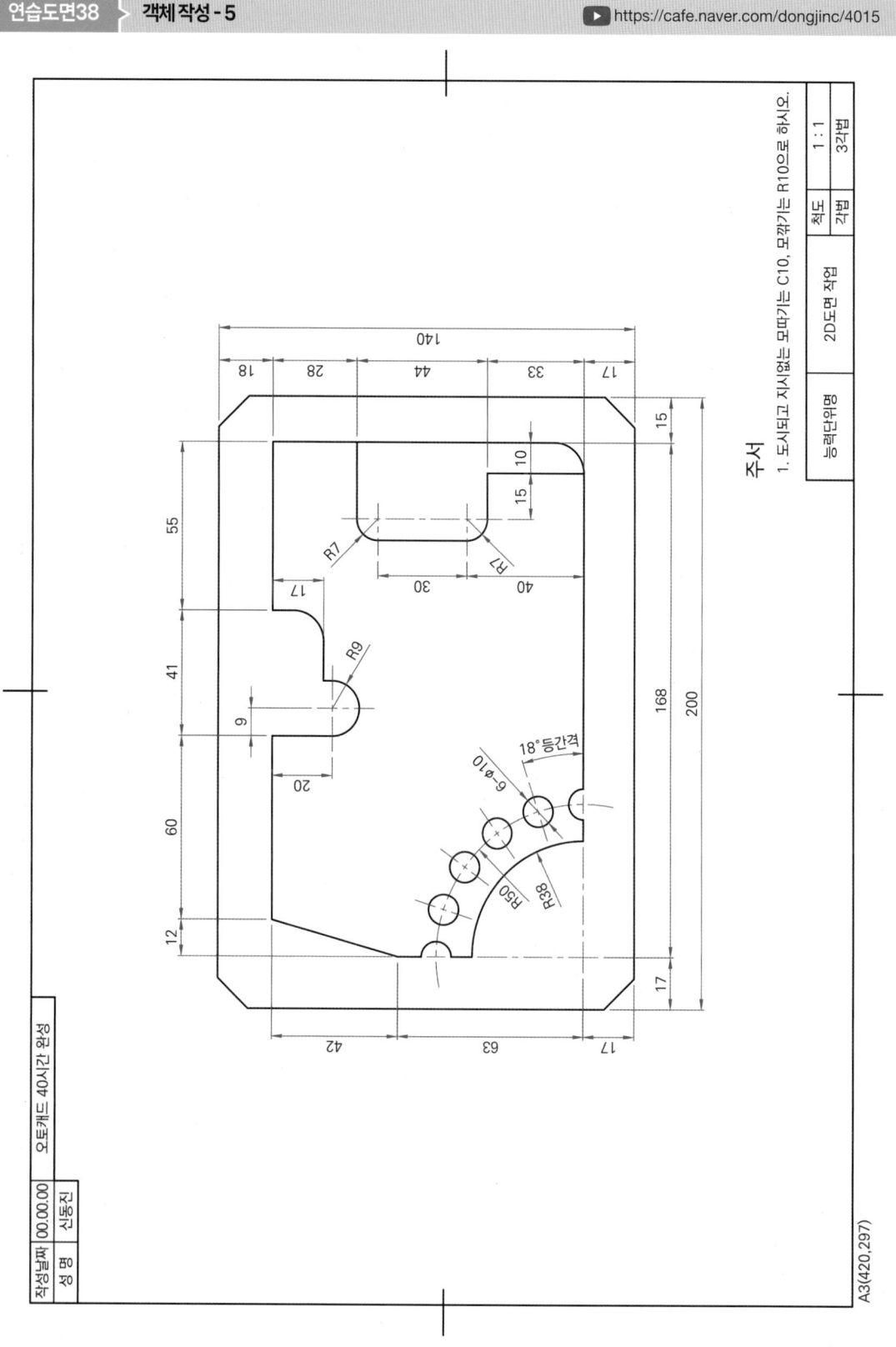

주서
1. 도시되고 지시없는 모따기는 C10, 모깎기는 R10으로 하시오.

척도	1 : 1
	3각법

2D도면 작업	
능력단위명	각법

작성날짜	00.00.00	오토캐드 40시간 완성
성 명	신동진	

A3(420,297)

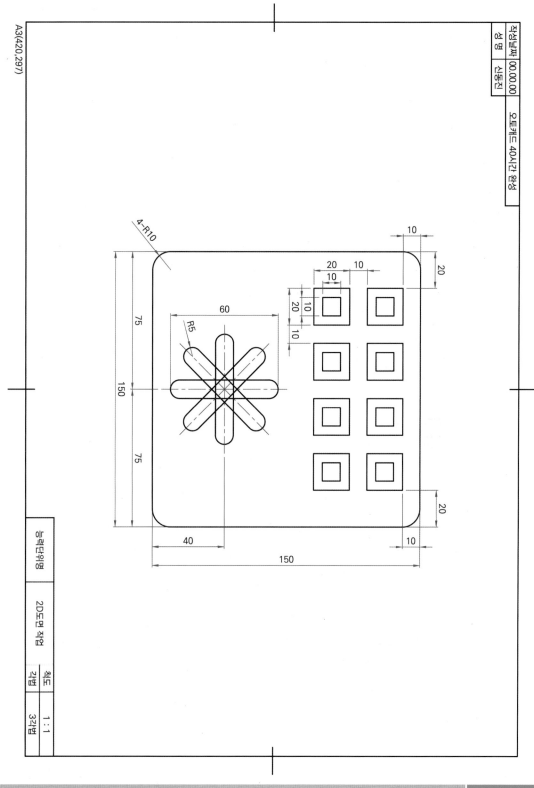

학습목표

1. 요구되는 데이터 형식에 맞도록 저장하거나 출력할 수 있다.
2. 프린터, 플로터 등 인쇄 장치의 설치와 출력 도면 영역설정으로 실척 및
   축(배)척으로 출력할 수 있다.
3. CAD 데이터 형식에 대하여 각각의 용도 및 특성을 파악하고 이를 변환할 수
   있다.
5. 작업된 도면의 용도 및 활용성을 파악하고 분류하여 저장할 수 있다.

04

군집 분석 활용한 고객 관리하기

16 군집 분석의 활용

SECTION 16 도면 정리 및 출력

▶ https://cafe.naver.com/dongjinc/4016

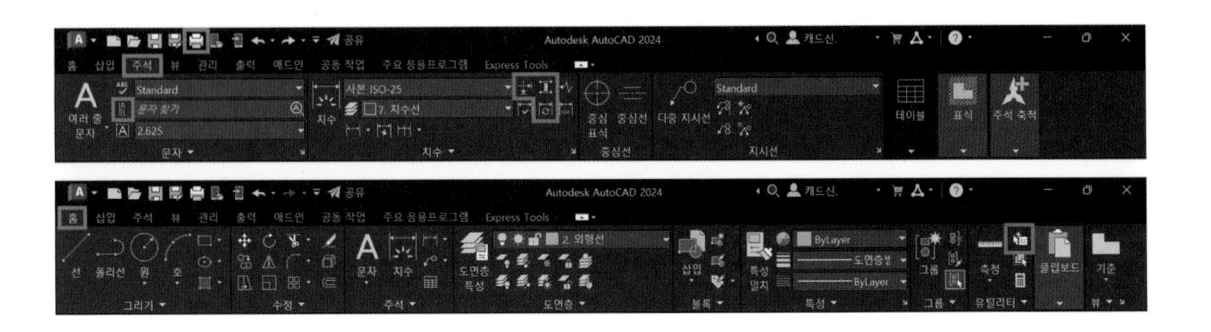

01 도면 정리 명령어

1 ⒶⒷ 문자 정렬 - TEXTALIGN [TA]

선택한 문자를 수직, 수평으로 정렬하거나 일정한 간격으로 정렬하는 기능입니다.

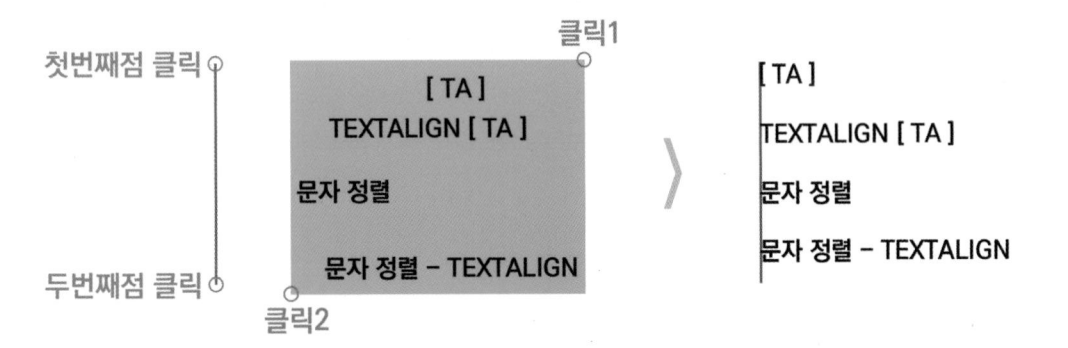

1 왼쪽, 수직 정렬, 간격 5mm로 설정하여 문자 정렬

>_ ▼ TA → 스페이스바 → 정렬(I) → 스페이스바 → 왼쪽(L) → 스페이스바 → 옵션(O) → 스페이스바 → 현재 수직(V) → 스페이스바 → 옵션(O) → 스페이스바 → 간격 설정(S) → 스페이스바 → 5 → 스페이스바 → 클릭1, 클릭2 → 스페이스바 → 점(P) → 스페이스바 → 첫번째점 클릭, 두번째점 클릭

2 **치수 끊기 - DIMBREAK**

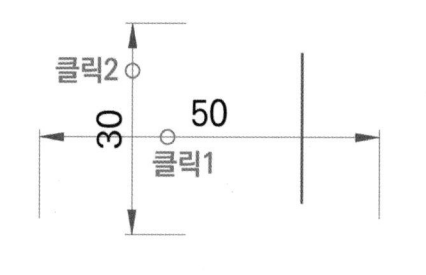 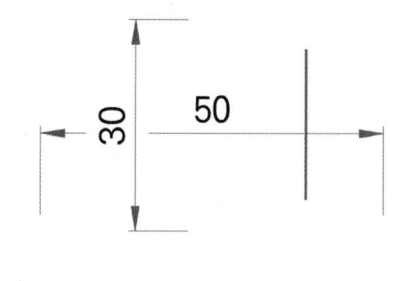

1

1 치수 선택 후 끊기

▶ DIMBREAK → 스페이스바 → 클릭1, 클릭2

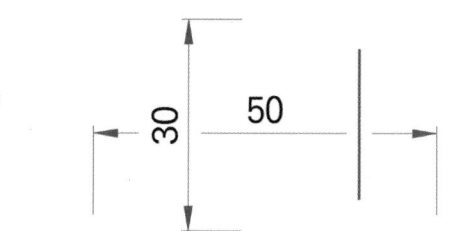

2

2 자동(A) 끊기

▶ DIMBREAK → 스페이스바 → 클릭1 → 자동(A) → 스페이스바

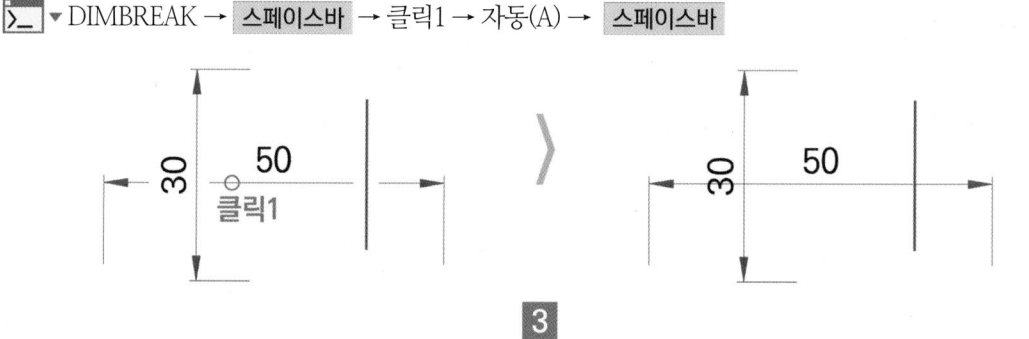

3

3 끊기 제거(R)

▶ DIMBREAK → 스페이스바 → 클릭1 → 제거(R) → 스페이스바

3 ⬛ **공간 조정 - DIMSPACE**

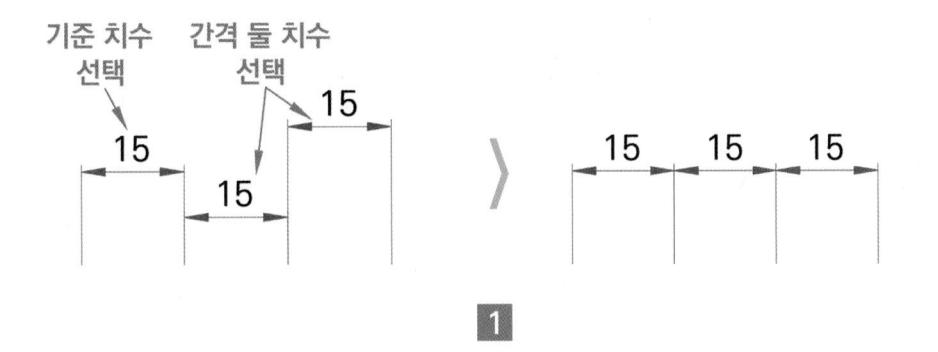

1 기준 치수와 동일한 위치로 공간 조정(간격 값 0)

▶_ ▼ DIMSPACE → 스페이스바 → 기준 치수 선택 → 간격 둘 치수 선택 → 스페이스바 → 0 →
스페이스바

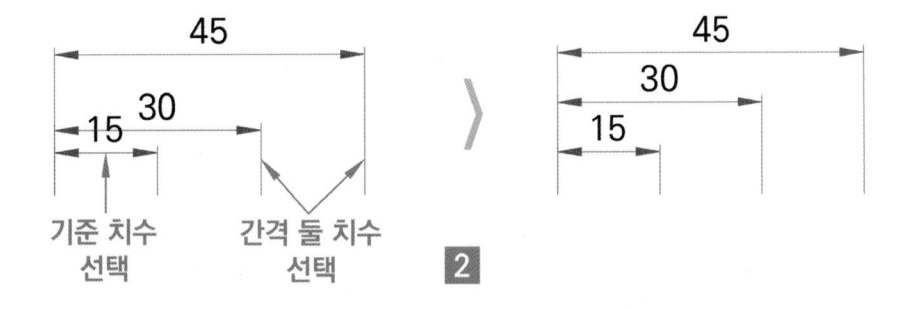

2 문자 높이에 따라 자동(A)으로 공간 조정

▶_ ▼ DIMSPACE → 스페이스바 → 기준 치수 선택 → 간격 둘 치수 선택 → 스페이스바 → 자동(A) →
스페이스바

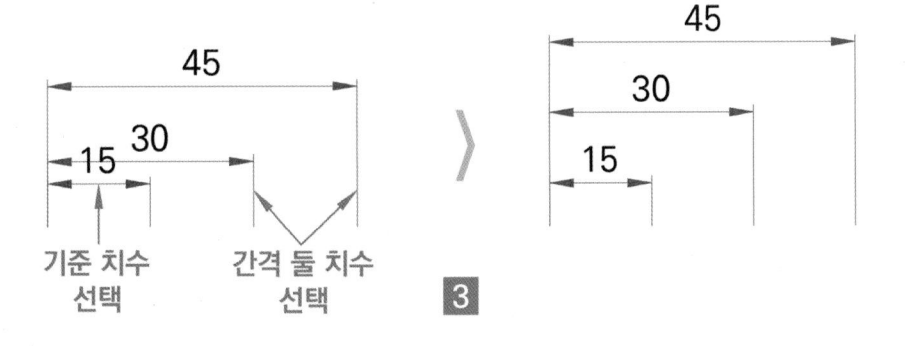

3 간격 값 10으로 공간 조정

▶_ ▼ DIMSPACE → 스페이스바 → 기준 치수 선택 → 간격 둘 치수 선택 → 스페이스바 → 10 →
스페이스바

4 치수 업데이트 - -DIMSTYLE

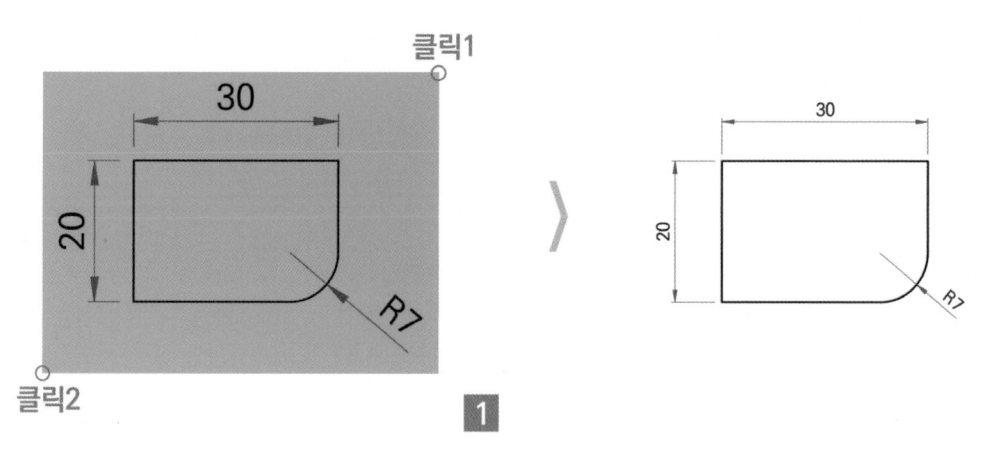

1 치수 축척 0.5로 변경 후 치수 업데이트

▶ DIMSCALE → 스페이스바 → 0.5 → 스페이스바

▶ -DIMSTYLE → 스페이스바 → 적용(A) → 클릭1, 클릭2 → 스페이스바

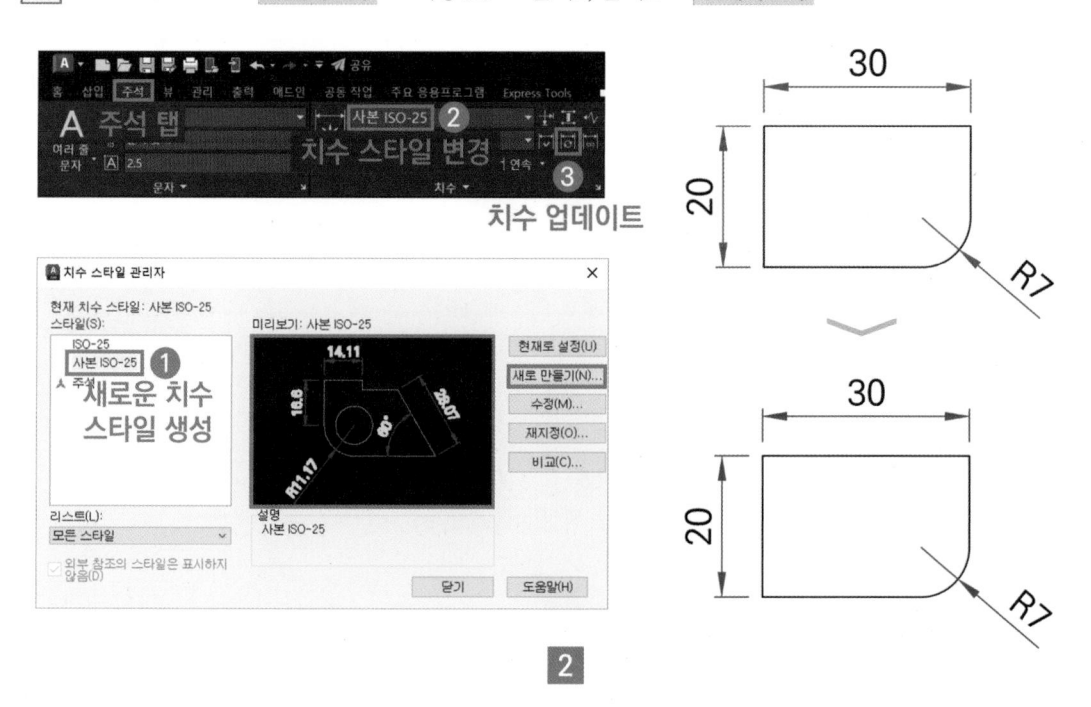

2 새로운 치수 스타일 생성 후 치수 업데이트

▶ D → 스페이스바 → 새로운 치수 스타일 생성 → 주석 탭의 치수 스타일 변경

▶ -DIMSTYLE → 스페이스바 → 적용(A) → 클릭1, 클릭2 → 스페이스바

5

신속 선택 – QSELECT

선택한 옵션과 일치하는 객체를 선택하는 기능입니다.

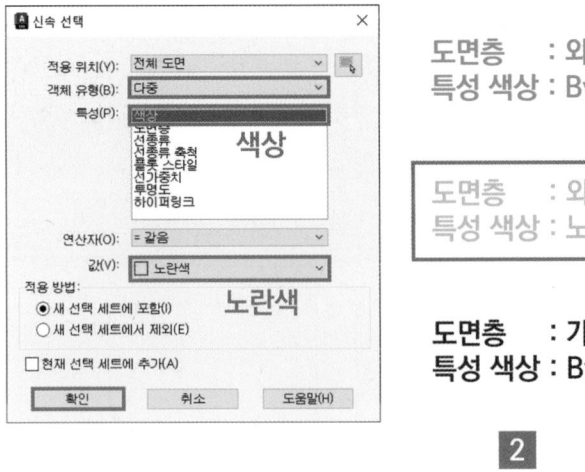

1

1 도면층 신속 선택

▶ QSELECT → **스페이스바** → 객체 유형:다중, 특성:도면층, 값:외형선 옵션 선택 후 확인 → 색상이 다르더라도 외형선 도면층은 모두 선택됨

2

2 색상 신속 선택

▶ QSELECT → **스페이스바** → 객체 유형:다중, 특성:색상, 값:노란색 옵션 선택 후 확인 → 노란색 색상의 객체는 모두 선택됨

6 유사 선택 - SELECTSIMILAR

유사 기준에 따라 선택한 객체와 유사한 객체를 선택하는 기능입니다.

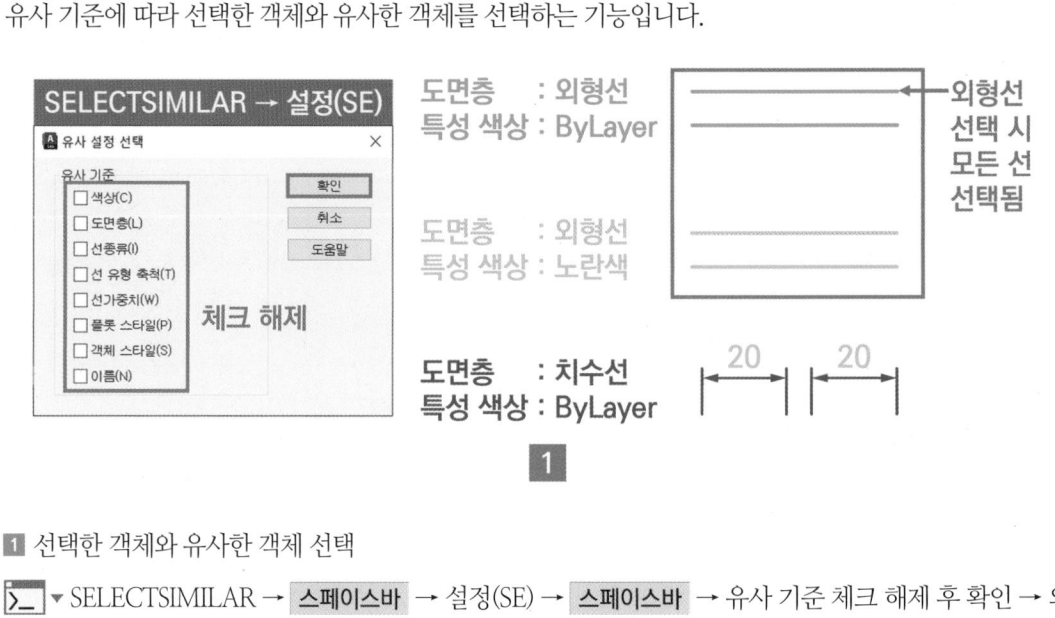

1 선택한 객체와 유사한 객체 선택

>_ ▼ SELECTSIMILAR → 스페이스바 → 설정(SE) → 스페이스바 → 유사 기준 체크 해제 후 확인 → 외형
선 선택 → 모든 선 선택됨

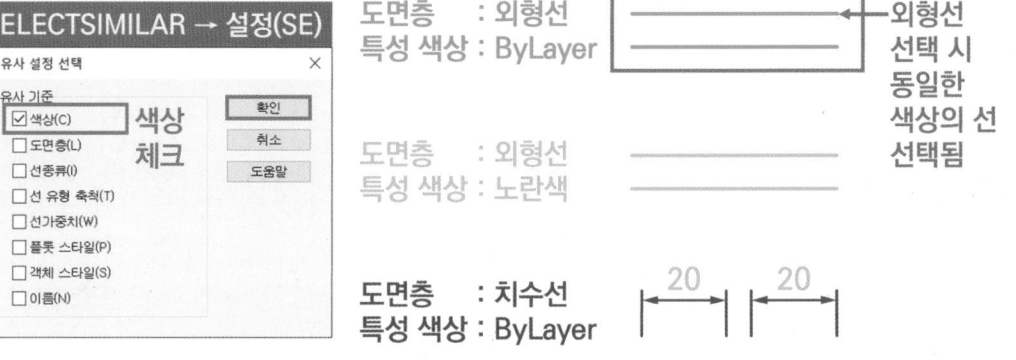

2 선택한 객체와 동일한 색상의 객체 선택

>_ ▼ SELECTSIMILAR → 스페이스바 → 설정(SE) → 스페이스바 → 색상 체크 후 확인 → 외형선 선택 →
동일한 색상의 선 선택됨

02 도면 출력

1 ⊞ 플롯 설정 - PLOT [Ctrl+P]

01 출력할 도면을 준비합니다. 「🖨 플롯」을 클릭합니다. 또는 단축키 [Ctrl+P]를 입력합니다.

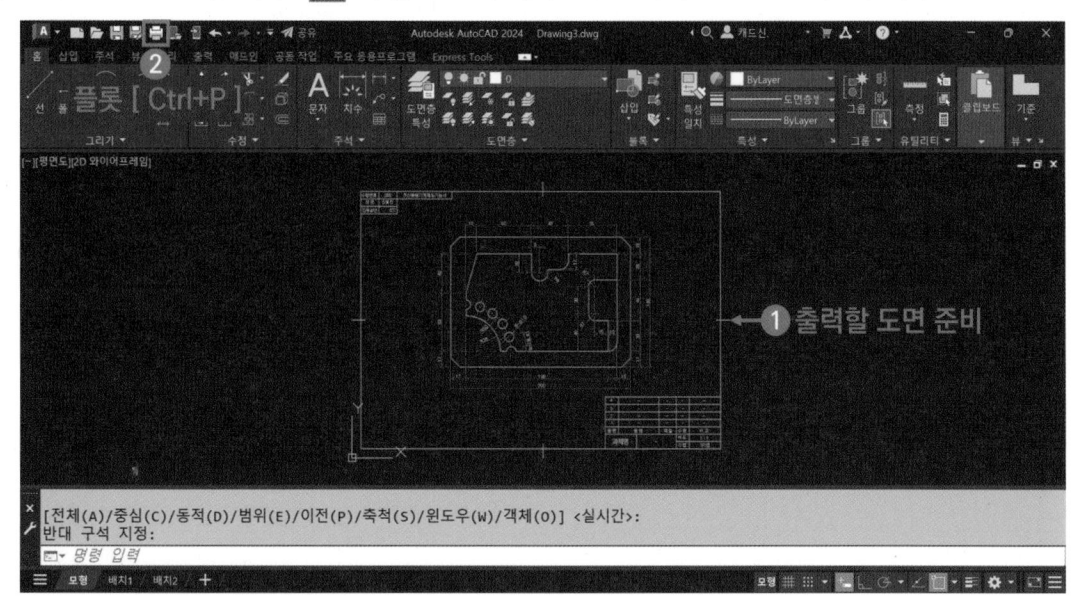

02 설치된 「프린터」를 선택합니다. 설치된 프린터가 없을 경우 「AutoCAD PDF(High Quality Print).pc.3」를 선택합니다. 「A4」 용지 크기를 선택합니다. 플롯 대상을 「윈도우」로 선택하고 옆의 「윈도우 버튼」을 클릭합니다.

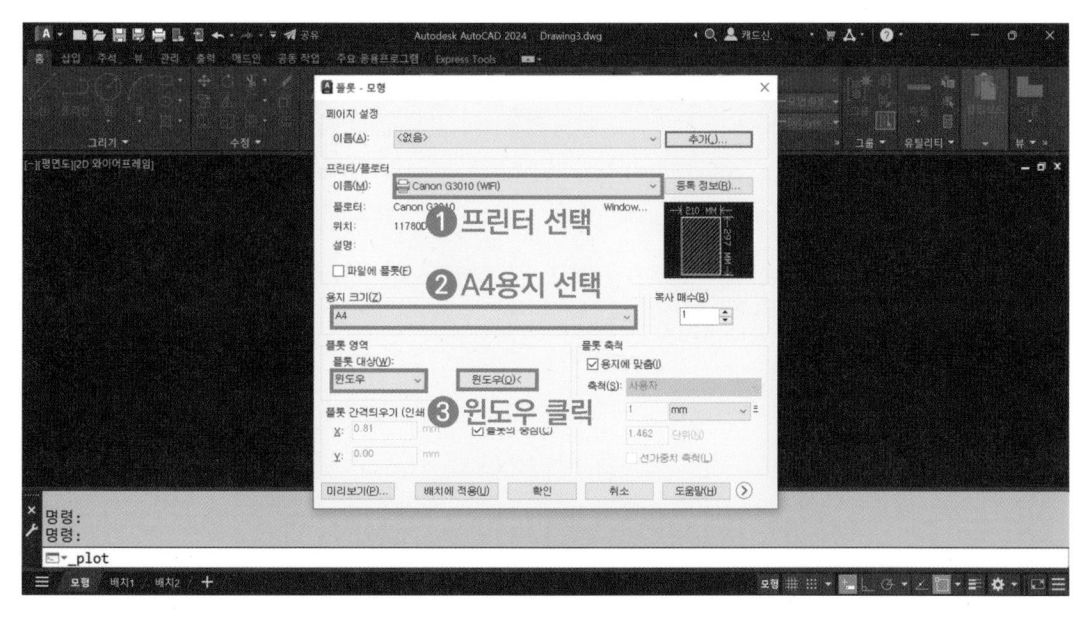

03 첫 번째 구석 「0,0」의 지점을 클릭하고, 반대 구석 「420,297」의 지점을 클릭하여 출력 영역을 지정합니다. 마우스로 지점을 클릭하는 대신 명령어 창에 좌표값을 입력해서 출력 영역을 지정할 수 있습니다.

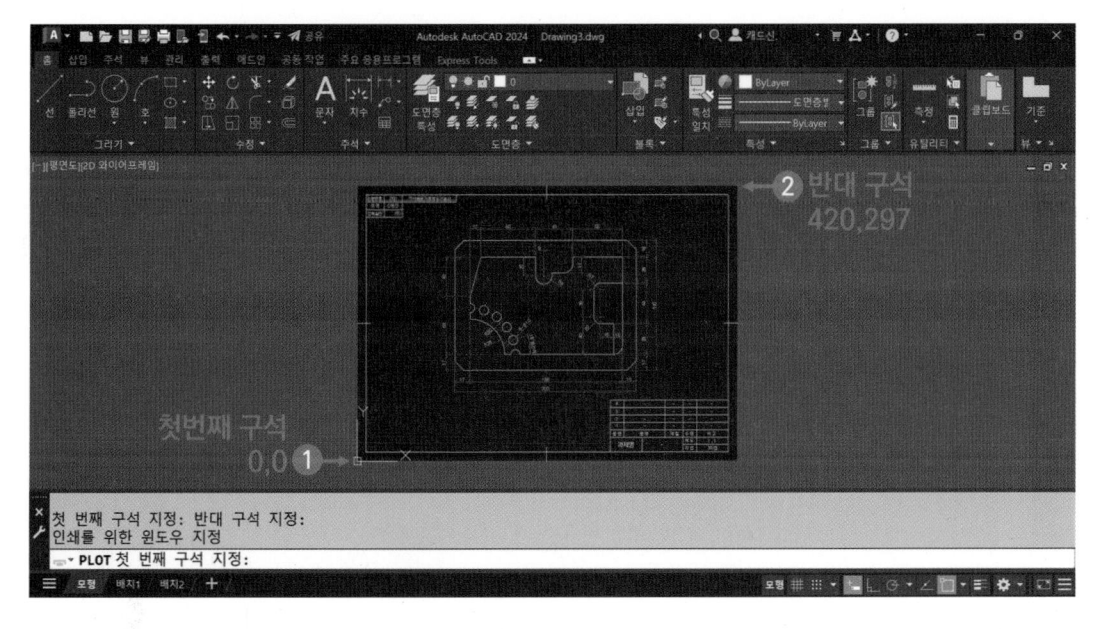

04 용지의 중심에 출력 영역이 배치되도록 「플롯의 중심」을 체크하고, A3크기의 도면양식이 A4용지에 맞춰 출력이 되도록 「용지에 맞춤」을 체크합니다. 미리보기 화면을 통해서 출력 영역을 확인합니다. 「⊙ 많은 옵션」을 클릭합니다. 도면의 방향을 「세로 또는 가로」를 선택하고 플롯 스타일 테이블의 「새로 만들기」를 클릭합니다.

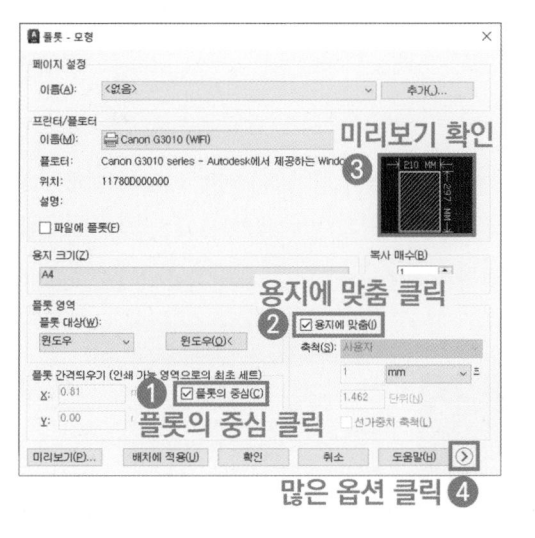 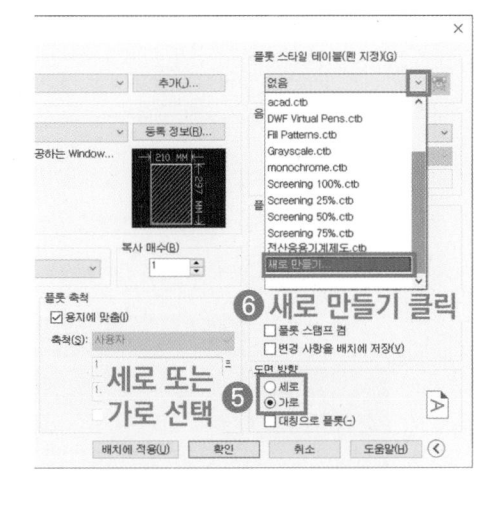

05 다음 클릭 후 플롯 스타일 테이블의 이름을 입력합니다.

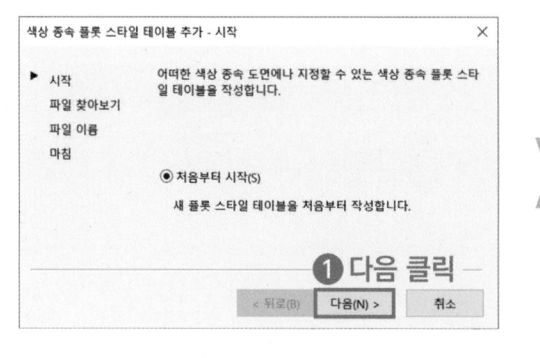

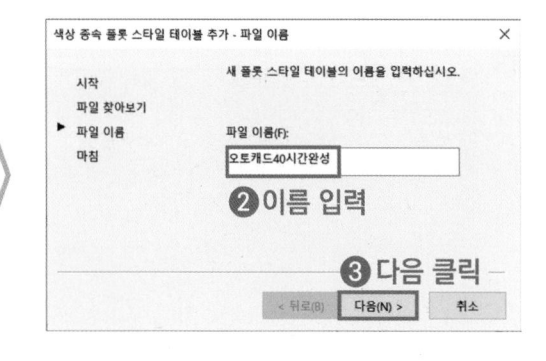

06 「플롯 스타일 테이블 편집기」를 클릭합니다. Shift키를 사용해서 색상1~색상10까지 선택합니다. 특성의 색상을 「■ 검은색」으로 선택합니다. 「객체 선종류 사용, 객체 선가중치 사용」을 선택합니다.

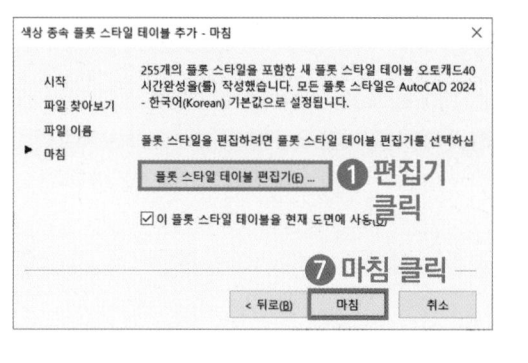

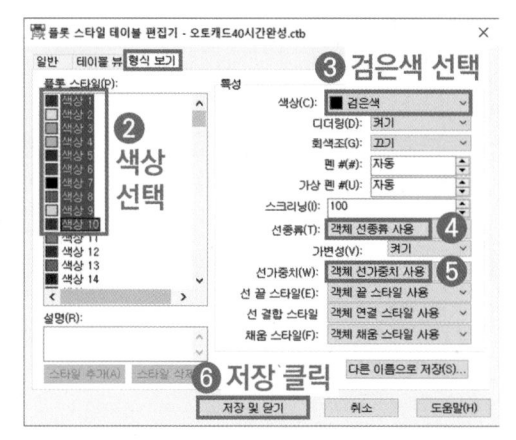

[플롯 스타일 테이블 편집기 설정]

플롯 스타일 테이블 편집기에 표시되는 ■색상1 ~ □색상255는 도면층 특성 관리자에서 설정하는 색상입니다. 객체 색상 사용 ∨ 을 선택할 경우 ■색상1을 사용하는 중심선, 치수선, 해치선이 빨간색으로 출력됩니다. 따라서 검은색으로 출력되도록 ■ 검은색 ∨ 으로 설정해야합니다. 객체 선종류 사용 ∨ 객체 선가중치 사용∨ 을 선택할 경우 도면층 특성관리자에 설정된 선종류와 선가중치가 적용되어 출력됩니다.

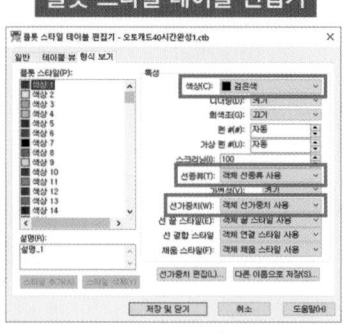

07 새로 만든 플롯 스타일을 확인하고 「배치에 적용」, 「미리보기」를 클릭합니다.

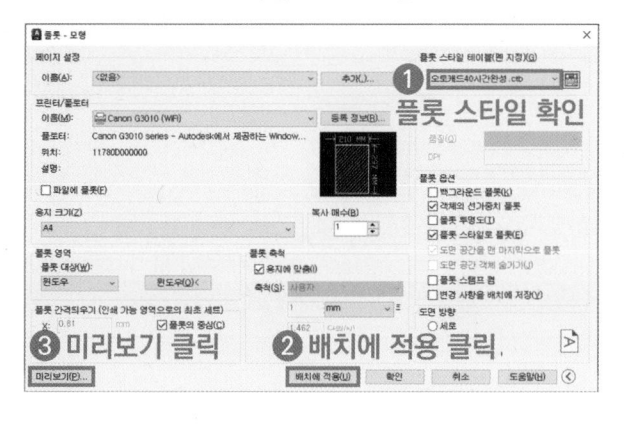

08 미리보기를 통해 출력할 도면을 검토합니다. 이상이 없다면 「🖶 플롯」을 클릭하여 출력합니다.

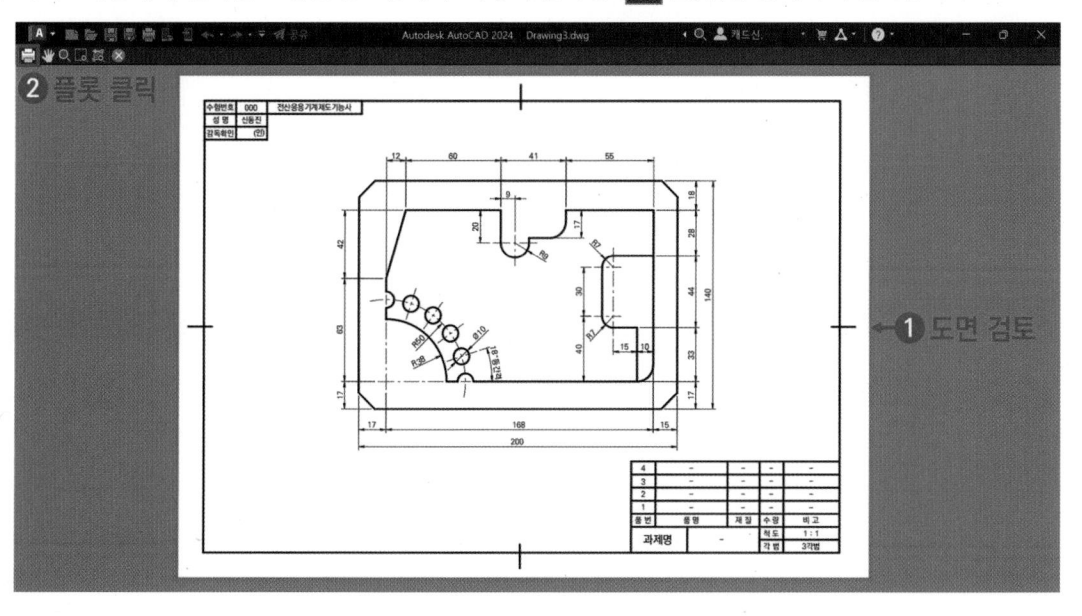

3 PDF 저장

01 「🖨 플롯」을 클릭합니다. 또는 단축키 [Ctrl+P]를 입력합니다. 「monochrome.ctb」를 선택합니다. monochrome의 특성 색상은 모두 ▇ 검은색 ⌄ 으로 설정되어있기 때문에 편리하게 출력할 수 있습니다. 프린터는 「AutoCAD PDF(High Quality Print).pc3」를 선택합니다. 「PDF 옵션」을 클릭하여 벡터, 래스터 dpi값을 설정합니다. dpi값이 높을수록 PDF의 품질이 높아지지만 저장 속도가 느리며 파일 크기가 증가합니다. 나머지 설정은 앞에서 진행한 것과 동일하게 설정한 뒤 확인을 클릭합니다.

02 PDF 파일의 위치를 지정하고 이름을 입력하여 저장합니다.

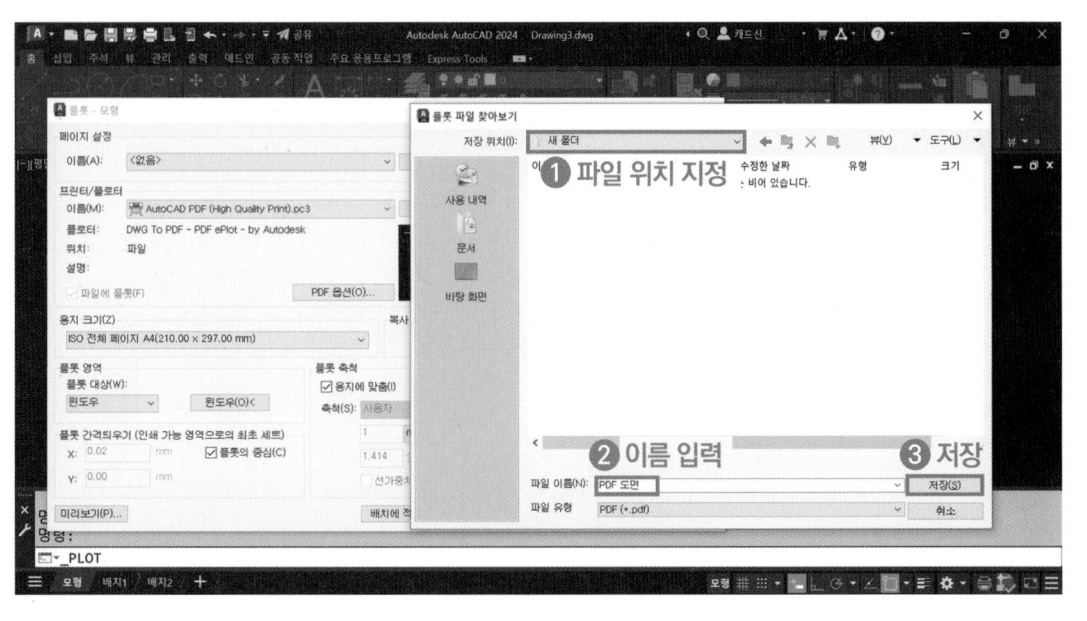

03 PDF 파일을 확인합니다.

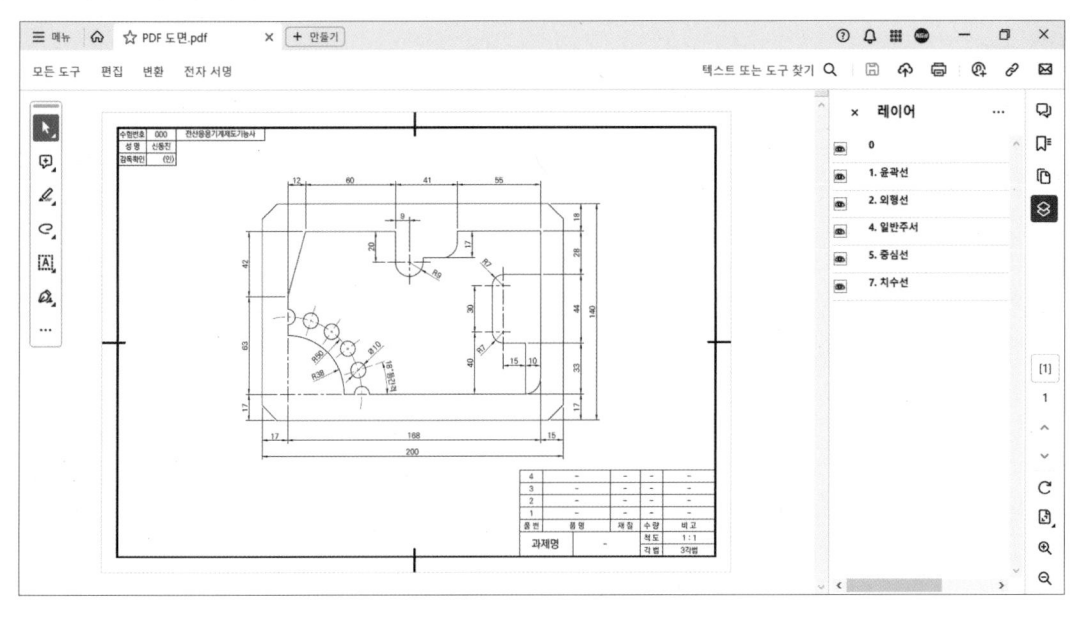

04 Adobe acrobat PDF 뷰어의 경우 레이어 설정을 통해서 도면층을 숨기거나 표시할 수 있습니다.

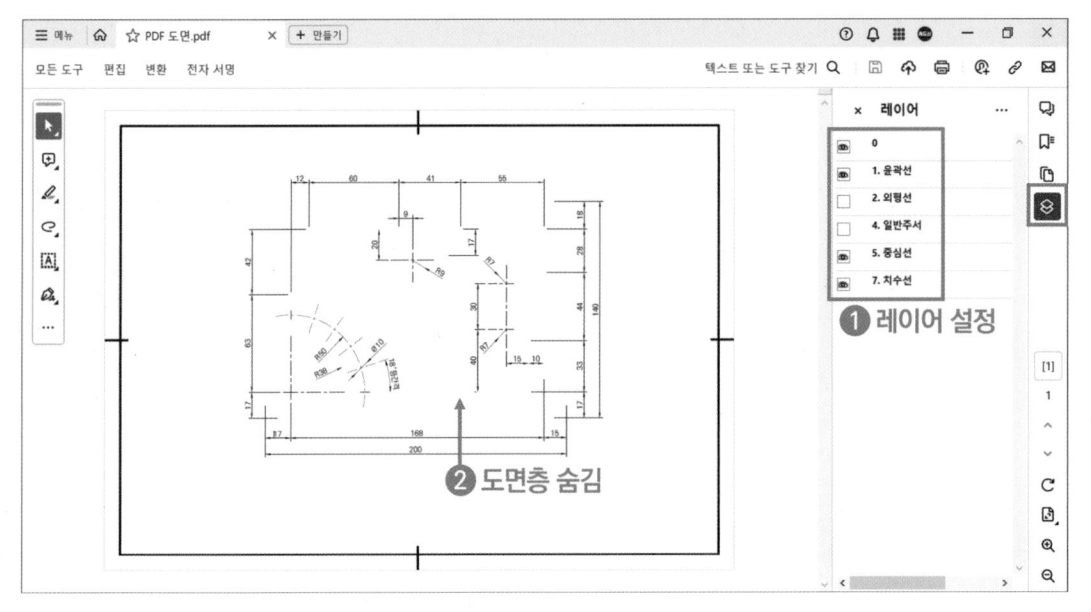

01 「▣ 새로 만들기」를 클릭합니다. 「acadiso」 템플릿을 더블 클릭해서 실행합니다.

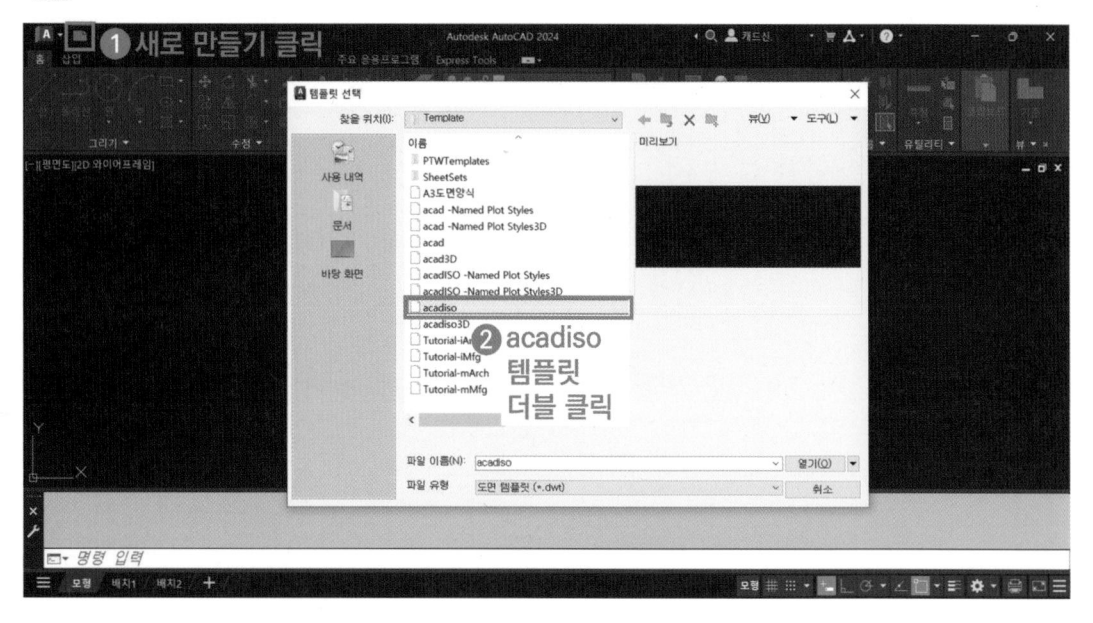

02 삽입 탭의 「PDF 가져오기」를 클릭합니다. 방금 저장한 PDF 파일을 엽니다.

03 아래와 같이 옵션을 체크합니다. 「☑ 동일선상 대시에서 선종류 추정」 옵션을 체크하면 파선, 일점쇄선, 이점쇄선과 같은 선을 하나의 선으로 인식하고 불러오게됩니다.

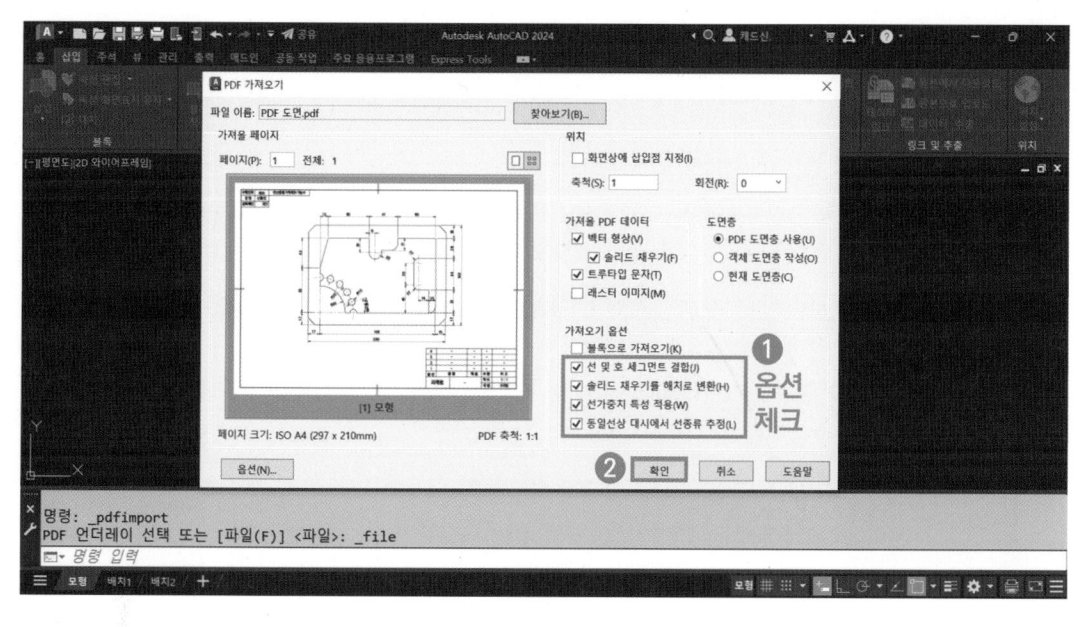

04 삽입된 PDF 도면을 확인합니다.

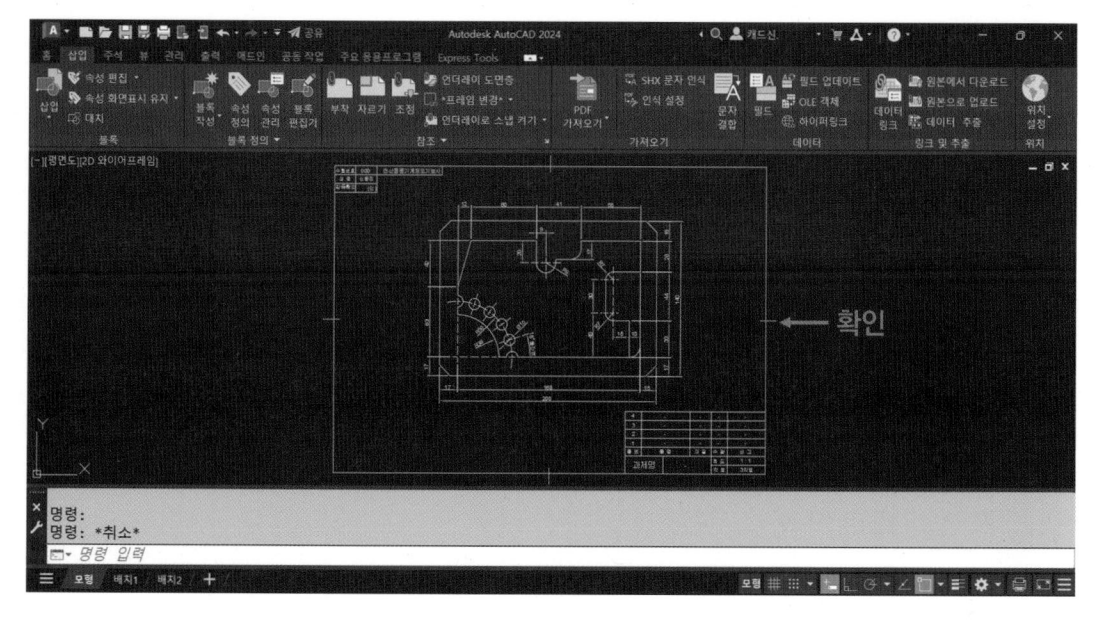

05 홈 탭의 「▨▨▨ 측정」을 클릭합니다. 마우스 커서를 움직여 실제 길이와 치수값을 비교합니다. PDF 가져오기 기능을 사용하면 실제 길이와 다른 크기로 삽입됩니다.

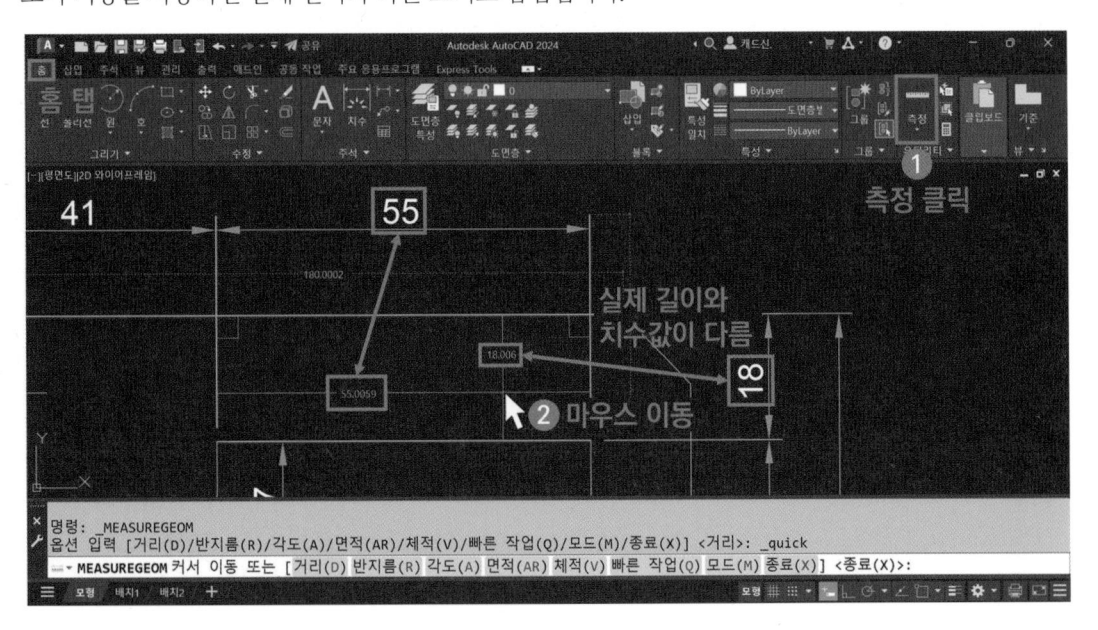

06 또한 PDF 가져오기 기능을 사용하면 치수는 분해된 상태로 삽입됩니다.

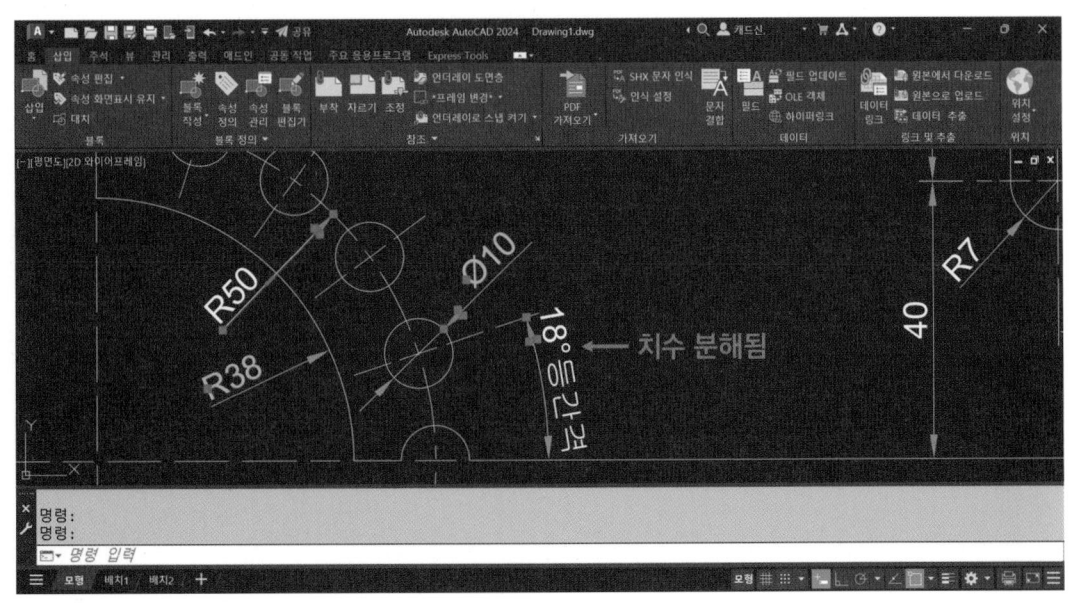

부록 | 명령어 및 단축키

단원	기능	명령어	단축키	학습페이지
01	새로 만들기	QNEW	Ctrl + N	12
	파일 저장	QSAVE	Ctrl+S	19
	파일 열기	OPEN	Ctrl+O	20
	다른 이름으로 저장	SAVEAS	Ctrl+Shift+S	21
	도움말	HELP	F1	-
02	선	LINE	L	24
	지우기	ERASE	E, DEL키	25
	사각형	RECTANGLE	REC	25
	실행 취소	UNDO	U, Ctrl+Z	26
	실행 복구	REDO	Ctrl+Y	26
	줌	ZOOM	Z	26
03	구성선	XLINE	XL	31
	원	CIRCLE	C	32
	객체스냅 모드	OSNAP	F3	33
	객체스냅 옵션	OSNAP	OS	35
	중심점	CENTER	CEN	36
	접점	TANGENT	TAN	36
	직교	PERPENDICULAR	PER	36
04	스플라인	SPLINE	SPL	40
	호	ARC	A	41
	타원	ELLIPSE	EL	42
	한계	LIMITS	없음	42
05	단일 행 문자	TEXT	DT	46
	여러 줄 문자	MTEXT	T	46
	선형 치수	DIMLINEAR	DLI	48

단원	기능	명령어	단축키	학습페이지
05	정렬 치수	DIMALIGNED	DAL	48
	반지름 치수	DIMRADIUS	DRA	48
	지름 치수	DIMDIAMETER	DDI	49
	각도 치수	DIMANGULAR	DAN	49
	신속 치수	QDIM	QD	49
	기준선 치수	DIMBASELINE	DBA	50
	연속 치수	DIMCONTIUNUE	DCO	50
	신속 지시선	QLEADER	LE	50
06	폴리선	PLINE	PL	54
	폴리선 편집	PEDIT	PE	55
	분해	EXPLODE	X	56
	구름형리비전	REVCLOUD	없음	57
	구름형리비전 길이 변경	REVCLOUDARCVARIANCE	없음	57
	다각형	POLYGON	POL	58
07	이동	MOVE	M	62
	복사	COPY	CP	63
	간격띄우기	OFFSET	O	63
	자르기	TRIM	TR	64
	연장	EXTEND	EX	65
08	별칭 편집	AI_EDITCUSTFILE	없음	72
	옵션	OPTION	OP	74
	그리드 모드	GRID	F7	77
	스냅 모드	SNAP	F9	77
	동적입력 모드	DYNMODE	F12	78
	직교 모드	ORTHO	F8	78
	극좌표 추적 모드	AUTOSNAP	F10	79
	객체스냅 추적 모드	AUTOSNAP	F11	79
	객체스냅 모드	OSNAP	F3	80
	선 가중치 모드	LWDISPLAY	LW	80
	화면 정리 모드	CLEANSCREENON	Ctrl+0	81

단원	기능	명령어	단축키	학습페이지
09	도면층 특성 관리자	LAYER	LA	87
10	치수 스타일 관리자	DIMSTYLE	D	92
11	대칭	MIRROR	MI	104
	회전	ROTATE	RO	105
	축척	SCALE	SC	106
	도면층 관리(켜기,동결,잠금)	LAYER	LA	107
	순서 변경	DRAWORDER	DR	108
12	모따기	CHAMFER	CHA	113
	모깎기	FILLET	F	114
	선 축척	LTSCALE	LTS	115
	치수 축척	DIMSCALE	없음	115
	특성	PROPERTIES	PR, Ctrl+1	116
	특성 일치	MATCHPROP	MA	119
13	길이 조정	LENGTHEN	LEN	125
	신축	STRETCH	S	126
	다중점	POINT	PO	127
	점 스타일	PTYPE	PT	127
	등분할	DIVIDE	DIV	127
	길이분할	MEASURE	ME	128
	끊기	BREAK	BR	128
	결합	JOIN	J	129
14	배열	ARRAY	AR	134
	배열 대화상자	ARRAYCLASSIC	없음	136
	해치	HATCH	H	137
	정보	LIST	LI	138
	측정	MEASUREGEOM	MEA	138
15	블록 작성	BLOCK	B	143
	블록 삽입	INSERT	I	144
	블록 편집기	BEDIT	BE	144
	참조 편집	REFEDIT	없음	146

단원	기능	명령어	단축키	학습페이지
15	대치	BREPLACE	없음	147
	블록 쓰기	WBLOCK	W	148
	클립보드 복사	COPYCLIP	Ctrl+C	149
	클립보드 붙여넣기	PASTECLIP	Ctrl+V	149
	클립보드 기준점 복사	COPYBASE	Ctrl+Shift+C	150
	클립보드 블록으로 붙여넣기	PASTEBLOCK	Ctrl+Shift+V	150
	이름바꾸기	RENAME	REN	151
	그룹	GROUP	G	152
	그룹 편집	GROUPEDIT	없음	153
	그룹 선택 켜기/끄기	PICKSTYLE	Ctrl+Shift+A	154
	그룹 해제	UNGROUP	없음	155
	소거	PURGE	PU	156
	중복 객체 삭제	OVERKILL	없음	157
16	문자 정렬	TEXTALIGN	TA	164
	치수 끊기	DIMBREAK	없음	165
	공간 조정	DIMSPACE	없음	166
	치수 업데이트	-DIMSTYLE	없음	167
	신속 선택	QSELECT	없음	168
	유사 선택	SELECTSIMILAR	없음	169
	플롯	PLOT	Ctrl+P	170